■ 国家社会科学基金项目（10BZZ034）最终研究成果

中国城市环境治理的信息型政策工具研究

邓集文 著

中国社会科学出版社

图书在版编目(CIP)数据

中国城市环境治理的信息型政策工具研究/邓集文著.—北京：中国社会科学出版社，2015.12

ISBN 978-7-5161-6515-7

Ⅰ.①中… Ⅱ.①邓… Ⅲ.①城市环境—环境管理—环境政策—研究—中国 Ⅳ.①X321.2

中国版本图书馆CIP数据核字(2015)第159954号

出 版 人 赵剑英
责任编辑 许 琳
责任校对 石春梅
责任印制 何 艳

出 版 中国社会科学出版社
社 址 北京鼓楼西大街甲158号
邮 编 100720
网 址 http://www.csspw.cn
发 行 部 010-84083685
门 市 部 010-84029450
经 销 新华书店及其他书店

印刷装订 北京市兴怀印刷厂
版 次 2015年12月第1版
印 次 2015年12月第1次印刷

开 本 710×1000 1/16
印 张 15.75
插 页 2
字 数 267千字
定 价 60.00元

凡购买中国社会科学出版社图书,如有质量问题请与本社营销中心联系调换
电话:010-84083683

目　录

导　论

一　研究缘起

人类与自然环境的关系是相互影响和相互作用的动态关系。人类的繁衍生息离不开自然环境，因为“人是自然界的一部分”,[①] 即“我们连同我们的肉、血和头脑都是属于自然界和存在于自然之中的”。[②] 为了让自身获得满足，使自身消除饥饿，人类需要自身以外的自然界。自然对于人类获得“更多生命”，对于人类的日常生活以及维持人类的完整具有重要意义。[③]反过来，人类的生活也会影响自然环境，与自然环境发生冲突。正如美国环境伦理学家霍尔姆斯·罗尔斯顿所言：“人们的生活必然要受到大自然的影响，必然要与自然环境发生冲突。”[④]人类与自然环境之间的冲突在城市化、工业化进程中凸显出来。“现代国家的城市化大多是中性的，既带来了好处也带来了危机。”[⑤]一方面，城市化的迅速发展有力地促进了经济、社会的发展。另一方面，城市化的迅速发展也带来了诸多“城市病”，突出的问题是城市环境容量面临巨大压力、城市环境质量呈现恶化

---

① ［德］马克思：《1844 年经济学哲学手稿》，中共中央马克思恩格斯列宁斯大林著作编译局编译，人民出版社 2000 年版，第 57 页。

② ［德］马克思、恩格斯：《马克思恩格斯选集》（第四卷），中共中央马克思恩格斯列宁斯大林著作编译局编译，人民出版社 1995 年版，第 384 页。

③ ［法］塞尔日·莫斯科维奇：《还自然之魅：对生态运动的思考》，庄晨燕、邱寅晨译，生活·读书·新知三联书店 2005 年版，第 297 页。注：本书在写外国作者的姓名时一般以其中文译著的译名为准。

④ ［美］霍尔姆斯·罗尔斯顿：《环境伦理学：大自然的价值以及人对大自然的义务》，杨通进译，中国社会科学出版社 2000 年版，第 1 页。

⑤ Michael A. Cohen, Blair A. Ruble, Joseph S. Tulchin and Allison M. Garland ed., Preparing for the Urban Future: *Global Pressures and Local Forces*, Washington, D. C.: The Woodrow Wilson Center Press, 1996, p. 165.

趋势。“超大的城市，巨型的都市，居住的机器已经变成制造污染的机器。”“城市吞噬无数的资源和能源，并且产生数量同样可观的废弃物。”[①]废弃物的大量排放超过了城市环境容量，降低了城市环境质量，加剧了城市环境污染。

改革开放以来，中国城市化迅速发展。这对推动国民经济的发展起了重要作用，但也造成了严重的城市环境污染。世界银行的《2020年的中国》研究报告这样写道：“在过去的20年中，中国经济的快速增长、城市化和工业化，使中国加入了世界上空气污染和水污染最严重的国家之列。”[②]面对严峻的城市环境形势，中国政府采取了许多相关措施来促进经济、社会与环境的良性互动，然而城市环境问题并没有得到有效的解决，其中一个重要的原因是中国环境管理体制与管理模式不能适应城市环境的迅速变化，因而需要有新的思路。20世纪90年代兴起的治理理论为我们解决城市环境问题提供了一个新的、可行的思路。随着治理理论用以解决城市环境问题，中国城市环境治理兴起。要有效地治理中国的城市环境，就必须选择、设计、应用适当的政策工具。选择、设计、应用合适的政策工具，可以收到事半功倍的效果；反之，将不得不承受因环境破坏与资源耗竭而给我们带来的灾难性后果。目前中国正处于社会转型时期，不少的传统行政手段业已失去作用，新的环境政策工具尚需不断地加以补充、改进，有些环境政策工具，如城市环境治理的信息型政策工具的执行所需的理论基础还显得薄弱，迫切需要进行积极的探索。鉴于此，笔者力图对中国城市环境治理的信息型政策工具进行探究。

二 研究综述

（一）国内研究综述

改革开放以来中国城市化水平不断提高，1978年城市化率为17.92%，2011年超过50%。城市化水平的提升带来城市环境问题，引起国内学者的关注。关于城市环境治理，姜爱林、陈海秋、张志辉、钟京涛、宣琳琳、梁旭、

① ［法］塞尔日·莫斯科维奇：《还自然之魅：对生态运动的思考》，庄晨燕、邱寅晨译，生活·读书·新知三联书店2005年版，第167页。

② ［美］保罗·R. 伯特尼、罗伯特·N. 史蒂文斯主编：《环境保护的公共政策》（第2版），穆贤清、方志伟译，上海三联书店、上海人民出版社2004年版，译者序第4页。

王祥荣等的研究具有代表性。其中，姜爱林、陈海秋、张志辉等对城市环境治理作了较为全面的阐述，涉及城市环境治理的含义、特征、原则、类型、模式、评价和制度创新、国外城市环境治理的历程、举措和经验、中国城市环境治理的历程、体系、绩效、不足和创新对策。从时间上看，这些研究主要发生在2008年和2009年，反映出城市环境治理是一个较新的论题。2011年陈海秋在先前研究的基础上撰写了题为“转型期中国城市环境治理模式研究”的博士学位论文，深化了这方面的研究。从内容上看，这些研究主要着眼于城市环境治理本身，较少关注与城市环境治理相关的论域，表明城市环境治理研究是一个仍需开拓的领域。

陈振明、毛寿龙、顾建光、张成福、王满船等是国内较早研究政策工具（政府工具）的学者。在其研究基础上，学者们就环境政策工具展开了探讨。王迎春、陈祖海、吴巧生、成金华、邓江波研究了不同环境政策工具的选择问题。秦颖、徐光、肖建华展示了环境政策工具变迁的画卷。王金南、肖敏驹、葛察忠、曹洪军、夏龙河等分析了环境保护的经济性政策工具。关于环境管理的信息工具，许多学者探讨了环境信息公开，比较而言，王华、曹东、张世兴的研究深入一些。朱清描绘了环境治理信息工具的谱系简图。总体上看，国内学界更多的是在一般层面上对环境政策工具展开研究，而对政策工具在中国环境领域中的选择、设计、应用关注得较少，没有建立这方面的理论架构，没有总结这方面的实践经验；对政策工具在中国城市环境领域中的选择、设计、应用则关注得更少，特别是系统研究中国城市环境治理信息型政策工具的文献似尚阙如。

（二）国外研究综述

国外学界较早对城市环境治理进行了研究，巴巴拉·罗森克兰兹、马丁·梅洛西、克雷格·科尔腾、乔·塔尔、爱德华·吉里尔和洛尼·怀特等是主要代表。巴巴拉·罗森克兰兹编辑的《城市的污水排放》和马丁·梅洛西撰写的《城市里的垃圾：废弃物处理的改革和环境，1880—1980年》是关于城市某一具体污染源的治理的研究成果。关于城市环境治理的成果还有克雷格·科尔腾、乔·塔尔和爱德华·吉里尔发表的一些论文。洛尼·怀特的《城市环境管理：环境变化与城市设计》是城市环境治理方面的相关研究成果。

国外学界对政策工具的研究兴起于20世纪80年代。最早比较完整论述政策工具的著作是1983年克里斯托夫·C. 胡德的《政府工具》，该著作提出了一些重要的、富有开创性的观点。20世纪90年代，政策工具研究方面极具影响力的文献是1998年B. 盖伊·彼得斯和弗兰斯·K. M. 冯尼斯潘主编的《公共政策工具：对公共管理工具的评价》，该书涉及政策工具研究的路径、政策工具的选择、政策工具的节律和政策工具文献的重估，为当时已有的政策工具研究文献提供了不同的视野。21世纪以来，国外学者从深度和广度上对政策工具进行探究。2002年莱斯特·M. 萨拉蒙主编的《政府工具——新治理指南》是这一时期颇具代表性的文献，该书完善了政策工具研究路径的理论框架。

关于政策工具应用的大量研究是在环境领域展开的。贝曼斯—威迪克、雷·C. 瑞斯特、埃弗特·韦唐总结道，纵观政策工具在西方环境领域中的实践，可将其分为法律工具（管制工具）、经济激励工具和信息工具。环境领域中强制性的问题，特别是跟管制有关的强制性问题得到了频繁的研究。研究经济激励型环境政策工具的也不乏其人，如J. Th. A. 布雷塞尔斯、B. F. J. 格瑞姆伯格、W. J. V. 维尔穆伦和R. A. J. 高斯等。汤姆·H. 蒂腾伯格、理查德·G. 纳威尔、亚当·B. 贾菲等提出信息披露是一种具有积极作用的环境政策工具。H. A. 德·布鲁金、H. A. M. 霍芬把信息传递视为环境政策工具。与以上学者大多倾向于集中讨论某一方面不同，托马斯·思德纳对环境政策工具全景展开了研究。

在环境政策领域，西方学者对政策工具的研究主要是从经济学角度进行效用分析，而对影响政策工具选择、应用的社会、政治、文化场域研究不够深入，没能提供一种多维度的解析范式。再者，国外学者没有直接针对中国城市环境治理的政策工具展开研究。尽管如此，他们的研究成果因其具有解释力的理论框架和独到的见解，对本文的研究具有启发意义。

三 研究意义

（一）理论意义

知识的增进是研究的一个目标。[①]达成该目标或有助于达成该目标的研究，是具有理论意义的。照此而言，中国城市环境治理的信息型政策工具研究，是具有理论意义的。中国城市环境治理的信息型政策工具是中国城市环

---

① W. Phillips Shively, *The Craft of Political Research*: A Primer, N. J.: Prentice - Hall, 1974, p. 2.

境政策工具的有机组成部分，是实现中国城市环境政策目标的关键因素。既然如此，有必要对中国城市环境治理的信息型政策工具展开研究，以便为中国城市环境治理的实践提供一定的指导。中国城市环境治理的信息型政策工具研究能使城市环境政策工具研究得以深化，能使城市环境政策工具选择、应用的知识更加系统化，从而形成解决中国城市环境问题的理论准备。或者说，系统地阐述中国城市环境治理的信息型政策工具，能够拓展并深化现有研究对城市环境政策工具的认识，能够推动城市环境治理理论的更新，能够促进城市环境治理研究的知识谱系的建构。

（二）实践意义

政策科学不仅有科学的理论目标，而且还有基本的实际目标。[①]这话适用于城市环境治理的信息型政策工具研究。改革开放以来，中国城市化获得了快速发展。与此同时，中国城市环境状况日益严峻。于是，伴随着中国城市化的快速发展，如何有效地治理城市环境成为一个挑战性、紧迫性的现实命题。党的十六届五中全会根据中国国情提出建设“两型社会”，这是顺应现实形势的重要战略决策。党的十八大报告首次提出建设“美丽中国”，把生态文明建设提到前所未有的高度，这是深入贯彻落实科学发展观的根本要求和破解中国经济社会发展面临资源环境“瓶颈”制约的必然选择。建设“两型社会”需要建设“两型城市”，建设“美丽中国”需要建设“美丽城市”。建设“两型城市”、建设“美丽城市”需要有效地治理城市环境。而政策工具的选择、应用状况是有效地治理城市环境的关键变量。本文借鉴国外城市环境治理信息型政策工具选择的经验，结合转型时期中国城市的实际情况，提出改进中国城市环境治理信息型政策工具的建议，这对解决中国城市环境问题有着重要的实践意义。

四　研究方法

（一）实证研究法

实证研究法着眼于当前社会或者学科现实，通过对现实情况的研究形成

---

① Harold D. Lasswell, The Policy Orientation, in *The Policy Sciences: Recent Developments in Scope and Method*, Daniel Lerner and Harold D. Lasswell ed., Stanford, CA: Stanford University Press, 1951, p. 15.

结论。在实证研究中，案例研究举足轻重。案例研究是“探索难以从所处情景中分离出来的现象时所采用的研究方法”①，是定性的或解释性调查中最典型的结构形式。它的目的是要提供一幅相关问题的精细的图片，捕捉那些逃过统计工作者眼睛的细节和微妙之处。它能帮助我们深入到情景内部。②本文立足于城市环境领域的实践，以实证研究为视角，选取中国东部的北京市、镇江市、中部的武汉城市圈、长株潭城市群、西部的呼和浩特市、昆明市环境治理信息型政策工具的应用作为实例，通过对应用状况的深描，揭示应用差异的缘由，提炼可资借鉴的经验，探寻有待改进的地方。

本文还利用大量的数据资料，进行实证分析。选取连续5年（2008—2012年）披露环境信息的180家上市公司为样本，根据设定的环境信息披露的项目指标进行指标统计，然后以环境信息披露指数为综合指标来分析中国城市企业环境信息公开的成效和不足。选取连续3年（2010—2012年）进行环境信息依申请公开的60个地级市以上环境保护局为样本，以环境信息依申请公开答复率或受理率为核心指标来分析中国城市政府环境信息公开的成效和缺陷。以《中国公众环保民生指数》中的公众环保满意度得分为核心指标来评估中国城市环境治理信息型政策工具的质量。以城市污染源监管信息公开指数（PITI）、城市空气质量信息公开指数（AQTI）评价中被评城市的平均分为综合指标来评估中国城市环境信息公开的水平。

（二）学科交叉研究法

城市环境问题是一个多方面问题的综合体，其产生有着多方面的根源，其影响波及人类生活的各领域。所以，城市环境问题的凸显必然引起学术界不同学科，如城市生态学、环境管理学、公共政策学、历史学、政治学、行政学、经济学和社会学等的关注。较好地解决城市环境问题需要多学科的综合研究。类似于日本学者岩佐茂所说的那样：“环境问题需要跨学科的综合研究。环境问题的研究，比如对自然环境的认识和对其破坏程度的实际调查把握、对环境破坏原因的分析、预测、环境破坏对自然环境的影响、保护环境的理念与政策建议等，都具有涉及面很广的综合特性。因此，要在相关领域所取得的研究成果的基础上，以这些成果为中介，努力对各学科进行综合

---

① ［美］罗伯特·K. 殷：《案例研究方法的应用》，周海涛等译，重庆大学出版社2005年版，第13页。

② ［美］弗兰克·费希尔：《公共政策评估》，吴爱明、李平等译，中国人民大学出版社2003年版，第82—83页。

研究。”①

本文以城市生态学、环境管理学、公共政策学等为宏观视野，通过多学科交叉融合，研究中国城市环境治理的信息型政策工具，使中国城市环境治理的理论研究走向深入，为中国城市环境治理的实践运作拓宽视界。在此基础上，本文以类型学、历史学、政治学、公共行政学等为微观视角进行理论探讨；以类型学为视角描画城市环境治理信息型政策工具的谱系简图；以历史学为视角考察中国城市环境治理信息型政策工具的演进；以政治学为视角探寻中国城市环境治理信息型政策工具选择的机理；以公共行政学为视角探究中国城市环境治理信息型政策工具设计的模式。

（三）制度研究法

制度和制度变迁对社会、经济和政治的发展起着举足轻重的作用。制度为人类活动提供一套规则，“制度变迁决定了人类历史中的社会演化方式”②。美国制度学派先驱托尔斯坦·凡勃伦率先将制度问题纳入科学研究，开创了对制度进行系统研究的先河。此后，众多学者运用制度研究法对各种制度以及与制度相关的问题进行分析。政策工具与制度有着密切的关系。美国政治学家埃莉诺·奥斯特罗姆就把政策工具理解成“为了对某些行动领域施加影响而精心设计的制度规则的组合”③。中国学者张璋指出，从新制度主义的观点来看，工具就是制度。④基于此，本文运用制度学派提供的“制度”这一分析工具来探讨中国城市环境治理信息型政策工具的演进。

（四）比较研究法

比较法就是对照各个对象，以便揭示它们之间的共同点与相异点的一种方法。通过比较揭示对象之间的异同是人类认识客观事物最基本的方法，是人们研究事物最普遍的方法。⑤本文采用比较研究法进行理论分析。首先，对

---

① ［日］岩佐茂：《环境的思想——环境保护与马克思主义的结合处》，韩立新、张桂权、刘荣华等译，中央编译出版社 2006 年版，第 9 页。

② ［美］道格拉斯·C. 诺思：《制度、制度变迁与经济绩效》，杭行译，格致出版社、上海三联书店、上海人民出版社 2008 年版，第 3 页。

③ Elinor Ostrom, A Method of Institutional Analysis , in *Guidance, Control, and Evaluation in the Public Sector: the Bielefeld Interdisciplinary Project*, Franz - Xaver Kaufmann, Giandomenico Majone, Vincent Ostrom ed., Berlin and New York: Walter de Gruyter, 1986, pp. 459 - 475.

④ 张璋：《理性与制度——政府治理工具的选择》，国家行政学院出版社 2006 年版，第 21 页。

⑤ 邓集文：《当代中国政府公共信息服务研究》，中国政法大学出版社 2010 年版，第 297—298 页。

中国城市环境治理信息型政策工具的演进进行动态比较，分析中国城市环境治理的信息型政策工具随着时代的变迁不断变化、发展的情况。其次，对中国东部的北京市、镇江市，中部的武汉城市圈、长株潭城市群，西部的呼和浩特市、昆明市环境治理信息型政策工具的应用状况进行比较，揭示应用差异的缘由。再次，运用比较研究法，总结国外城市环境治理信息型政策工具选择的经验，为优化中国城市环境治理的信息型政策工具提供借鉴。

第一章 城市环境治理信息型政策工具的理论阐释

理论前提制约着理解事物的方式。它决定着我们的理解、基于理解产生的诉求以及由此而设想的行为的可能性。①因此，在这里我们需要厘定城市环境治理信息型政策工具的理论范畴，确定城市环境治理信息型政策工具的理论内涵，阐释城市环境治理信息型政策工具的理论基础，以便为理解中国城市环境治理的信息型政策工具提供用作分析的正确的基本概念、合理的视野范围和一定的理论依据。

一 城市环境治理信息型政策工具的理论范畴

“范畴”这一术语源于古希腊文。按照西方哲学史上第一个对范畴进行系统阐述的哲学家亚里士多德的说法，“范畴是最一般和最基本的概念”②。我们认为，范畴是反映事物本质属性与普遍联系的基本概念。③在理论与实践中，范畴具有重要的地位和作用。列宁曾经指出：“范畴是区分过程中的梯级，即认识世界的过程中的梯级，是帮助我们认识和掌握自然现象之网的网上纽结。”④恰如其言，在城市环境治理信息型政策工具的理论框架中有许多的范畴，它们作为整个框架之网的网上纽结，是帮助我们深入地理解和把握城市环境治理的信息型政策工具。

---

① ［美］查尔斯·J. 福克斯、休·T. 米勒：《后现代公共行政——话语指向》，楚艳红、曹沁颖、吴巧林译，中国人民大学出版社2002年版，第8页。

② ［苏联］格拉日丹尼科夫：《哲学范畴系统化的方法》，曹一建译，中国人民大学出版社1988年版，第7页。

③ 中国大百科全书总编辑委员会《哲学》编辑委员会编：《中国大百科全书·哲学卷》（第一卷），中国大百科全书出版社1987年版，第200页。

④ ［苏联］列宁：《哲学笔记》，林利等译，中共中央党校出版社1990年版，第98页。

（一）治理

“治理”（governance）一词源于古拉丁文和古希腊文，原意是控制、引导和操纵。长期以来，“治理”与“统治”（government）一词交叉使用，且主要用于与国家公共事务相关的管理活动和政治活动中。20 世纪 90 年代以来，西方政治学家和经济学家给治理赋予了新的内涵，对治理作出了新的界定。詹姆斯·N. 罗西瑙从治理与统治的区别着手来界定治理，认为治理是由共同的目标所支持的，这个目标未必出自合法的以及正式规定的职责，而且它也不一定需要依靠强制力量克服挑战而使别人服从。换句话说，与统治相比，治理是一种内涵更为丰富的现象，既包括政府机制，也包含非正式、非政府的机制。[①] R. A. W. 罗茨列举了治理的六种用法：作为最小国家；作为公司治理；作为新公共管理；作为“善治”；作为社会—控制论系统；作为自组织网络。[②]罗茨在逐一描述了治理的六种用法后给治理下了定义，他提出的定义与以上用法有着相同之处。与罗茨相似的是，格里·斯托克梳理了各种治理概念。随后，斯托克围绕作为理论的治理的五个论点展开了讨论。[③]与罗茨相异的是，斯托克没有在讨论的基础上对治理作出一个界定。尽管如此，斯托克的理论探讨向我们展现了治理的丰富内涵。对于治理概念，全球治理委员会也进行了探讨，指出治理是各种公共的或私人的机构管理其共同事务的诸多方式的总和，包括有权强迫人们服从的正式的制度和规则，也包括各种人们同意或者认为符合其利益的非正式的制度安排。[④]在各种治理的界定中，全球治理委员会的定义被认为具有较大的代表性和权威性，给我们解读治理提供了有益启示。当然，治理的其他界定同样对我们有所裨益。

“治理”一词在 20 世纪 90 年代成为西方社会科学的流行术语。中国学者随之对治理概念进行了介绍和探讨，其中，俞可平、徐勇和毛寿龙等是从事治理研究的主要代表。俞可平系统地介绍了西方的治理概念，并提出了自己的看法。按照俞可平的解释，治理的基本含义是在一个既定的范围内运用

① ［美］詹姆斯·N. 罗西瑙：《世界政治中的治理、秩序和变革》，载詹姆斯·N. 罗西瑙主编：《没有政府的治理》，张胜军、刘小林等译，江西人民出版社 2001 年版，第 5 页。

② ［英］R. A. W. 罗茨：《新的治理》，木易编译，《马克思主义与现实》1999 年第 5 期，第 42—48 页。

③ ［英］格里·斯托克：《作为理论的治理：五个论点》，华夏风译，《国际社会科学杂志（中文版）》1999 年第 1 期，第 19—30 页。

④ The Commission on Global Governance, Our Global Neighbourhood: the Report of the Commission on Global Governance, London: Oxford University Press, 1995. p. 2.

权威来维持秩序，满足社会公众的需要。①徐勇将 governance 译为“治理”，指出治理是统治者或管理者通过公共权力的配置与运作，管理公共事务，以支配、影响与调控社会。②毛寿龙、李梅、陈幽泓将 governance 译为“治道”，认为治道是指在市场经济条件下政府如何界定自己的角色，如何利用市场方法管理公共事务的道理。③俞可平、徐勇和毛寿龙等的研究带动了众多国内学者探究治理概念。

国内外学者对于治理的界定五花八门，“的确难以在各个研究方法、各个作者、各个流派、各个大学和各个国家中选择出最佳视角”④ 来理解治理。不过，从较好视角来理解治理的理论倒是有。以上各种治理的界定即为明证。较好视角下关于治理的界定有助于我们对治理进行诠释。在借鉴他人研究成果的基础上，笔者认为，治理是指各种主体以合作、互动的方式管理公共事务的行为和过程。

（二）城市环境治理

“城市环境治理”是一个集合概念。虽然如此，相对于本文的论题而言，它却是一个基本概念。要界定“城市环境治理”，首先必须界定、理解“城市”“环境”和“城市环境”三个概念。何谓城市，学界难定一尊。本文使用《中华人民共和国城市规划法》中的“城市”概念，即城市是指国家按行政建制设立的直辖市、市、镇。关于环境的定义，日本学者岩佐茂的观点值得借鉴。按照他的看法，环境可以定义为围绕主体存在的周围世界。主体既可以指人类也可以指每一个生物。⑤主体周围世界的外延，会因生物主体的行动范围而不同。如果把生物的行动范围叫作生活圈，那么可以把这个生活圈确定为生物的环境（狭义的环境）。可是，即使各种生物的生活圈被限定，它的世界仍然是客观自然的一部分，而且仅仅存在于与其主体不直接介入的整个自然的相互关系、相互作用之中。在这一点上，应该说地球上的整个自

① 俞可平：《引论：治理与善治》，载俞可平主编：《治理与善治》，社会科学文献出版社 2000 年版，第 5 页。

② 徐勇：《GOVERNANCE：治理的阐释》，《政治学研究》1997 年第 1 期，第 63—67 页。

③ 毛寿龙、李梅、陈幽泓：《西方政府的治道变革》，中国人民大学出版社 1998 年版，第7 页。

④ ［法］让－皮埃尔·戈丹：《何谓治理》，钟震宇译，社会科学文献出版社 2010 年版，第 19 页。

⑤ ［日］岩佐茂：《环境的思想与伦理》，冯雷、李欣荣、尤维芬译，中央编译出版社 2011 年版，第 19 页。

然构成了生物的环境（广义的环境）。[①]加之，“环境问题中的环境破坏问题多数情况下只考虑到对自然环境的破坏”[②]，故本文着眼于“自然”来理解“环境”。《中华人民共和国环境保护法》正是这样来界定环境的：环境是指影响人类生存和发展的各种天然的与经过人工改造的自然因素的总体。本文认同《中华人民共和国环境保护法》对环境所下的定义，并借鉴中国学者于艳的观点[③]，将城市环境界定为：影响城市中人们生存和发展的各种天然的与经过人工改造的自然因素的总体。

理解“城市”“环境”和“城市环境”等概念后，再来对“城市环境治理”进行解说。姜爱林是城市环境治理研究领域的主要代表之一，他认为，城市环境治理是各级管理者依据国家、当地的环境政策、环境法律法规与标准，运用法律、经济、行政、技术与教育等各种手段，调控人类的生产生活行为，协调城市经济社会发展和环境保护之间的关系，限制人类损害城市环境质量的活动的有关行为的总称。[④]宣琳琳、钟京涛和张志辉在探究现阶段城市环境治理模式若干问题时采用了姜爱林对城市环境治理所下的定义。刘雯婧、胡欣欣基本上采用了姜爱林的城市环境治理的定义，仅增加了“为了维护城市区域的环境秩序和环境安全，实现城市社会经济可持续发展”这一状语。陈海秋是姜爱林的合作者，在合作研究中他们对城市环境治理有相同的理解。后来陈海秋在其博士论文中提出了新的看法：城市环境治理就是各类治理主体对城市环境公共事务进行合作参与多元化管理的一种过程或者状态。[⑤]

关于城市环境治理的界定，学者们的观点各有合理的地方。在借鉴学者们观点的基础上，笔者认为，城市环境治理是指各种治理主体依据环境法律法规、环境政策和环境标准，调控城市中人们的生产生活行为，协调城市经济社会发展和环境保护之间的关系，限制人们损害城市环境质量的活动的行

① ［日］岩佐茂：《环境的思想——环境保护与马克思主义的结合处》，韩立新、张桂权、刘荣华等译，中央编译出版社2006年版，第191—193页。

② ［日］岩佐茂：《环境的思想与伦理》，冯雷、李欣荣、尤维芬译，中央编译出版社2011年版，第20页。

③ 于艳：《我国城市环境的合作治理模式研究》，山东大学2011年硕士学位论文，第7页。

④ 姜爱林：《城市环境治理的发展模式与实践措施》，《国家行政学院学报》2008年第4期，第78—81页。

⑤ 陈海秋：《转型期中国城市环境治理模式研究》，南京农业大学2011年博士学位论文，第16页。

为和过程，以维护城市环境、实现城市可持续发展。

（三）政策工具

政策工具，即政府工具或治理工具，国内外学者没有过多地区分这三个概念，本文在主要采用政策工具这一概念表达时也不加区分地使用它们。政策工具在本文中是一个基本概念或基本范畴，对它作出合理的阐释并非易事。关于政策工具的界定，学者们众说纷纭，莫衷一是。概括而言，国内外学者对政策工具的界定大致可以归纳为活动说、手段说、机制说和途径说四种观点。

1. 活动说。克里斯托夫·C. 胡德指出，工具概念可以通过将其刻画为“客体”和“活动”，并在对二者加以区分的基础上得到更清晰的理解。[①]这样，一方面，工具可以被当作客体，这是在司法文献中常见的情况。在司法文献中，法律和行政命令被称作工具。另一方面，工具可以被看作活动，这为阿瑟·B. 林格林所认同。林格林把“工具”概念描述为：聚焦于影响和支配社会过程的具有类似特征的政策活动的集合。[②] H. A. 德·布鲁金、H. A. M. 霍芬对林格林关于政策工具的定义作了简要的讨论。他们认为，林格林定义的一个优点是，一些非正式的活动也可以被看作政策工具；林格林定义的一个不足之处是，在“政策”概念与“工具”概念之间的界限是模糊的。[③]

2. 手段说。《公共政策与行政国际大百科全书》把政策工具解释为：实现公共政策目标的手段[④]。H. A. 德·布鲁金、H. A. M. 霍芬在考察了被看作“政策工具”的现象后得出一个初步结论，该结论表明他们支持手段说。为了进一步说明该结论，他们拿 A. 霍格威尔夫的工具定义来作比较。通过比较发现，霍格威尔夫实际上把政策工具理解成达到具体目标的手段。[⑤]按照迈克尔·豪利特、M. 拉米什的说法，政策工具是政府赖以推行政策的

---

① Christopher C. Hood , The Tools of Government, London: Macmillan, 1983, p. 45.

② B. Guy Peters, Frans K. M. van Nispen eds. , Public Policy Instruments: Evaluating the Tools of Public Administration, Northampton: Edward Elgar Publishing Inc. , 1998, p. 14. 该书有中文译本，由于笔者在表达林格林的“工具”概念时与中文译本有所不同，故在此引用英语版本。

③ ［荷］H. A. 德·布鲁金、H. A. M. 霍芬：《研究政策工具的传统方法》，载［美］B. 盖伊·彼得斯、［荷］弗兰斯·K. M. 冯尼斯潘编《公共政策工具：对公共管理工具的评价》，顾建光译，中国人民大学出版社 2007 年版，第 14 页。

④ Jay M. Shafritz, International Encyclopedia of Public Policy and Administration, Colorrado: Westview Press, 1998, pp. 997 - 998.

⑤ ［荷］H. A. 德·布鲁金、H. A. M. 霍芬：《研究政策工具的传统方法》，载［美］B. 盖伊·彼得斯、［荷］弗兰斯·K. M. 冯尼斯潘编《公共政策工具：对公共管理工具的评价》，顾建光译，中国人民大学出版社 2007 年版，第 13—14 页。

手段。[①]这一界定把政府视为政策工具的主体。毛寿龙也把政府视为政策工具或政府治理工具的主体，指出政府治理工具主要是政府实现其管理职能的手段。[②]陈振明在对政策工具主体宽泛理解的基础上将政策工具定义为：人们为解决某一社会问题或达成一定的政策目标而采用的具体方式和手段。[③]

3. 机制说。克里斯托夫·C. 胡德除了从活动说的角度来理解工具概念外，还从机制说的角度来界定政府工具。借由文献研究，李允杰、丘昌泰认为胡德的观点属于机制说。他们自己比较倾向于机制说。欧文·E. 休斯同样倡导机制说。他认为，政府工具是政府的行为方式，以及通过某种途径用以调节政府行为的机制。[④]罗伯特·阿格拉诺夫、迈克尔·麦奎尔认同这样的观点，政策工具是政府实现公共目标的支配机制或技术。[⑤]根据张成福、党秀云的见解，政策工具是政府将其实质目标转化为具体行动的路途和机制。[⑥]陈庆云指出，政策工具是把政策目标转化为具体行动的路径和机制。[⑦]实际上，张成福、党秀云和陈庆云所见略同。

4. 途径说。从途径说的角度来界定政府工具的也不乏其人。莱斯特·M. 萨拉蒙提出，政府工具是一种可以辨认的通过集体行动致力于解决公共问题的方法或途径。[⑧]这一界定把政策工具看成是解决社会公共问题的一种途径。与国外的一些学者一样，国内的一些学者亦把政策工具看成是一种途径。邓江波认为，政策工具（也可称为政府工具）是政府在公共政策的制定和执行过程中为实现政策目标而采取的手段、技术或者途径。[⑨]张成福、党秀云和陈庆云等对政策工具的界定在一定意义上也可以归属于途径说。

---

① ［加］迈克尔·豪利特、M. 拉米什：《公共政策研究——政策循环与政策子系统》，庞诗等译，生活·读书·新知三联书店2006年版，第141页。

② 毛寿龙主编：《公共行政学》，九州出版社2003年版，第58页。

③ 陈振明主编：《政策科学——公共政策分析导论》（第二版），中国人民大学出版社2003年版，第170页。

④ ［澳］欧文·E. 休斯：《公共管理导论》（第二版），彭和平、周明德、金竹青等译，中国人民大学出版社2001年版，第99页。

⑤ ［美］罗伯特·阿格拉诺夫、迈克尔·麦奎尔：《协作性公共管理：地方政府新战略》，李玲玲、鄞益奋译，北京大学出版社2007年版，第125页。

⑥ 张成福、党秀云：《公共管理学》，中国人民大学出版社2001年版，第62页。

⑦ 陈庆云主编《公共政策分析》，北京大学出版社2006年版，第81页。

⑧ Lester M. Salamon and Odus V. Elliot, The Tools of Government: A Guide to the New Governance, New York: Oxford University Press, 2002. p. 19.

⑨ 邓江波：《我国环境保护视角下的政策工具选择研究》，华中师范大学2009年硕士学位论文，第3页。

以上四种观点各有合理的地方，给人们厘清政策工具的本质以有益启示。综合国内外学者对政策工具的界定，笔者认为，政策工具是指政府在政策制定、执行和反馈过程中为实现政策目标而采取的手段、方式或途径。政策工具可以分为不同类型。关于政策工具的分类，国内外学界见仁见智。在笔者看来，政策工具主要分为管制型政策工具、经济型政策工具、自愿型政策工具和信息型政策工具等。就本文的论题来说，信息型政策工具是基本范畴，下文将予以解说。

界定了政策工具后，还有两点需要作出说明。其一，政策工具与具体政策相似，但不能混为一谈。政策工具是具体政策提升后的更高层次的表达，是具体政策的集合。我们可以将政策工具理解为政策目标下第一层次的政策手段，具体政策应当属于在此之下的可直接执行的具体措施。决策者在政策工具选择的特有运行机制下结合具体的社会环境制定出具体政策，只有通过具体政策的实施，政策工具才能发挥其特有的功效。值得注意的是，政策工具与具体政策虽然有其差别，但两者在大多数情况下是重合的。[①]其二，政策工具包括制度。“工具是在一般意义上包括诸如某种规则或某种计划活动。一种规则可以被看作是一种工具”[②]。而“制度是一个社会的游戏规则”[③]，或者说“制度是由人制定的规则”，[④]照此推断，政策工具包括制度。正是这样，本文在很大程度上着眼于具体制度来阐释中国城市环境治理的信息型政策工具。

（四）信息型政策工具

信息型政策工具，也可以称为信息性政策工具或信息工具。关于信息型政策工具，不乏论述存在，只是相比于前述范畴，它较少地为学者所关注。欧内斯特·盖尔霍恩、珍妮特·威斯和小威廉·T. 格姆雷等是国外研究信息型政策工具的重要学者。在盖尔霍恩那里，行政机构的不利信息公开举措

---

① 周英男：《工业企业节能政策工具选择研究》，大连理工大学 2008 年博士学位论文，第 26 页。

② ［荷］弗兰斯·K. M. 冯尼斯潘、A. B. 林格林：《论工具与工具性：一种批判性的评价》，载［美］B. 盖伊·彼得斯、［荷］弗兰斯·K. M. 冯尼斯潘编《公共政策工具：对公共管理工具的评价》，顾建光译，中国人民大学出版社 2007 年版，第 203 页。

③ ［美］道格拉斯·C. 诺思：《制度、制度变迁与经济绩效》，杭行译，格致出版社、上海三联书店、上海人民出版社 2008 年版，第 3 页。

④ ［德］柯武刚、史漫飞：《制度经济学：社会秩序与公共政策》，韩朝华译，商务印书馆 2000 年版，第 32 页。

被当作信息工具。[①]他对信息工具的功能、限制和条件等进行了透彻的研究。威斯对信息什么时候是有用的政策工具做过认真的研究。格姆雷等深入地讨论了信息工具的效用。中国学者也对信息工具作了一定的探讨。应飞虎、涂永前认为，在公共规制中，信息工具是旨在为交易主体或规制机构提供决策信息以改善决策质量的规制工具。他把这些工具分别称为平行的信息工具、自上而下的信息工具和自下而上的信息工具。[②]陈江指出，信息工具是政策制定者进行社会干预的一种基本方式。信息工具是指政策制定者运用各种信息传播方式，使自己成为社会网络或者信息连接的中心节点，引导信息受众的行为，使其行为符合政策制定者的要求，达到一定的社会目标。信息工具可以分为隐瞒信息的工具、公开传播信息的工具、发布特定信息的工具、发布群体信息的工具与发布大众信息的工具。[③]在徐媛媛、严强看来，信息性政策工具是政府通过信息平台由目标群体自由地选择接受的一种工具类型，它以信息沟通为主，包括信息发布、听证、劝诫、教育、行销、动员、广告、宣传、谈判、说服和拉拢等。[④]

学者们对信息型政策工具的看法具有参考价值。参考他们的意见，并联系前文对政策工具的界定，笔者认为，信息型政策工具是指政府在政策制定、执行和反馈过程中为实现政策目标而采取的具有信息属性的手段、方式或途径。这里的"信息属性"既蕴涵"信息收集属性"，又包含"信息公开或发布属性"。故而，监测、统计、调查、信息公开、听证、信访、劝诫、教育、宣传和说服等都是信息型政策工具的重要类型，都是信息型政策工具谱系的组成部分。

二 城市环境治理信息型政策工具的理论内涵

"城市环境治理的信息型政策工具"是"城市环境治理"概念和"信息

① Ernest Gellhorn, Adverse Publicity by Administrative Agencies, Harvard Law Review, 1973, Vol. 86, No. 8, pp. 1380 - 1441.

② 应飞虎、涂永前：《公共规制中的信息工具》，《中国社会科学》2010 年第 4 期，第 116—131 页。

③ 陈江：《政府管理工具视角下的信息工具》，《广东行政学院学报》2007 年第 1 期，第 23—26 页。

④ 徐媛媛、严强：《公共政策工具的类型、功能、选择与组合——以我国城市房屋拆迁政策为例》，《南京社会科学》2011 年第 2 期，第 73—79 页。

型政策工具”概念组合而成的一个概念。城市环境治理和信息型政策工具的界定有助于诠释城市环境治理的信息型政策工具。城市环境治理的信息型政策工具是指各种城市治理主体①在环境政策的制定、执行和反馈过程中为实现政策目标而采取的具有信息属性的手段、方式或途径。其主要有环境监测、环境统计、环境信息公开、环境标志或标签计划（包括环境认证）、环境听证、环境信访与 GPS 全球定位系统等类型。除了 GPS 全球定位系统之外，这些工具可从“行为”意义上和“制度”意义上加以理解。②即便环境标志计划被理解为环境标志制度，但包含于其中的环境认证具有“行为”意义和“制度”意义上的内涵。

环境监测是指运用物理、化学和生物等现代科学技术方法对环境污染物进行监视、监控和测定，从而正确评价环境质量的行为和制度。它由环境监测机构实施，环境监测机构按照规定的程序和有关的标准、法规，全方位、多角度连续地收集监测信息和长期地积累监测资料。显然，环境监测是一种环境治理的信息型政策工具。环境监测的内容按监测对象分为水和污水监测、大气和废气监测、噪声监测、土壤污染监测、固体废物监测、生物污染监测和放射性污染监测。环境监测既是实施环境监管的重要手段，又是环境保护的基础，其目的是客观、准确、全面和及时地反映环境质量的现状及其发展变化趋势，为环境管理、环境规划、污染源控制和环境评价等提供科学

---

① 虽然政策工具是政府在政策制定、执行和反馈过程中为实现政策目标而采取的手段、方式或途径，但治理的主体是多元的，除了政府这个主要主体之外，其他主体在政策的制定、执行和反馈过程中也发挥作用，且为实现政策目标需要其他主体参与，所以笔者在界定城市环境治理的信息型政策工具时将解释性话语的主语定位于“各种城市治理主体”。

② 这种理解来自于一些学者的有关观点的启发。褚松燕认为，政府信息公开是指政府机关依照法定程序以法定的形式公开与社会成员利益相关的所有信息，并且允许公众通过查询、阅览、复制、摘录、收听、观看和下载等形式充分利用政府所掌握的信息的行为与制度（参见褚松燕《我国政府信息公开的现状分析与思考》，《新视野》2003 年第 3 期）。卢琳认为，可以从微观和宏观的角度上理解政府信息公开的含义。微观意义上的政府信息公开是指行政机关依照法定程序向公众或者特定的公民提供有关的信息的法律行为。宏观意义上的政府信息公开是指行政机关向公众或者特定的公民提供行政管理信息的范围、主体、程序和法律后果等要素组成的法律制度（参见卢琳《走出我国政府信息公开的困境》，《行政论坛》2003 年第 4 期）。刘恒等认为，政府信息公开是指国家行政机关和法律、法规以及规章授权和委托的组织，在行使国家行政管理职权的过程中，通过法定的形式和程序，主动将政府信息向社会公众或依申请而向特定的个人或组织公开的制度（参见刘恒等《政府信息公开制度》，中国社会科学出版社 2004 年版，第 2 页）。颜海认同刘恒等关于政府信息公开的看法（参见颜海《政府信息公开理论与实践》，武汉大学出版社 2008 年版，第 5 页）。

依据。[①]

环境统计是收集环境信息的主要手段[②]，它是指用数字反映并计量人类活动引起的环境变化以及环境变化对人类影响的行为和制度。环境统计的任务是对环境状况和环境保护工作情况进行统计调查、统计分析，提供统计信息和咨询，实行统计监督。环境统计的内容包括环境质量、环境污染及其防治、生态保护、核与辐射安全、环境管理以及其他有关环境保护事项。环境统计有普查和专项调查、定期调查和不定期调查等类型。值得注意的是，环境统计调查只是环境调查的一种类型，环境调查还有其他类型，如环境监测调查。鉴于环境监测和环境统计都内含环境调查，本文就不专门探讨作为一种信息型政策工具的环境调查了。

环境信息公开是指政府、企业和其他环境信息的拥有者，以书面、图像、录音或者数据库、电子等形式向社会公众发布环境信息的行为和制度。环境信息公开是环境信息供给的基本手段，是环境治理的重要工具。根据公开主体的不同，环境信息公开分为政府环境信息公开与企业环境信息公开等。由于“教育、宣传和劝说都是信息的形式”[③]，环境标志是信息公开的一种方式[④]，环境认证是信息公开的一种形式[⑤]，城市环境综合整治定量考核也是信息公开的一种形式[⑥]，因而从宽泛意义上说，环境教育、环境宣传、环境标志、环境认证和城市环境综合整治定理定量考核等都属于环境信息公开。当然，也有一些学者将环境信息公开和环境标志、环境认证之间的关系

---

① 王英健、杨永红主编：《环境监测》（第二版），化学工业出版社 2011 年版，第 2—4 页。

② 王华、曹东、王金南、陆根法等：《环境信息公开：理念与实践》，中国环境科学出版社 2002 年版，第 28 页。

③ ［美］丹尼斯·C. 缪勒：《公共选择理论》，杨春学等译，中国社会科学出版社 1999 年版，第 305 页。

④ 王华、曹东、王金南、陆根法等：《环境信息公开：理念与实践》，中国环境科学出版社 2002 年版，第 77 页。

⑤ ［瑞典］托马斯·思德纳：《环境与自然资源管理的政策工具》，张蔚文、黄祖辉译，上海三联书店、上海人民出版社 2005 年版，第 192 页。

⑥ 王华、曹东、王金南、陆根法等：《环境信息公开：理念与实践》，中国环境科学出版社 2002 年版，第 101 页。

视为并列关系。[①]为了便于研究起见，本文在宏观上将环境标志、环境认证纳入环境信息公开中，在微观上考虑到它们之间毕竟存在差别而一定程度地将环境信息公开和环境标志、环境认证并列起来。

环境标志计划是向符合一系列既定要求的产品授予的环境标志。[②]其采用的手段是将证明性标志贴于产品上，告诉人们这种产品在同类产品中比其他产品（没有标志的产品）对环境更有利。环境标志亦称绿色标志或标签、生态标志或标签，是指由公共部门或者私人团体根据一定的环境标准向有关厂家颁布证书，证明其产品的生产使用、处置过程全部符合环保要求，对环境无害或者危害极少，同时有利于资源的再生与回收利用的一种特定标志或标签。它“旨在为消费者提供更多的与环境相关的信息”[③]。需要指出的是，机动车环保标志、垃圾分类方面的标签是宽泛意义上的环境标志或标签，它们虽然有别于环境标志计划，但却同样具有信息属性。实施环境标志或标签计划（制度），离不开环境认证这一环节。[④]认证是一种标签计划[⑤]，它是自愿性的评估机构或者由经过认可的机构根据经过认可的标准进行合格评定的行为[⑥]。以此为基础，笔者认为环境认证是自愿性的评估机构或者由经过认可的机构根据经过认可的环境标准进行合格评定的行为和制度。

环境听证是指有关国家机构在作出可能影响广大民众的利益的环境决策之前，应当按照一定程序进行听证，听取公民意见的行为和制度。众所周

---

① 托马斯·思德纳、邓江波、朱清等将环境信息公开和环境标志、环境认证之间的关系视为并列关系。参见托马斯·思德纳《环境与自然资源管理的政策工具》，张蔚文、黄祖辉译，上海三联书店、上海人民出版社 2005 年版，第 191—195 页；邓江波《我国环境保护视角下的政策工具选择研究》，华中师范大学 2009 年硕士学位论文，第 15 页；朱清《基于信息的环境政策工具的实现》，《商场现代化》2009 年第 5 期，第 395—396 页。

② 李在卿编著：《中国环境标志认证》，中国标准出版社 2008 年版，第 5 页。

③ ［德］珀尔—奥鲁夫·布施、黑尔格·尤尔根斯、克斯汀·图思：《规制工具的全球扩散：建立一个新的国际环境体制》，载［德］马丁·耶内克、克劳斯·雅各布主编《全球视野下的环境管治：生态与政治现代化的新方法》，李慧明、李昕蕾译，山东大学出版社 2012 年版，第 120 页。

④ 实施环境标志计划，需要开展环境认证，因为环境标志计划包括环境标志认证；但环境标志计划还包括环境标志的使用管理，故环境标志计划与环境认证不能等同。

⑤ ［瑞典］托马斯·思德纳：《环境与自然资源管理的政策工具》，张蔚文、黄祖辉译，上海三联书店、上海人民出版社 2005 年版，第 192 页。

⑥ M. P. M. Meuwissen, A. G. J. Velthuis, H. Hogeveen, & R. B. M. Huirne, Technical and Economic Considerations about Ttraceability and Certification in Livestock Production Chains, In A. G. J. Velthuis, L. J. Unnevehr, H. Hogeveen, & R. B. M. Huirne (Eds.), New Approaches to Food Safety Economics, Wageningen: Kluwer Academic Publishers, 2003. pp. 41 –54.

知，政策制定者并不完全了解制定政策所必需的全部情况①，这就要求政策制定者采取措施听取公民意见。“那些不会倾听的人会错过他们本该更好地了解的信息。”②听证则是政策制定者听取公民意见的一条途径，借由听证政策制定者会获得相关信息。如此说来，听证是一种信息型政策工具。相应地，环境听证就是一种环境治理的信息型政策工具。从实践来看，环境立法听证和环境行政听证是环境听证的主要组成部分。环境立法听证是指立法机关在制定可能影响广大民众的利益的环境法律之前，应当按照一定程序进行听证，听取公民意见的行为和制度。环境行政听证是指行政机关在作出可能影响广大民众的利益的环境决策之前，应当按照一定程序进行听证，听取公民意见的行为和制度。环境行政听证分为环境行政许可听证和环境行政处罚听证等。

环境信访是指公民、法人或者其他组织采用书信、电子邮件、传真、电话和走访等形式，向各级环境保护行政主管部门反映环境保护情况，提出建议、意见或者投诉请求，依法由环境保护行政主管部门处理的活动和制度。如果说“举起电话是规制者获得信息的最有用方法”③，或者“公民造访是公共管理机构获取信息的一种渠道”④，那么环境信访就是环境保护行政主管部门获取大量具有参考价值的环境信息的一条途径。公民建议征集工作是信访工作的有机组成部分，是信访工作的一个新领域。⑤多方面、多层次征集人民群众的意见和建议，能为决策提供大量富有价值的信息。实践中人民建议征集工作体现于环境领域。举报制度是一项特殊的信访制度，⑥是一种低代价的、有效克服信息不对称的制度，它的建立创设了一种新的信息获取渠道。随着举报广泛应用于环境领域，环境举报成为环境信访的一种重要形式。

GPS全球定位系统（Global Positional System）是一个能全天候的、全球

① [美] B. 盖伊·彼得斯：《政府未来的治理模式》，吴爱明、夏宏图译，中国人民大学出版社2001年版，第100页。

② [美] 查尔斯·J. 福克斯、休·T. 米勒：《后现代公共行政——话语指向》，楚艳红、曹沁颖、吴巧林译，中国人民大学出版社2002年版，第152页。

③ Stephen Breyer. Regulation and Its Reform. Cambridge, Massachusetts: Harvard University Press, 1982. p. 109.

④ [美] 约翰·克莱顿·托马斯：《公共决策中的公民参与——公共管理者的新技能与新策略》，孙柏瑛等译，中国人民大学出版社2005年版，第88页。

⑤ 中国行政管理学会信访分会编著：《信访学概论》，中国方正出版社2005年版，第260页。

⑥ 同上书，第342—352页。

范围内的提供精确定位和服务的全球卫星导航定位系统。它能够提供我们所需要的全部的导航信息，包括我们在地球上的位置（经度、纬度与高程）、我们运动的速度与方向、我们当前的时间。① GPS 全球定位系统已经成为当今智能交通系统中道路、交通和车辆信息通信的重要技术工具，是智能交通管理、交通地理信息系统和车辆导航等的重要组成部分。在减少城市交通噪声污染、城市汽车尾气污染方面，GPS 全球定位系统具有广阔的应用前景。

三　城市环境治理信息型政策工具的理论基础

（一）善治理论

"治理"一词是20世纪90年代流行起来的，它与"全球化"一样宽泛而富有弹性，可以被不同立场、不同语境接受。"治理"这个现代主题如今占据了比政治哲学更为重要的地位。②治理有不同层次的区分，"善治"是治理的最高境界③，是使公共利益最大化的社会管理过程。那么，善治的基本轮廓是什么？实务界和学术界的众多人士基于自身的理解予以勾勒。

根据一位法国银行家的看法，善治有四个构成要素：第一，公民安全得到保障，法律得到尊重；第二，公共机构正确而公正地管理公共开支；第三，政治领导人对其行为向人民负责；第四，信息灵通，便于全体公民了解情况。④麦克尔·巴泽雷把善治归结为"公民价值体现"。善治跟传统官僚制范式不同，它能够激发对什么能体现对公民集体价值这一问题作更多的调查、更明确的讨论、更有效的商榷。它还可以与顾客至上的观念相联系，强调投入和过程中产生的成效，暗示出哪些公民价值不能由政府内部的专业团体来擅作主张。⑤显然，按照巴泽雷的逻辑纹路，善治暗示了社会自治的要求和能力。在让－皮埃尔·戈丹看来，三个基本点对善治显得尤为重要：公共

---

① 刘天雄：《第二讲 GPS 全球定位系统除了定位还能干些什么?》，《卫星与网络》2011 年第 9 期，第 52—55 页。

② ［法］让－皮埃尔·戈丹：《何谓治理》，钟震宇译，社会科学文献出版社 2010 年版，第 11 页。

③ 周亚越：《行政问责制研究》，中国检察出版社 2006 年版，第 75 页。

④ ［法］玛丽－克劳德·斯莫茨：《治理在国际关系中的正确运用》，肖孝毛译，《国际社会科学杂志（中文版）》1999 年第 1 期，第 81—89 页。

⑤ ［美］麦克尔·巴泽雷：《突破官僚制：政府管理的新愿景》，孔宪遂、王磊、刘忠慧译，中国人民大学出版社 2002 年版，第 133 页。

行为不断增长的可视性，即公共政策更容易被所有公民接触到；通过技术和财政评估保证的可说明性（可计量性）；在援助计划执行过程中对管理能力的切实动员。[①]雅克·舍瓦利埃认为，“善治”经由进一步强化法治国家，更加注重法律层面的保障；而加强公共行政伦理亦成为“善治”所关心的主要内容。同时，“善治”强调国家的参与性、透明性，以更大的覆盖面来贴近公民的生活。“善治”原则还大力倡导国家要及时地向公众汇报其工作，并推动建立衡量公共行为效能的测评机制。[②]

中国学者俞可平比较全面地描绘了善治的基本轮廓，他在综合各家之言的基础上提出善治有六个基本要素。其一，合法性。善治要求有关管理机构和管理者最大限度地协调公民之间以及公民与政府之间的利益矛盾，以便使公共管理活动获得公民最大限度的认可。其二，透明性。透明性即政治信息的公开性。透明性程度愈高，善治程度也愈高。其三，责任性。责任性即人们应当对自己的行为负责。公众，尤其是公职人员和管理机构的责任性越大，善治程度也越高。其四，法治。若没有健全的法制，没有对法律的充分尊重，没有建立于法律之上的社会秩序，就没有善治。其五，回应。公共管理人员和公共管理机构必须对公民的要求作出及时的、负责的反应。回应性越大，善治程度也越高。其六，有效。善治概念与无效的或者低效的管理活动格格不入。善治程度愈高，管理的有效性也愈高。[③]

由上可知，透明性是善治的一个基本要素。透明在自然科学中意味着物质的性状或者状态可以让光线从中顺利传播。它被借用来描述一种自由诚实的信息交流状态。[④]作为善治的基本要素之一的透明性要求各类治理主体公开公共信息。从城市环境治理的角度看，为了达到善治，政府机关、企业等必须公开环境信息，增强环境事务的透明性。如果政府机关、企业等隐瞒环境信息，城市环境善治就难以实现。换言之，在城市环境治理中，政府机关、企业等需要选择环境信息公开这一政策工具，唯其如此，才能迈向善治。因

---

① ［法］让－皮埃尔·戈丹：《何谓治理》，钟震宇译，社会科学文献出版社 2010 年版，第 48 页。

② ［法］雅克·舍瓦利埃：《治理：一个新的国家范式》，张春颖、马京鹏摘译，《国家行政学院学报》2010 年第 1 期，第 121—125 页。

③ 俞可平：《引论：治理与善治》，载俞可平主编《治理与善治》，社会科学文献出版社 2000 年版，第 8—9 页。

④ ［韩］Heungsik Park：《韩国的行政公开改革研究》，载刘恒等《政府信息公开制度》，中国社会科学出版社 2004 年版，第 222 页。

此，善治理论是城市环境治理信息型政策工具的一个重要的理论基础。

（二）人民主权理论

人民主权即一切权力属于人民或人民拥有最高权力，它是近代启蒙思想家们顺应时代要求，基于天赋人权与社会契约的逻辑假设而推导出来的政治理念。约翰·密尔顿在近代史上明确首肯“人民主权”的政治理念。他提出，“一切权力的源泉一向是人民的”①。这无疑作出了人民是权力的最终所有者的革命性断语。而率先对人民主权问题进行理论阐释的是洛克。②洛克以其议会主权理论为人民主权理论的发展作出了贡献。洛克把国家权力分为三种：立法权、执行权和对外权。他指出，在三种权力中，“立法权是最高的权力，因为谁能够对另一个人订定法律就必须是在他之上”，“对外权的情况也是这样，它和执行权同是辅助和隶属于立法权的。”③洛克强调三种权力不能集中于一个人或一个团体之手。为此，他提出了分权学说。他建议立法权由代表人民的议会行使，执行权和对外权交由君主掌握。由是观之，洛克是议会主权论者。

应该看到，洛克寓人民主权思想于其理论之中。④首先，洛克主张选举立法者的权力在于人民，被选出的代表组成议会。因此，他的议会主权论内含了人民主权思想。爱乔布沃一语道出真谛：“对洛克来说，人民握有主权，只是人民将主权委托给立法机关。”⑤其次，洛克认为，在政府存在的情况下，议会主权的“背后”潜伏着人民主权。“当政府出现后，人民便把最高权力转移到立法者的手中。人民和立法者都是至上的，但并非同时是至上的。在政府之下，人民的最高权力完全是隐蔽的。”⑥再次，在洛克的视阈中，当立法机构有负于对它的委托，政府便发生解体，人民主权随之凸显。这时，裁判权和反抗权成为人民主权的重要内容。⑦洛克出于高度的政治敏锐性，自觉

---

① ［英］约翰·密尔顿：《为英国人民辩护》，何宁译，商务印书馆 1958 年版，第 165 页。

② 张杰等：《政府信息公开制度论》，吉林大学出版社 2008 年版，第 79 页。

③ ［英］洛克：《政府论》（下篇），叶启芳、瞿菊农译，商务印书馆 1964 年版，第 92—94 页。

④ John Morrow, History of Political Thought: A Thematic Introduction, New York: Palgrave, 1998. p. 318.

⑤ John Boye Ejobowah, Constitutional Design and Conflict Management in Nigeria, Journal of Third World Studies , Spring2001. Vol. 18, Iss. 1. pp. 143 - 160.

⑥ Leo Strauss and Joseph Cropsey, History of Political Philosophy, Chicago and London: The University of Chicago Press, 1987. p. 501.

⑦ John T Scott, The Sovereignty State and Locke' s Language of Obligation, The American Political Science Review, Sep. 2000, Vol. 94, Iss. 3, pp. 547 - 561.

地意识到政治权力包含着超越其被委托的目的而自我繁殖的危险性。[①]那么，谁来判断政府的行为是否辜负它所受的委托？洛克回答道：人民应该是裁判者。人民是法官这一命题的意义在洛克的论证中不可分离地与人民的反抗权联系在一起。“采取和传播符合混合宪法的反抗原则正是洛克对主权理论的贡献所在。”[②]他说，立法权既然只是为了某种目的而行使的一种受委托的权力，当人民发现立法行为与他们的委托相抵触时，人民仍然享有最高的权力来罢免或更换立法机关。

“洛克的有关我们今天所谓的人民主权的思想”[③] 确实是其理论体系的重要内容。在洛克的眼里，相对于行使执行权和对外权的机关而言，行使立法权的议会处于主权者的地位；相对于人民与政府的关系而言，议会主权与人民主权不同程度地存在着。但在人民享有最终权力制衡政府的意义上，人民是主权者，政府（包括议会、君主）的权力或多或少具有治权的性质。

然而，洛克的议会主权论对人民主权仍不够看重。正如乔治·霍兰·萨拜因所说：“在洛克的著作中，人民对政府拥有的权力不像后来更为民主的学说阐述得那样完整。”[④]人民主权学说的系统而完整的论述是由卢梭来完成的。卢梭明确提出，国家基于社会契约而产生，每个结合者及其自身的一切权利全部都转让给国家，因而国家最高权力即主权属于全体人民。卢梭的人民主权理论以公意为基础。立法权属于人民的观念是卢梭人民主权思想的又一重要方面。他提供一个人民集会赖以遵循的颇为具体的程序来发现公意的内容。正是在这种集会上，法律创作告成。[⑤]换句话说，在他眼中，人民通过集会宣示公意来创制法律。卢梭进而阐述了人民（主权者）与政府的关系。他以为，政府是在臣民与主权者之间所建立的一个中间体，是主权者的执行人。人民服从作为这一中间体成员的行政官或国王时所根据的那种行为完全是一种委托，是一种任用；在那里，“行政权力的受任者绝不是人民的主人，

---

① ［日］加藤节：《政治与人》，唐士其译，北京大学出版社2003年版，第13—14页。

② Julian H. Frankin, *John Locke and the Theory of Sovereignty*, Cambridge: Cambridge University Press, 1978. p. 123.

③ ［英］彼得·拉斯莱特：《洛克〈政府论〉导论》，冯克利译，生活·读书·新知三联书店2007年版，第154页。

④ ［美］乔治·霍兰·萨拜因：《政治学说史》，刘山等译，商务印书馆1986年版，第599页。

⑤ Jon Mandle, Rousseauian Constructivisim, *Journal of the History of Philosophy*, Oct. 1997. Vol. 35, Iss. 4, pp. 545－562.

而只是人民的官吏；只要人民愿意就可以委任他们，也可以撤换他们"[①]。

18 世纪的法国启蒙思想极大地影响了康德。康德把契约论和先验理性论糅合起来，认为契约是建立在每个人的立法意志之上的，而这种立法意志又来自先验理性。他指出，国家是许多人依照法律组织起来的联合体，它包含立法权、执行权和司法权三种权力。其中，立法权是国家的最高权力。"管理者作为一个行政官员，应该处于法律的权威之下，必须受立法者最高的控制。立法权力可以剥夺管理者的权力，罢免他或者改组他的行政机关。"他又说："立法权，从它的理性原则来看，只能属于人民的联合意志"，"最高权力本来就存在于人民之中。"[②]这样，康德以改造的形式——变公意为理性意志——继承了卢梭人民主权学说的传统。

潘恩和杰斐逊主要从法国启蒙思想家和英国自由主义思想家那里汲取灵感，对人民主权理论继续加以发挥。潘恩指出，政府产生于社会之中，为全社会所拥有。每个人都是社会的股东，对于政府就相应地拥有一定权利。个人的集合体是人民，人民是国家主权的最终归属，即"主权作为一种权利只能属于国民"[③]。杰斐逊第一次用政治宣言的形式表达了人民主权思想。他说，为了保障《独立宣言》列举的每一个人所具有的种种权利，才在人们中间成立政府，而政府的正当权力得自被统治者的同意。政府破坏这些权利，人民就有权改变它或废除它。[④]显而易见，按照杰斐逊的逻辑理路，人民主权是最高准则，政府只能基于保护人民的权利而存在。杰斐逊曾经把首都比喻成致力于实现人民主权的第一座庙宇，[⑤]此乃其人民主权理论的形象表达。

许多近代社会契约论思想家诠释了人民主权理论。新契约论者罗尔斯亦如此。他指出，在一个立宪政府里，最终的权力不能留给立法机构、甚或最高法庭，它们仅仅是宪法的最高司法解释者。最高的权力是由三个权力分支（即立法权、行政权、司法权）所共同掌握的，这三个权力分支处在一种恰当指定的相互关系之中，每一个权力分支都对人民负责。罗尔斯还更为明晰

---

① ［法］卢梭：《社会契约论》，何兆武译，商务印书馆 2003 年版，第 127 页。

② ［德］康德：《法的形而上学原理——权利的科学》，沈叔平译，商务印书馆 1991 年版，第 140—177 页。

③ ［美］潘恩：《潘恩选集》，马清槐等译，商务印书馆 1983 年版，第 213 页。

④ ［美］托马斯·杰斐逊：《杰斐逊选集》，朱曾汶译，商务印书馆 1999 年版，《出版说明》ii。

⑤ Sally Frahm, The Cross and the Compass: Manifest Destiny, Religion Aspects of the Mexican - American, Journal of Popular Culture, Fall 2001. Vol. 35, Iss. 2, pp. 83 - 99.

地论述了人民主权思想：在民主社会里，人民“在制定法律和修正其法律时相互发挥着最终的和强制性的权力。”①

人民主权理论投射给公共权力的是一种对权力合法性的追问。公共权力合法性的源泉在人民手中，这为许多社会契约论思想家所认定。思想家们的理论对实践产生了深远的影响。自法国《人权宣言》确认“主权的本源根本上存在于国民之中”以来，人民主权在各民主国家的宪法中得到了普遍认同。中国是人民民主专政的社会主义国家，人民主权原则也是其宪法的一项基本原则。《中华人民共和国宪法》第2条规定：“中华人民共和国的一切权力属于人民。”

根据人民主权理论，行政机关有义务向社会公开公共信息，人民有权利获得政府信息。②从行政权力的来源来看，行政机关拥有的一切权力均来源于人民的权力和宪法的授权。这就决定了行政机关行使一切权力的目的只能是为了更好地维护人民的权利，增进人民的福利。对于政府是否适当、完整地执行了授权的目的，人民必须通过一定的途径加以了解。因此，行政机关必须公开公共信息。从行政权力的内容来看，行政权力涉及国家政治、经济和文化的组织管理。行政权力内容的广泛性决定了对它实施监督具有重要性。③监督得以实现的一个决定性因素是获得并反馈信息，这就要求行政机关公布其掌握的信息。从行政权力的属性来看，行政权力自身具有扩张性和腐蚀性。法国启蒙思想家孟德斯鸠指出：“一切有权力的人都容易滥用权力。”④德国历史学家弗里德里希·迈内克也指出：“一个被授予权力的人，总是面临着滥用权力的诱惑，面临着逾越正义和道德界线的诱惑。”⑤不过，“滥用权力是和权力过大、不加任何限制、听任便宜行事分不开的”⑥。缘此，有必要对行政权力实施有效的监控。而实施有效监控的前提是人民对行政机关所掌控的信息有充分的了解。为便于人民进行监控，行政机关必须公开公共信息，提高其工作的透明度。

---

① ［美］约翰·罗尔斯：《政治自由主义》，万俊人译，译林出版社2000年版，第227页。

② 张杰等：《政府信息公开制度论》，吉林大学出版社2008年版，第82页。

③ 张明杰：《开放的政府：政府信息公开法律制度研究》，中国政法大学出版社2003年版，第80页。

④ ［法］孟德斯鸠：《论法的精神》（上册），张雁深译，商务印书馆1961年版，第154页。

⑤ ［美］E·博登海默：《法理学：法律哲学与法律方法》，邓正来译，中国政法大学出版社1999年版，第362页。

⑥ ［法］霍尔巴赫：《自然政治论》，陈太龙、眭茂译，商务印书馆1994年版，第77页。

人民主权原则要求行政机关必须公开公共信息。这投射到城市环境治理上就是政府机关及其他组织必须向市民公开环境信息。市民是城市里的主人，在城市环境治理中，政府机关、企业等负有向他们公开环境信息的义务。同时，为了便于市民进行监督和监控，政府机关、企业等必须公开环境信息。可见，人民主权理论是城市环境治理信息型政策工具的另一重要的理论基础。

（三）知情权理论

知情权是现代社会公民的一项基本权利。实际上，知情权的观念较早就出现了。在美国 1787 年费城制宪会议上，最高法院大法官詹姆斯·威尔逊强调，国民有权知道其代理人正在做或已经做的事，对此绝不可任由秘密进行议事程序的立法机关随意妄为。[①]詹姆斯·威尔逊在 1791 年第一届美国国会上提出："人民有权知晓他们的代表正在做什么、已经做了什么。"[②]詹姆斯·麦迪逊也有相关论述："知识将永远支配无知。要使自身成为统治者的人民，必须用知识赋予的力量来武装自己。不能为人民提供信息，或者人民没有办法得到信息的政府，只是一出闹剧或悲剧的序幕，或者除此两者之外什么也不是。"[③] 1789 年的法国《人权和公民权宣言》第十五条规定："每一个公共团体都有权要求它的一切工作人员汇报他们的工作情况。"[④]虽然较早就有了知情权的观念，但知情权作为概念正式出现却是 1945 年的事。1945 年 1 月 23 日，美国新闻记者肯特·库柏在文章中写道："公民应当享有更加广泛的知情权，不尊重（公民的）知情权，在一个国家乃至在世界上便无政治自由可言。"库柏从民主政治的角度呼吁官方"尊重公众的知情权，并建议将知情权提升为一项宪法权利"。[⑤]知情权概念就这样正式出现了。

知情权概念正式出现以后，诸多学者对其进行了探究。久田荣亚、水岛朝穗、岛居喜代和指出，知情权概念有两个层次：一是作为报道活动前提的知情权，这是为了保障信息传递者的自由，与"采访自由"几乎是同义的；

① ［日］芦部信喜：《现代人权论——违宪判断与基准》，有斐阁 1983 年版，第 379 页。

② James Madison, Notes of Debates in the Federal Convention of 1787 Reported by James Madison, New York: W . W. Norton & Company, 1966. p. 434.

③ Norman S. Marsh, Public Access to Government – held Information: A Comparative Symposium, London: Stevens & Son LTD. , 1987. p. 4.

④ ［美］潘恩：《潘恩选集》，马清槐等译，商务印书馆 1983 年版，第 185 页。

⑤ 张明杰：《开放的政府：政府信息公开法律制度研究》，中国政法大学出版社 2003 年版，第 80 页。

一是信息接受者的自由，即收集、选择信息的自由。[①]赫伯特·N. 弗思特尔认为知情权有三个方面的含义：第一，政府不得妨碍公民交流关于国家事务的事实与观点的信息；第二，政府有义务应公民的请求提供信息；第三，政府有义务使公众了解政府的状况。[②]芦部信喜提出，知情权不仅是一种被动地接受信息情报的权利，还更是主动地对政府信息情报进行请求的权利。[③]与芦部信喜的看法相左的观点认为，知情权只是一种消极权利，因为信息自由论、国民主权论和民主主义论都不足以构成将知情权作为请求权的理论基础，"宪法第21条规定的基本权中并没有将'国民的知情权'作为积极的请求权"[④]。安妮·维尔思·布兰斯康指出，知情权可能涉及简单的或者复杂的问题，例如，个人知道其出身和亲生父母是谁的权利这个简单问题，或者公众获取为公共决策提供基础的信息的权利这个复杂问题。[⑤]

从以上学者的观点中可以得知，获得政府信息权是知情权的应有之义。奥平康弘、杉原泰雄的观点可以进一步提供佐证。与芦部信喜一样，奥平康弘、杉原泰雄也提出，知情权不仅是一种被动地接受信息情报的权利，还更是主动地对政府信息情报进行请求的权利。[⑥]获得政府信息权与政府信息公开是对立统一的，因为获得政府信息的前提是政府公开信息。所以，公民的知情权和政府公开公共信息的义务如同一个铜板的两面，相辅相成。

根据知情权理论，政府机关有公开公共信息的义务。这在城市环境治理领域的投影就是政府机关及其他组织负有公开环境信息的义务。在城市环境治理中，市民是一个重要的治理主体，他们对环境公共事务拥有知情权。市民的环境知情权，对政府机关、企业等课以了公开环境信息的义务。因此，在城市环境治理中，政府机关、企业等需要选择环境信息公开这一政策工具。据此而言，知情权理论是城市环境治理信息型政策工具的又一重要的理

① ［日］久田荣亚、水岛朝穗、岛居喜代和：《宪法·人权论》，法律文化社1984年版，第53页。

② Herbert N. Foerstel, Freedom of Information and the Right to Know, Greenwood Press, 1999, p. 14.

③ ［日］芦部信喜：《现代人权论——违宪判断与基准》，有斐阁1983年版，第409页。

④ ［日］阪本昌成：《宪法理论III》，成文堂1995年版，第102页。

⑤ Bruce R. Guile, Information Technologies and Social Transformation, Washington D. C.: National Academy Press, 1985, p. 86.

⑥ ［日］奥平康弘、杉原泰雄：《宪法学I——人权的基本问题II》，有斐阁1976年版，第57页。

论基础。

（四）有限理性理论

有限理性的概念最初是由肯尼思·阿罗提出的，他认为人的行为是有意识的理性的，但这种理性又是有限的。[①]不过，在有限理性概念提出之前早就存在有限理性思想。保守主义创始人埃德蒙·柏克通过对理性主义的批判引出了有限理性思想。柏克反对理性主义把人性和理性等同起来，认为人性是有缺陷的，人具有容易犯错误的天性。这一天性仅凭人的理性是无法戒除的。他指出，不能把人性和理性完全等同起来，“理性不过是人类本性中的一部分，而且根本称不上是最伟大的那部分”[②]。理性应该产生于具体的社会生活经验中，跟人类的道德情感、历史传统联系在一起。人并不是高度理性的产物，个人的理性是非常有限的与不完备的。[③]

赫伯特·A. 西蒙是有限理性理论的主要倡导者。1947 年，西蒙在批判古典经济学中的“经济人”假设时提出了有限理性原则。西蒙通过对人们的决策行为的实际考察后发现，“经济人”的假说是不完全正确的。他认为，“每个人对于自己行动所处的环境条件只有片面的了解”[④]，这样，“人类有限度的认知能力，给理性的发挥与利用划定了界限”[⑤]。环境的复杂性和信息的不完全性等也使得人的理性具有有限性。“理性的限度从这样的事实中看出来，即人类头脑不可能考虑一项决策的价值、知识和有关行为的所有方面。”[⑥]因此，人类的理性是介于完全理性和非理性之间的一种有限理性。西蒙继而指出，现实生活中作为管理者或者决策者的人是介于完全理性和非理性之间的有限理性的“管理人”。因为“管理人”的知识、信息、经验与能力都是有限的，所以他们不可能也不企望追求最优，而只“追求满意，也就

① 马水华：《有限理性视角下养老保险统筹层次提高问题研究》，首都经济贸易大学 2010 年博士学位论文，第 53 页。

② ［英］埃德蒙·柏克：《自由与传统：柏克政治论文选》，蒋庆、王瑞昌、王天成译，商务印书馆 2001 年版，第 212 页。

③ 张巍：《论柏克的有限理性政治观》，中国政法大学 2010 年硕士学位论文，第 17—18 页。

④ ［美］赫伯特·A. 西蒙：《管理行为》（修订版），詹正茂译，机械工业出版社 2007 年版，第 84 页。

⑤ Herbert A. Simon, Rational Choice and the Structure of the Environment, Psychological Review, 1956, Vol. 63, No. 2, pp. 129 – 138.

⑥ Herbert A. Simon, A Behavioral Model of Rational Choice, Quarterly Journal of Economics, 1955, Vol. 69, No. 1, pp. 99 – 118.

是寻找一种令人满意或‘足够好即可’的行动方案”[①]。

道格拉斯·C. 诺思、保罗·卡尔·费耶阿本德和弗里德里希·冯·哈耶克等也提出了有限理性理论。诺思认为:“毫无疑问,处理信息的心智能力是有限的。”[②]按照他的看法,人的有限理性包括两方面的含义,一是环境是复杂的,在非个人交换形式当中,人们面临的是一个复杂的和不确定的世界,而且交易愈多,不确定性就愈大,信息也就愈不完全;二是人对环境的计算能力与认识能力是有限的,人不可能无所不知。[③]费耶阿本德的有限理性理论表达的基本思想是,“一切方法论,甚至最明白不过的方法论都有其局限性”[④]。哈耶克指出:“我们的知识在事实上远非完全。”[⑤]基于这种认识,他提出人类理性是有限的。

有限理性理论表明,人类的知识、信息、经验和能力都是有限的,人们在管理或决策过程中不可能具备所有的知识、信息等。“无论是公共部门还是私人部门,没有一个个体行动者能够拥有解决错综、动态、多样化问题的全部知识和信息。”[⑥]职是之故,在城市环境治理中,管理者或决策者需要通过一些途径,如环境监测、环境听证、环境信访等收集信息。照此而论,有限理性理论亦是城市环境治理信息型政策工具的重要的理论基础之一。

---

① [美] 赫伯特·A. 西蒙:《管理行为》(修订版),詹正茂译,机械工业出版社 2007 年版,第 102 页。

② [美] 道格拉斯·C. 诺思:《制度、制度变迁与经济绩效》,杭行译,格致出版社、上海三联书店、上海人民出版社 2008 年版,第 34 页。

③ 卢现祥:《西方新制度经济学》,中国发展出版社 1996 年版,第 11 页。

④ [美] 费耶阿本德:《反对方法——无政府主义知识论纲要》,周昌忠译,上海译文出版社 1992 年版,第 10 页。

⑤ [英] 弗里德利希·冯·哈耶克:《自由秩序原理》(上),邓正来译,生活·读书·新知三联书店 1997 年版,第 20 页。

⑥ J. Kooiman, Governance and Governability: Using Complexity, Dynamics and Diversity, in Modern Governance. J. Kooiman ed., London: Sage, 1993. p. 4.

第二章　中国城市环境治理信息型政策工具的演进

世界是变化发展的，“尘世的事物总是不断地发生变迁，没有一件事物能长期处在同一状态中”[①]，中国城市环境治理的信息型政策工具概莫能外。1978 年中国实行改革开放，中心工作是发展经济、摆脱贫困。试图解决某个问题但随之而带来一系列的灾难，这是我们文明生活方式的伴随物。[②]城市环境问题就是伴随物之一。中国城市环境治理由此发端。在实施城市环境治理的过程中，中国的政府部门及其他组织把信息型政策工具作为一种重要手段。随着中国城市环境治理经验的不断积累，城市环境治理的信息型政策工具不断演变发展。

一　中国城市环境治理的兴起：背景、基础与表现

城市环境治理与城市环境问题相辅相成。改革开放以来，中国经济快速发展，随之而来的除了生活水平的提高外，还有环境的恶化。城市作为现代化和工业化发展的中心，其环境危机较之于广大的农村地区更为严重。中国城市环境问题使城市生态负载增大，城市环境保护提上日程；加之，20 世纪 70—90 年代逐渐兴起的治理理论与实践产生了很大影响，于是中国城市环境治理逐步兴起。

（一）中国城市环境治理兴起的背景

1．中国城市环境治理兴起的国际背景

中国城市环境治理的兴起同国际上治理理论和实践的兴起相联系。治理

---

① ［英］洛克：《政府论》（下篇），叶启芳、瞿菊农译，商务印书馆 1964 年版，第 99 页。

② ［美］蕾切尔·卡逊：《寂静的春天》，吕瑞兰、李长生译，吉林人民出版社 1997 年版，第 8 页。

理论的兴起一方面与20世纪七八十年代社会科学出现的某些危机有关，另一方面与20世纪七八十年代及稍后的现实困境有关。20世纪七八十年代社会科学出现的危机主要是许多学科领域的原有范式越来越难以解释和描述现实世界。对此，学术界经过反省后，进行学科研究方向调整，把“治理”作为一个重要研究课题。差不多同时，世界层面和国家层面的现实困境催生了治理理论。世界层面的变化所引起的反响显得充满新的不确定性。20世纪90年代，观察家们感到了巨大的困惑。更具流动性和多极性的世界并未使人产生深刻的满足感，反而同样令人担忧。在这一背景下，面对方方面面的不确定性，治理这个命题就应运而生了。①在国家层面上，由国家—社会—市场之间的关系变化而引起的一系列新情况、新问题不再能够简单地借助于国家计划或市场方式来解决，有些相互依存形式也不适于以市场机制或自上而下发号施令的方式进行协调。以致到20世纪70年代，国家的作用令人失望，20世纪90年代人们对市场的功能也不再抱幻想时，对从未真正退却的治理理论的兴趣再度被唤起。②在20世纪的最后十年，治理出现于经济、公共管理、社会学以及政治学的诸多领域。知识界和各个研究流派对其评头论足，就像对大多数新事物一样，治理因而也成了集体“时尚”的一部分。③治理理论在全球所产生的反响无疑辐射到中国，它为中国的各种治理，包括城市环境治理的兴起奠定了理论基础。

伴随着治理理论的兴起，世界银行、其他国际组织和各国的治理实践逐步展开。世界银行的治理实践与中国城市环境治理的兴起有着较为直接的关系。世界银行的“治理问题”在治理理念被接受后的创新阶段主要涉及城市。世界银行认为，大城市经常出现危机，但是大城市是21世纪发展的关键所在：如果房地产市场不能得到正确的指导，如果没有很好地控制城市规划，没有避免产生重大的社会成本和环境成本，那么大城市如何成为“可持续发展”（将生产效率、环境保护和社会考量相结合）的重要因素呢？如何更加直接将地方企业负责人、外国企业负责人与发展规划更好地结合起来

---

① ［法］让－皮埃尔·戈丹：《何谓治理》，钟震宇译，社会科学文献出版社2010年版，第11页。

② 孙荣、徐红、邹珊珊：《城市治理：中国的理解与实践》，复旦大学出版社2007年版，第2—3页。

③ ［法］让－皮埃尔·戈丹：《何谓治理》，钟震宇译，社会科学文献出版社2010年版，第19页。

呢？为了使私人部门能够更多地投资公共基础设施，我们应该怎么做呢？在这一具体背景下，城市管理与居民协会的对话或者与开发组织的对话就成为世界银行优先的行动领域了。[①]城市治理实践由此开始兴起，内蕴于其中的城市环境治理实践由此开始兴起。中国城市环境治理的兴起部分也源于此。另外，西方国家在生产力成百倍地增加、工业化和城市化过程迅猛推进的同时，环境危机凸显。西方工业化阶段的环境问题，以城市环境被严重污染为其显著特征。严重的城市环境危机逐渐使西方国家和社会从自己所造成的恶果中醒悟，它们懂得了保护城市环境的必要性和重要性，并以治理理论为指导开展城市环境保护行动。西方国家积极调整人与自然的关系，在增加经济投入的同时，普遍增加了环境投入。人们的消费观念也在转变，开始自觉地把消费与环境的联系统一起来。于是，西方国家城市环境治理逐步兴起。在西方国家城市环境治理实践的促动下，中国城市环境治理逐渐兴起。

2. 中国城市环境治理兴起的国内背景

中国城市环境治理的兴起还同国内城市环境的恶化相联系。20 世纪 70 年代以来，随着中国经济持续快速发展，发达国家上百年工业化进程中分阶段出现的城市环境问题在中国集中出现，环境与发展矛盾日益突出。城市生态环境脆弱、城市环境容量不足，逐渐成为中国城市发展中的重大问题。国内城市环境的恶化是中国城市环境治理兴起的重要变量，其主要表现为大气污染严重、水污染严重、固体废物污染严重、噪声污染严重等。

首先，大气污染严重。随着中国城市工业的发展、矿物燃料消耗的增长，有毒气体、烟尘和粉尘排入大气的数量不断增加，加之随着中国城市交通业的发展，汽车尾气向低空排放有害气体，中国城市大气由此受到严重污染。根据世界银行 1995 年的数据，与大多数国际都市相比，北京、上海、天津等城市空气中微粒和二氧化硫的含量较高。[②]《中国环境年鉴 1996》颇为沉重地指出，国家空气质量“持续下降，远远低于世界卫生组织（WHO）标准。中国城市平均每立方米含有 309 微克悬浮颗粒物，而有些地区则高达 618 微克（世界卫生组织标准为每立方米 60 ~ 90 微克）”[③]。1998 年对 322 个城市的环境监测表明，72% 以上的城市的空气处于 3 类或超 3 类标准状态，

① ［法］让－皮埃尔·戈丹：《何谓治理》，钟震宇译，社会科学文献出版社 2010 年版，第 47 页。

② ［美］马修·卡恩：《绿色城市》，孟凡玲译，中信出版社 2008 年版，第 112—113 页。

③ ［英］默里、谷义仁：《绿色中国》，姜仁凤译，五洲传媒出版社 2004 年版，第 33 页。

80%的城市居民呼吸着质量较差的空气。①

其次，水污染严重。中国城市地区一方面水资源短缺，另一方面又面临着严重的水污染。水污染源于工业废水和生活废水。其中，工业废水占60%左右，生活废水占40%左右。20世纪90年代，工厂将估计360亿吨未经处理的工业废水和原污水倾入河流、湖泊和近海水域。全国几乎一半的河流和90%以上的城市水源受到一定程度的污染。②在工业废水没有得到有效控制的情况下，生活废水导致的污染有所加重。由于化学洗涤剂的使用量、油脂品的食用量大幅度地增加，城市居民排放的生活污水成为河流和湖泊水质恶化的重要原因。

再次，固体废物污染严重。20世纪70年代后期以来，技术进步和其他因素带来的农业生产效率提高使农村出现大批富余劳动力，于是数以百万计的农民开始背井离乡，希望能够在城市找到新的发财致富之路。农村移民潮导致城市人口膨胀，城市边界也不断向外扩展，吞并了原来分散的乡镇村庄。这样形成的一个个大都市制造出大量垃圾，威胁着环境。中国城市环境卫生协会指出，20世纪90年代，城市固体垃圾量以每年8.9%的速度增长。它的一份调查显示，1990年共收集运输8851万吨城市垃圾和粪便，1997年达到1.0981亿吨。③固体垃圾严重污染着水、土壤和空气。

最后，噪声污染严重。早期的城市环境噪声主要由工业噪声源构成，散布在城市各个角落的大大小小的工业企业，其生产噪声对周围环境产生了严重污染。有些昼夜连续工作的企业，更是对周围环境产生日夜连续的噪声污染。随着中国城市的发展，大部分生产型的工业企业已经搬出了市区，迁到了专门的工业区。但在大多数大城市中，交通噪声、社会生活噪声和建筑施工噪声却对周围环境产生了严重污染，干扰着市民的正常生活。面对噪声污染严重的情况，市民进行了投诉。据全国统计，环境噪声污染投诉件数在“八五”期间增加较快，并居各类投诉首位。④

中国城市环境的恶化导致城市生态危机的出现，给城市居民带来严重后果。例如，中国城市日益严重的空气污染从1988年到1995年使癌症死亡率

---

① 周文腾：《论我国环境非政府组织在生态文明建设中的作用及发展对策》，北京林业大学2009年硕士学位论文，第8页。

② ［英］默里、谷义仁：《绿色中国》，姜仁凤译，五洲传媒出版社2004年版，第56页。

③ 同上书，第90页。

④ 王祥荣等：《中国城市生态环境问题报告》，江苏人民出版社2006年版，第89页。

增加了6.2%，而肺癌死亡率则增加了18.5%。[①]在此情形下，中国各界人士不得不从人类自身的根本利益出发，想方设法减少人类对城市环境的破坏，促使人类与城市环境达到一种相对平衡的状态。中国城市环境危机导致人们必须在发展和环境之间重新抉择，这成为中国城市环境治理兴起的国内背景。

（二）中国城市环境治理兴起的基础

20世纪80年代初，中国开始进行分权化改革。分权化改革使城市政府拥有较大的自主管理权，是中国城市环境治理兴起的政治层面的基础。改革开放以来，市场经济逐步发展，市场经济体制带来了巨大的经济利益。城市企业为了赢得经济利益逐步树立环保意识，是中国城市环境治理兴起的经济层面的基础。同时，随着市场经济的确立、发展和政府向市场、社会的放权，新的社会组织不断涌现，公民意识不断增强。其中，环保非政府组织诞生与兴起、市民环保意识增强是中国城市环境治理兴起的社会层面的基础。

1. 分权化改革使城市政府拥有较大的自主管理权

改革开放以前，中国地方政府缺乏对本地区事务的自主管理权，其权力的运用仅限于对中央政府的公共政策被动执行的层面上。换言之，改革开放前中央政府与地方政府之间没有实行分权。深层次的分权制度化与行政组织和服务组织有效专业化的实际发展相适应。[②]中国市场化的经济运行机制对政府角色和功能的特殊定位，内在地要求政治运行机制发生变化，即政治运行从集权转向分权。中国政治运行机制变革的起点是适应市场经济发展的需要，其针对点却是要激活地方活力，变中央政府的一个积极性为中央政府与地方政府的多个积极性。要激活地方活力，就需要促进地方竞争；要促进地方竞争，就需要赋予地方自主性；要赋予地方自主性，就需要中央与地方分权。[③]中国分权化改革由此应运而生，它使地方政府获得了大量的自主管理权限。[④]作为一种地方政府，中国城市政府相应地拥有了较大的自主管理权。中国城市政府自主管理权的扩大使其行为发生了变化。分权化改革后，一个地

---

① ［英］简·汉考克：《环境人权：权力、伦理与法律》，李隼译，重庆出版社2007年版，第113页。

② ［瑞典］埃里克·阿姆纳、斯蒂格·蒙丁主编：《趋向地方自治的新理念：比较视角下的新近地方政府立法》，杨立华、张菡等译，北京大学出版社2005年版，第142页。

③ 张大维、陈伟东：《分权改革与城市地方治理单元的多元化——以武汉市城市治理和社区建设为例》，《湖北社会科学》2006年第2期，第66—69页。

④ 唐丽萍：《中国地方政府竞争中的地方治理研究》，上海人民出版社2010年版，第37页。

区经济发展的好坏成了衡量地方政府绩效的标准。在这种情势下，中国城市政府逐渐转向通过发展本地经济，为市民提供广泛的福利，来获得市民的支持与认可。中国城市政府有了一定的决策和管理的空间，能够依据本地的具体情况选择不同于以往的地方制度安排，创造性地进行地方公共事务的管理。可以说，中央与地方的权力分配结构使中国城市治理获得了政治和行政层面的空间。这体现在环保领域就是，中国城市环境治理获得了政治和行政层面的空间。中国城市环境治理的兴起便有了政治层面的基础。

2．城市企业逐步树立环保意识以赢得经济利益

企业与社会在环境利益上存在着冲突①，这在中国改革开放初期表现尤为明显。当时，中国许多企业根本没有树立环境保护的理念，常常把获取经济利益和环境保护对立起来。然而，现实在一定程度上逐渐改变着这种状况。一方面，随着时代的发展，环境保护与贸易、信贷、经济援助等活动密切相关，成为制约经贸活动的一个重要因素。另一方面，企业面临与环境有关的压力。自然资源的有限性会限制企业运营、市场重组，甚至有可能威胁到地球的安宁。企业所面对的关心环境的利益相关方面越来越多。②随着中国环境保护这一国策的确立和可持续发展战略的实施，在政府、社会与市场的多重压力下，越来越多的企业，包括城市企业逐步树立起环境保护的意识。据有关调查报告显示，中国的绝大多数企业已经接受了可持续发展战略，已经初步树立起环境管理意识。东南沿海地区、外资企业与国有企业表现出更强的可持续发展意识。③城市企业环保意识的树立推动着其参与到环境保护中来，因为“虽说人在很大程度上受着利益的支配，但即使是利益本身乃至所有的人类事务，实际上还须受到观念或意识的完全支配”④。城市企业逐步树立环保意识以赢得经济利益为中国城市环境治理的兴起提供经济层面的基础。

3．环保非政府组织诞生与兴起

随着改革开放的深入和市场经济体制的建立，中国政府由过去的全能型政府转变为有限型政府，所有制经济、利益主体与就业方式的多样化推动社

① 查芳：《论企业的环境责任及其机制构建——以旅游企业为考察对象》，《求索》2011年第6期，第21—23页。

② ［美］丹尼尔·埃斯蒂、安德鲁·温斯顿：《从绿到金：聪明企业如何利用环保战略构建竞争优势》，张天鸽、梁雪梅译，中信出版社2009年版，第4页。

③ 司林胜：《中国企业环境管理现状与建议》，《企业活力》2002年第10期，第16—18页。

④ ［英］弗里德利希·冯·哈耶克：《自由秩序原理》（上），邓正来译，生活·读书·新知三联书店1997年版，第125页。

会组织的发展。由于公民教育水平的不断提高，人们自发或有组织地成立起各类环保组织，开始以志愿参与、利他互助和慈善公益等理念来实现环境治理，在人与人、人与社会、人与自然之间搭建起理解、对话和互动的桥梁，以化解人与自然之间的各种矛盾和冲突。1978 年 5 月，中国环境科学学会成立，这是最早由政府部门发起成立的环保非政府组织。一般认为，中国最早成立的纯粹民间环保组织是 1994 年在北京成立的“自然之友”，它的正式名称为中国文化书院绿色文化分院。1995 年“北京地球村”成立。1996 年“绿家园志愿者”成立。1998 年第一个发源于网络的民间环保组织“绿色北京”成立。[①]就地域分布而言，中国环保非政府组织的分布主要集中于北京、天津、上海、重庆和东部沿海地区。它们为解决城市环境问题、保护城市环境倾注了较大的精力。环保非政府组织的诞生与兴起是中国城市环境治理兴起的一个重要的社会基础。

4. 市民环保意识增强

改革开放以来，由计划经济体制向市场经济体制转变所引发的社会转型，带来了中国经济、政治、文化、社会等方面的长足发展，中国城市由于得天独厚的优势更是在各个方面得到了迅猛发展。随着城市经济的快速增长、城市政治的不断发展、城市文化的逐渐繁荣，城市居民的自主性逐步提高。面对城市环境日益恶化的形势，中国市民逐步认识到，地球的承载力是有限的，人类社会的发展与周围环境之间必须达到一定程度的平衡；必须树立一种全新的理念，即自然不是人类随意盘剥的对象，不是人类无止境的汲取财富的源泉，而是与人类生存和发展息息相关的生命共同体；对自然，人类不能狂妄地去“征服”和“战胜”，而要精心地加以保护和照顾，否则，人类就会遭到自然界的无情报复。这样，从我做起，从每一个人做起，保护城市环境就是保护我们人类自己的思想逐渐渗透到中国的每个市民心中，即中国市民环保意识逐步增强。我们知道，“观念就是力量，理想也是武器”[②]；“信念常常是那么有用处和那么具有神秘的力量”[③]。得到增强的市民环保意识自然是一种力量，它推动着中国市民加入到环保活动的行列中。中国市民环保意识的增强为其参与环保行动奠定了社会心理基础。

---

① 周军：《我国环保非政府组织治理机制研究》，上海交通大学 2010 年硕士学位论文，第 22 页。

② ［美］乔·萨托利：《民主新论》，冯克利、阎克文译，东方出版社 1998 年版，第 45 页。

③ ［美］沃尔特·李普曼：《舆论学》，林珊译，华夏出版社 1989 年版，第 146 页。

（三）中国城市环境治理兴起的表现

全球治理委员会将治理视为各种公共的或私人的机构管理其共同事务的诸多方式的总和，这意味着公共的机构和私人的机构都是治理的主体。进一步讲，在全球层次上看，治理主要被看作政府间的关系，但是也必须被理解为与非政府组织、公民运动、跨国公司以及影响日益巨大的全球公民有关的一个现象。[①]罗伯特·里奇认为，治理涉及中央政府、地方政府和其他公共权威，也涉及在公共领域中活动的准公共行动者、自愿部门、社区组织乃至私营部门。[②]奥兰·扬写道："一个治理体系是一个不同集团的成员就共同关心的问题制定集体选择的特别机制。"[③]据此而知，治理的主体是多元的。具体地说，政府、非政府组织、企业和公民等都是治理的主体。中国城市环境治理的兴起表现为这些主体开展或参与城市环境保护行动。

1. 政府开展城市环境保护行动

伴随着经济的增长，中国的资源消耗和环境污染达到了令人震惊的程度。在付出了惨痛的经济、社会和环境代价后，环保工作开始引起中国政府的关注。1973年8月，国务院召开了第一次全国环境保护会议，确定了"全面规划，合理布局，综合利用，化害为利，依靠群众，大家动手，保护环境，造福人民"的环保工作方针，揭开了中国环保事业的序幕。1983年12月，国务院召开了第二次全国环境保护会议，将"保护环境"确定为中国的一项基本国策，提出了"经济建设、城乡建设、环境建设同步规划、同步发展，实现经济效益、社会资产和环境效益相统一"的战略方针。1989年4月，国务院召开了第三次全国环境保护会议，确定了包括城市环境综合整治定量考核制度在内的8项环境管理制度。1992年8月，中共中央和国务院联合转发了《中国环境与发展十大对策》，深入开展城市环境综合整治，认真治理城市"四害"（即废气、废水、废渣和噪声）是对策之一。

面对环保日益受到重视的现实，中国的各级城市政府采取了强化环境管理的方针，在工业界对重点污染源进行了点源治理，在城区开展了污染综合

① The Commission on Global Governance, Our Global Neighbourhood: the Report of the Commission on Global Governance, London: Oxford University Press, 1995. pp. 2 - 3.

② Robert Leach and Janie Percy - Smith, Local Governance in Britain, New York: Palgrave, 2001, p. 75.

③ Oran Young, International Governance: Protecting the Environment in a Stateless Society, Ithaca: Cornell University Press, 1994. p. 26.

防治工作，保护环境这项基本国策开始深入人心，并在城市政府工作中逐步得到贯彻。比如，1990年年初，大连市政府将城市环境综合整治纳入政府的重要议事日程，每年用于环境保护的投资达十几个亿，先后下达14批搬迁计划，拆除160多万平方米违章建筑，用了整整十年，走过了国际同类型城市需要数十年才能完成的城市环境综合整治之路。再如，为了有效改善环境，建设生态型城市，上海市着手重点解决环境问题，1992年开始，确立环保“三年行动计划”，这一内容的最初概念是上海市政府为了解决全市城市建设的发展遇到的难题而采取的工作形式。为了实现邓小平同志提出“一年一个样，三年大变样”的要求，在建设发展十分繁重、困难矛盾比较突出的情况下，上海市委、市政府本着突出重点抓主要矛盾，集中力量打歼灭战的精神，建立编制和实施“三年行动计划”的城市工作模式，避免因各项工作齐头并进、全面铺开而造成力量不足、效果不明显的弊病。各阶段行动计划的重点有：1992—1994年：解决交通困难；1995—1997年：解决住房困难；1998—2000年：解决城市管理湖环境保护中的突出问题。[①]可见，就政府层面而言，中国城市环境治理在20世纪80—90年代逐步兴起。

2. 企业参与城市环境保护行动

20世纪90年代以来，中国企业对环境保护事业的捐助数额逐年增多，参与捐助的企业范围不断扩大。其中，大多数企业都是以自己捐助为主，其理念是“回报社会、造福桑梓”；其捐助模式趋向于“利他型”，表现出了“无私”“不求利益回报”的高尚精神。具有管理上的灵活性、创新性和有效性的一些企业，在利润机制的驱动下参与到中国城市环境保护中来，逐渐成为充满活力的“清洁科技”市场上的重要成员。像创立于1995年的比亚迪股份有限公司利用环保战略构建竞争优势。通过努力，比亚迪已经在汽车充电和开发新车型方面处于领先地位。[②]中国企业参与城市环境保护行动还通过环境标志产品认证、ISO14000环境管理体系认证表现出来。1994年7月第一家企业通过了中国环境标志产品认证。[③] 1996年ISO14000标准一公布中

① 刘淑妍：《公民参与导向的城市治理——利益相关者分析视角》，同济大学出版社2010年版，第181页。

② ［美］丹尼尔·埃斯蒂、安德鲁·温斯顿：《从绿到金：聪明企业如何利用环保战略构建竞争优势》，张天鸽、梁雪梅译，中信出版社2009年版，序言XI。

③ 范俊玉：《政治学视阈中的生态环境治理研究——以昆山为个案》，苏州大学2010年博士学位论文，第127页。

国就开始了试点工作，许多城市企业相继通过ISO14000环境管理体系认证。

中国于20世纪90年代末在世界银行的帮助下，在江苏省镇江市和内蒙古呼和浩特市开展了首批企业环境信息公开试点工作，主要是进行企业环境行为信誉评级和公开。它的设计是按照浓度达标→污染治理→总量达标→环境管理→清洁生产这一思路进行的。考虑到反映企业环境行为等级的评价标识应当简单明了和易于记忆，同时考虑到大众对环境问题的认识和习惯，企业环境信息公开制度将企业的环境行为分为5类，分别用绿色、蓝色、黄色、红色和黑色表示，并在媒体上公布。[①]从两地实践来看，企业环境信息公开机制激励城市企业参与到环境信息公开当中来，主动提供政府所需要的环境信息，自觉改进其环境绩效，从而促进城市环境治理格局的形成。

3. 环保非政府组织参与城市环境保护行动

随着环境污染问题日益严重，中国环保非政府组织也开始重视环保问题，纷纷通过各种途径参与到环境保护、包括城市环境保护中来。20世纪90年代以来，中国涌现了一批自下而上的环保非政府组织，包括"自然之友""北京地球村""绿家园志愿者""重庆市绿色志愿者联合会"等，它们一直通过开展环保行动、参与环保行动、批评破坏环境的行为、提出种种环保建议等方式主动与政府取得合作，"成为关注生态危机、促进社会可持续发展的重要力量"[②]。比如，"北京地球村"自1996年4月22日起在CCTV-7独立制作《环保时刻》，这一电视专栏每周播出一期，持续了五年，后来改为在CCTV-10《绿色空间》和一些地方电视台不定期播出。1996年北京地球村帮助北京西城区大乘巷家委会建立了垃圾分类试点，并向各级政府送交垃圾分类提案。1999年初，北京地球村与北京宣武区政府、物业公司合作，在建功南里建立了绿色社区模式，即社区层面的环保设施和公民参与机制。此类实践标志着中国环保非政府组织逐步参与城市环境保护行动。

4. 市民参与城市环境保护行动

市民是城市环境治理的一个重要角色，是城市环境治理的一个重要主体。归根到底，城市环境治理最终都要落实到每一个市民的行动中。无论是政府、环保非政府组织，还是企业，其城市环境保护行动都需要广大市民的支持和参与。改革开放以来，特别是20世纪90年代以来，随着中国市民环

① 沈洪涛：《企业环境信息披露：理论与证据》，科学出版社2011年版，第80页。

② 王文哲、陈建宏：《生态补偿中的公众参与研究》，《求索》2011年第2期，第113—114页。

保意识的增强，他们纷纷参与到城市环境保护行动中。例如，1999 年 3 月，根据江苏省委宣传部、省绿委、省农林厅、省妇联和团省委等 10 个部门联合发出“大抓植树种草，改善生态环境，再秀美山川”的倡议，南京市鼓楼区绿化委员会在水佐岗办事处召开了“鼓楼区群众认养绿化现场会”。会议对群众认养绿化工作进行了动员和部署，并散发了宣传材料。认养工作做得较好的建邺村小区居民代表介绍了认养绿化的做法和体会。由于发动群众参与，公共绿地、专用绿地、住宅区绿地等各类绿地都被认养，1999 年全区有 2190 人次参加了认养绿化活动，签约数为 382 份，认养绿化面积为 6.8 万平方米。[①]诸如此类的行动还有许多，它们是中国城市环境治理兴起的一种表现。

二　信息型政策工具：中国城市环境治理的重要手段

中国城市环境治理的兴起，促使政府、企业、环保非政府组织和市民运用多种政策工具治理城市环境。在政策工具的谱系中，信息型政策工具是中国城市环境治理的重要手段。为了论证这一点，笔者采取的技术路线是，首先对信息型政策工具进行界说，然后阐述信息型政策工具是环境治理的一种重要手段，最后说明信息型政策工具是中国城市环境治理的一种重要手段。

（一）信息型政策工具是环境治理的一种重要手段

环境治理需要采用相应的政策工具来实现治理目标，如管制型工具、市场化工具和自愿性工具等。[②]管制型工具也可称为指令性控制手段或管制性手段，市场化工具亦可称为市场经济手段或经济手段。这些政策工具或手段都离不开信息的支持。如同托马斯·思德纳所指出的那样，所有的政策工具都要求信息起作用。[③]环境治理的管制型工具和市场化工具自然要求信息发挥作用。

在环境治理中，管制型工具要求环境保护行政主管部门必须掌握若干产生污染的产品和活动的信息。环境保护行政主管部门掌握环境污染信息的目

① 周晓峰、朱云桥：《增强环境意识 全民认养绿化》，《江苏绿化》2000 年第 3 期，第 25 页。

② Andrew Jordan, Rüdiger Wurzel, Anthony R. Zito, "New" Instruments of Environmental Governance? National Experiences and Prospects, London: Frank Cass Publishers, 2003. pp. 9 - 10.

③ ［瑞典］托马斯·思德纳：《环境与自然资源管理的政策工具》，张蔚文、黄祖辉译，上海三联书店、上海人民出版社 2005 年版，第 190 页。

的是有效地控制各种类型的污染源排放。监控通过信息的存储和控制来动员行政力量。[①]通过掌握环境污染信息，环境保护行政主管部门可以对环境污染实施有效的管制。但是，在现实社会中大量收集环境污染信息的难度极大，其费用甚贵，且获得的信息又具有很大的不确定性，在信息不全的条件下进行决策，就有可能产生超额的社会成本，从而会影响管制的有效性。[②]事实上，由于环境信息的缺乏，可得到的环境信息量远远不能满足制定各种标准的需要。解决这一困境的手段是，尽可能收集准确又充分的环境信息，并将它们以适当的方式予以公开。可以说，在环境治理中，管制型工具对环境信息的要求很高，它要求有相当准确的环境信息作为支撑。

在环境治理中，市场化工具或经济手段的运用也离不开信息的支持。环境管理者若要在最优水平上实施调控，如使边际控制成本等于边际损害成本，就必须掌握关于污染控制或资源保护成本函数以及环境损害函数等方面的信息。对发展中国家的环境治理来说，市场化工具或市场经济手段的有效使用需要以下环境信息：对各种环境政策费用和效益的理解，以及理解这些政策的受益者和受害者；有关环境财产和资源储存的数量和质量的数据，其消耗者，现有及未来消耗的速率；关于不同技术和各种制度的评估，以及它们在生产和污染削减中的局限；关于各种环境影响较小的替代品和替代方案的信息。[③]可问题是，市场机制在实际污染控制中面对不完全的市场和不完整或不对称的信息，它们会给环境治理造成消极影响。信息披露和甄别是对信息不对称的最佳回应。[④]为了回应市场机制下环境信息的不对称，必须对环境信息进行收集、加工、存储、传输和公开。在市场机制下，环境方面的价格和供求关系是影响环境经济主体的主要因素。环境治理的经济手段通过影响成本与效益来引导环境经济主体进行行为选择，以改善环境质量和有效利用自然资源；通过供求关系的变化来形成环境与资源的合理价格机制，以充分发挥环保市场的作用和合理配置自然资源。而要引导环境经济主体进行行为

---

① ［英］安东尼·吉登斯：《民族—国家与暴力》，胡宗泽、赵力涛译，生活·读书·新知三联书店 1998 年版，第 222 页。

② 李凤娟：《浅谈环境信息公开与环境管理》，《内蒙古环境保护》2003 年第 1 期，第 46—48 页。

③ 王华、曹东、王金南、陆根法等：《环境信息公开：理念与实践》，中国环境科学出版社 2002 年版，第 6—7 页。

④ ［美］凯斯·R. 桑斯坦：《权利革命之后：重塑规制国》，钟瑞华译，中国人民大学出版社 2008 年版，第 101 页。

选择，要形成环境与资源的合理价格机制，就必须收集、加工、存储、传输或公开环境方面的价格和供求关系的信息。所以，在环境治理中，市场化工具或市场经济手段具有环境信息需求。

信息对于管制型工具和市场化工具的运用发挥重要作用。不止于此，信息对公众开放本身已经被视作是一种工具。[①]迈克尔·豪利特和M. 拉米什认为，信息是一项政府介入程度居中的工具；信息发布是一种温和的工具，它向私人和公司传递信息，希望他们按照政府的意愿改变他们的行为。[②]信息工具对于治理是相当重要的；面对问题的复杂性和相互依赖的局面，信息体系已经成为治理的主要部分之一。[③]毋庸置疑，在环境治理领域，信息是一种重要工具。信息型政策工具是环境治理的一种重要手段。

信息型政策工具在环境治理中的作用是巨大的。就政府而言，信息型政策工具能够对现行环境管理的改进和完善起到促进作用。环境信息的收集、加工、存储和传输或公开能够全面提升环境保护行政主管部门的业务能力，尤其能够有力促进环境监测、污染控制和环境监理工作的开展。就企业而言，信息型政策工具有助于刺激企业改善环境行为。信息型政策工具能够通过市场的导向机制来促进企业加强对环境污染的治理。就公众而言，信息型政策工具能够对增强公众的环保意识起到促进作用，能够对提高公众参与环境治理的积极性和主动性起到促进作用。[④]拥有更多环境信息的公众会更多地参与到环境治理中来。正因如此，信息型政策工具对环境治理是相当必要的，它是环境治理的一种重要手段。

（二）信息型政策工具是中国城市环境治理的一种重要手段

信息是所有治理的基础[⑤]，也是治理、包括环境治理的工具。信息型政

---

① ［瑞典］托马斯·思德纳：《环境与自然资源管理的政策工具》，张蔚文、黄祖辉译，上海三联书店、上海人民出版社2005年版，第190页。

② ［加］迈克尔·豪利特、M. 拉米什：《公共政策研究：政策循环与政策子系统》，庞诗等译，生活·读书·新知三联书店2006年版，第144—158页。

③ ［法］皮埃尔·卡蓝默：《破碎的民主——试论治理的革命》，高凌瀚译，生活·读书·新知三联书店2005年版，第196—197页。

④ 邓江波：《我国环境保护视角下的政策工具选择研究》，华中师范大学2009年硕士学位论文，第15页。

⑤ Viktor Mayer - Schönberger and David Lazer, From Electronic Government to Information Government, In Governance and Information Technology: From Electronic Government to Information Government, edited by Viktor Mayer - Schönberger and David Lazer. Cambridge, Massachusetts, London, England: The MIT Press, 2007. p. 1.

策工具是环境治理的一种重要手段，是继管制型工具和市场经济手段后发展起来的一项新的环境治理方法。中国城市环境治理是环境治理的一部分，信息型政策工具自然是中国城市环境治理的一种重要手段。不止于此，还有进一步的理由可以说明信息型政策工具是中国城市环境治理的一种重要手段。

环境治理的管制型工具或指令性控制手段是国家行政机关运用行政权力，对开发利用和保护环境的活动进行行政干预的措施。在中国环境管理制度的创立和发展中，管制型工具或指令性控制手段发挥了重要作用。然而，管制型工具或指令性控制手段在中国污染控制中存在诸多问题。①首先，指令性控制手段有其自身的缺陷。行政距离过长影响到中央调控能力，管理机构的设置、运行以及机构之间的分工不明确又导致监测、执行费用大幅度增加。同时，指令性控制手段受人为因素的影响程度较大。从政策的制定者到具体措施的实施者，都有主观臆断的条件，使得指令性控制手段的有效性往往取决于制定者或实施者的个人素质而非客观规律。其次，全面施行指令性控制措施已经不能适应市场经济的要求。强硬的指令性控制手段无法包容市场经济对灵活、效益的要求，而且指令性控制手段的规章即使细如牛毛，也难以适应市场的瞬息万变和市场主体相互之间利益关系的庞杂。②再次，由于环境信息不完整，环境保护行政主管部门可能对环境污染及责任作出不准确的判断。环境责任判断的不准确性使环境责任追究难以落实。于是，相关的指令性控制手段可能失去其应有的功能。最后，指令性控制手段或管制手段的命令性和惩罚性特征带来一定的弊端。一方面，指令性控制手段应具有命令性和惩罚性特征，因为“没有惩罚的制度是无用的”③。另一方面，具有命令性和惩罚性特征的指令性控制手段不能充分调动社会和企业本身的积极性，反而容易使它们产生对立的情绪，其实施的效果由此受到影响。

同环境治理的指令性控制手段相比，环境经济手段的实施可以实现环境资源的优化配置。实现环境资源的优化配置就是实现环境资源的高效利用，就是用尽可能低的费用达到尽可能好的环境治理效果。可以用尽可能低的费

① 孟庆堂、鞠美庭、李智：《环境信息公开作为有效环境管理模式的探讨》，《上海环境科学》2004年第4期，第152—155页。

② 曹东、王金南、杨金田等：《环境信息公开：21世纪环境管理的新手段》，载王金南、邹首民、洪亚雄主编《中国环境政策》（第二卷），中国环境科学出版社2006年版，第13页。

③ ［德］柯武刚、史漫飞：《制度经济学：社会秩序与公共政策》，韩朝华译，商务印书馆2000年版，第32页。

用达到尽可能好的环境治理效果，这对治理资金非常有限的中国来说是一个有效管理手段和途径。同时，环境经济手段的应用可以减弱政府的直接干涉，有利于实现公正、高效，有利于防止腐败。但是，环境经济手段的有效运行需要成熟、完备的外部环境的支持，而目前中国还难以具备其中的某些关键要素。这在近些年来实施和推广的排污收费制度及排污权交易中都得到反映。中国目前经济转型历时不长，集权思想余毒未尽，市场发育尚处于初级阶段，市场灵敏度因过多行政干预的存在而受到影响，经济规律难以真正发挥作用。中国目前所有制改革走出了明晰产权的第一步，此领域的立法异常活跃，但理顺关系方面尚待时日。中国目前排污收费标准有待完善，环境监理人员素质有待提高。①

在环境治理方面，中国的指令性控制手段和市场经济手段存在许多弊端，需要一些新的方法和手段加以补充。在城市环境治理方面亦然。从中国现有的国情来看，完全依靠政府或完全依靠市场都难以完成城市环境保护目标，需要引入一些新的工具或手段克服指令性控制手段和市场经济手段造成的偏差及政策失误、补充与完善现有的城市环境治理体系。信息型政策工具正是这些新手段中重要的一种。作出如此论断的理据在于“信息是使其他工具发挥作用的不可或缺的工具”②，在于信息型政策工具能够起到指令性控制手段和市场经济手段无法起到的作用，从而可以弥补它们的若干缺陷。前文已为这些理据增添了厚重的一笔。相对于指令性控制手段和市场经济手段来说，信息型政策工具是中国城市环境治理的一种新手段。

环境管理的信息手段被称为人类污染控制史上继指令性控制手段和市场经济手段后的第三次浪潮。历史地讲，信息型政策工具是中国城市环境治理的一种新手段。③ 20 世纪 90 年代以来，作为指令性控制手段和市场经济手段的弥补手段，信息型政策工具在中国城市环境治理中得到广泛应用。目前，信息型政策工具是中国城市环境治理的一种重要手段。信息型政策工具在中国城市环境治理中具有重要作用使然。

---

① 曹东、王金南、杨金田等：《环境信息公开：21 世纪环境管理的新手段》，载王金南、邹首民、洪亚雄主编《中国环境政策》（第二卷），中国环境科学出版社 2006 年版，第 14 页。

② ［美］小威廉·T. 格姆雷、斯蒂芬·J. 巴拉：《官僚机构与民主——责任与绩效》，俞沂暄译，复旦大学出版社 2007 年版，第 163 页。

③ 信息型政策工具在中国城市污染控制中的使用已有较长的历史，但它的大规模使用是在指令性控制手段和市场经济手段之后。所以按照人类污染控制史的时间顺序，信息型政策工具是中国城市环境治理的一种新手段。

信息型政策工具的运用使得中国城市公众对环境保护行政主管部门的工作、企业的污染排放以及处理利用情况有了充分的了解，有利于中国城市公众参与环境监督，进而有利于推动城市环境治理的开展。信息型政策工具的应用使得中国城市决策者能够正确确定污染控制的优先领域，有助于提高污染控制和环境保护的效率。信息型政策工具的使用有助于提高中国城市环保参与者的环境意识，促进其改变环境行为。信息型政策工具不仅能使指令性控制手段和市场经济手段发挥作用，还能起到它们无法起到的作用。所以，信息型政策工具是中国城市环境治理的一种重要手段。

三 中国城市环境治理信息型政策工具的演进:简要图景

（一）中国城市环境监测的演变发展

中国城市环境监测的演变发展一定程度地体现在中国环境监测的演变发展中。中国的环境监测工作起步于20世纪70年代初期，随着管理“三废”工作的逐步开展，各省市相继建立了环境监测站。至1980年召开第一次全国环境监测工作会议时，全国业已建成300多个各级环境监测站。在“六五”与“七五”期间，环境监测站有了一个大的发展，从中央到地方省、市、县，都建立了监测站。[①]目前全国各级（国家级、省级、市级、县级）监测站（所）已经超过4000个。[②]这些监测站，尤其是市级监测站在城市大气监测、城市交通噪声监测和城市废水监测等方面取得较大进展。

中国从20世纪80年代开始研究城市边界层结构与城市大气污染问题，先后在兰州、北京与广州等地进行了大气环境的观测及分析工作。[③]在城市大气监测方面，2005年全国在200多个城市建立了600多套自动化监测系统，其他大部分城市仍采用隔天24小时连续采样的半自动化监测方式。[④] 2010年全国350多个城市已经建立起城市空气质量常规监测系统，约有600个城市监测站安装了自动监测设备。[⑤]在城市交通噪声监测方面，上海市走在前头。

---

① 中国环境监测总站编：《中国环境监测方略》，中国环境科学出版社2005年版，第1页。

② 王英健、杨永红主编：《环境监测》（第二版），化学工业出版社2011年版，第7页。

③ 常越、许建明、何金海：《广州城市大气环境监测系统建设的探讨》，《气象与环境学报》2006年第3期，第66—69页。

④ 中国环境监测总站编：《中国环境监测方略》，中国环境科学出版社2005年版，第2页。

⑤ 孙德智主编：《城市交通道路环境空气质量监测与评价》，中国环境科学出版社2010年版，第16页。

1983 年 4 月 30 日，城市交通噪声大屏幕数字显示自动监测仪在上海开始投入试验性运行。随后，城市交通噪声监测自动化显示系统陆续建立起来。城市废水监测也不断发展。2002 年，废水的在线监测已在全国很多地方陆续开展起来。譬如，到 2002 年年底，广西南宁地区已在两家企业（均为用水大户的制糖业）开展在线监测，还有 11 家企业也有安装排放连续监测系统（CEMS）的意向。为了真正发挥 CEMS 的作用，广西南宁地区根据实际，制定了在线监测系统验收技术规范，内容涵盖了 CEMS 从安装调试到检测验收的全部过程。为了保证 CEMS 的正常运行，广西南宁地区还制定了在线监测系统管理实施办法，要求安装 CEMS 的企业务必遵守 CEMS 的有关运行管理制度。[①]经过不断的实践，在取得丰富的在线监测技术的基础上，废水 CEMS 在全国各地，包括各城市全面铺开。

中国城市环境卫生监测工作早已开展起来。杭州市环境卫生科学研究所化验室和杭州市天子岭废弃物处理总场化验室自 1981 年开始从事城市粪便、生活垃圾、水质、大气等项目的检测。随着杭州市第一、第二填埋场的建设，监测设备随之增加，监测项目逐渐拓展。武汉市市政环境检测监督中心成立于 1982 年 5 月，其检测服务范围涵盖城市垃圾粪便、污水以及其他固体废物污染监测，城市垃圾收运和处理设施运行过程中环境污染监测，固废、污水处理处置设施运行效果和质量监测，公共场所、居住环境和作业环境的卫生监测等。1983 年 12 月，上海环境卫生监测中心建立，它是上海市环境卫生系统内首建的一个检测技术中介机构。太原市环境卫生科学研究所于 1984 年经太原市政府批准成立，主要负责对太原市城市生活垃圾、医疗垃圾、城市粪便的收运处理处置系统及城市车辆清洗用水、排水进行常规监测，为政府宏观决策提供依据。广州市环境卫生研究所成立于 1984 年，2001 年 4 月在原设的广州市环境卫生研究所化验室、中心实验室、环境卫生研究室的基础上改组和建立检测中心。沈阳市固体废弃物监测站成立于 1992 年，于 2003 年更名为沈阳市城市环境卫生监测站。1994 年 12 月，青岛市环境管理局批准成立青岛环境卫生监测中心。中国城市环境卫生协会南宁环境卫生监测分站建成于 1999 年。中国城市环境卫生协会北京环境卫生监测站是在北京市环境卫生设计科学研究所化验室的基础上于 2000 年底成立的。成都市环境卫生监测中心于 2002 年 9 月建立，是从事城市废弃物处理的监

① 黄金民：《环境监测发展方向展望》，《中国环境管理》2003 年第 3 期，第 23—25 页。

测机构。经中国城市环境卫生协会批准，中国城市环境卫生协会环境卫生监测总站于2004年9月在北京环境卫生设计科学研究所和北京环境卫生监测站的基础上设立而成。各地经申请和认证，符合条件的监测站可设立中国城市环境卫生协会环境卫生监测站。目前，中国城市环境卫生协会环境卫生监测总站有10个分站。7个分站沿袭而成，2个分站在先前的基础上发展而成，1个分站在总站设立后新建而成。在先前的基础上，中国城市环境卫生协会广州环境卫生监测站成立于2005年；2008年9月中国城市环境卫生协会沈阳环境卫生监测站获准成立。重庆渝卫环境监测有限公司成立于2005年7月，经营范围为垃圾卫生填埋场环境监测及技术咨询等服务。2008年10月，中国城市环境卫生协会重庆渝卫检测站获准成立。中国城市环境卫生协会环境卫生监测总站的主要职责之一是收集和分析各地的设施运行和环境监测数据，每年向中国城市环境卫生协会秘书处提交数据分析报告。

（二）中国城市环境统计的演变发展

1973年第一次全国环境保护会议之后，北京、沈阳与南京等城市相继开展了工业污染源调查，各省、市（地区）环境管理机构与环境监测站相继建立，中国城市环境统计工作逐步展开。1980年，国务院环境保护领导小组和国家统计局联合建立了环境保护统计制度。[①]自1981年起，中国在全国范围内开展环境统计工作，推行环境统计报表制度。1985年，国家环境保护局颁布了《关于加强环境统计工作的规定》。1995年6月15日，国家环境保护局颁布了《环境统计管理暂行办法》，对环境统计的任务和内容、环境统计的管理、环境统计的机构和人员及其职责等作了明确的规定。1997年，国家环境保护局制定并实行了新的环境统计报表制度。2003年，国家环境保护总局提出修订《环境统计管理暂行办法》，改革、完善统计指标与方法，开展“三表合一”试点工作。[②]2006年11月4日，国家环境保护总局公布了《环境统计管理办法》，对环境统计作了一些新的规定。以这些制度、规章为依据，各城市开展了环境统计年报、季报工作。当然，“为了使制度能适应事物的自然变化，作为塑造事物品格特征的制度变革也就在所难免”[③]。2007年，国家环境保护总局计划于2008年在10个城市开展环境统计改革试点工

① 洪亚雄：《环境统计方法及环境统计指标体系研究》，湖南大学2005年硕士学位论文，第8—9页。

② 彭立颖、贾金虎：《中国环境统计历史与展望》，《环境保护》2008年第4期，第52—55页。

③ ［英］阿克顿：《自由与权力》，侯健、范亚峰译，商务印书馆2001年版，第334页。

作。为加强环境统计对于污染减排和环境管理工作的基础保障作用，国家环境保护部决定在2011年实行“十二五”环境统计改革，并确定在江苏、重庆、新疆等7个省、市、自治区的部分地区进行改革试点。重庆市作为直辖市参加试点工作，其中，重庆市荣昌县和涪陵区列入改革试点的样本县区。2011年11月，河南省洛阳市被国家环境保护部确定为国家环境信息与统计业务能力建设试点市。同时，洛阳市新安县和偃师市被定为试点县（市）。中国城市环境统计由此获得发展。

中国城市环境统计的演变发展还具体表现在城市空气质量统计、城市水质量统计 、城市市容环境卫生情况统计和城市环境综合整治定量考核统计等的演变发展上。中国城市空气质量统计发端于20世纪70年代。随着规章制度和规范标准的演变发展，中国城市空气质量统计逐渐演变发展。《环境空气质量标准》自1982年首次制定并实施以来，国务院环境保护行政主管部门于1996年和2012年进行了两次修订。2000年国务院环境保护行政主管部门先后颁布两版《城市空气质量日报和预报技术规定》，2008年新版的《城市空气质量日报和预报技术规定》出台。城市空气质量标准变化，城市空气质量统计工作相应变化。

中国从20世纪70年代就开始对城市水质量进行监测，将监测数据予以统计后用于编写环境质量报告书。早期的《环境质量报告书》一般首先对重点城市的水质量进行统计和分析，然后从流域的角度对全国的水质量进行统计和分析。从20世纪80年代的一年一次环境质量报告书，发展到如今的环境质量年报、季报、月报和周报，对水质量监测数据的统计的要求越来越高，与城市环境治理的结合也越来越紧密。

中国城市市容环境卫生情况统计起步于1979年。1979年，中国城市市容环境卫生情况统计的指标是生活垃圾清运量（万吨）、垃圾无害化处理厂（场）座数（座）、无害化处理能力（吨/日）、粪便清运量（万吨）、公厕数量（座）和市容环卫专用车辆设备总数（台）。目前，中国城市市容环境卫生情况统计的指标在原有的基础上增加了垃圾无害化处理量（万吨）和每万人拥有公厕（座）两项指标。

中国城市环境综合整治定量考核统计与中国城市环境综合整治定量考核制度同行。1988年9月，国务院环境保护委员会第十三次会议决定，实行“城市环境综合整治定量考核”。城市环境综合整治定量考核，要由环境统计数据来反映。环境统计是实施城市环境综合整治定量考核必不可少的基础性工作。三十多年来，环境统计为城市环境综合整治定量考核提供了有数据、有分析的基础资料，从而使城市环境综合整治定量考核有了一定的科学依据。

（三）中国城市环境信息公开的演变发展

宽泛意义上中国城市环境信息公开的演变发展是多维的。城市空气质量报告制度是向公众发布城市空气污染指数，反映城市空气质量状况的制度。1997 年首先在包括北京、上海、重庆、大连、厦门在内的 13 个重点城市发布城市空气质量周报。2000 年开始在中央电视台和各大报纸发布全国 40 个重点城市的空气质量日报。2005 年，国务院作出了《关于落实科学发展观加强环境保护的决定》，该决定指出："实行环境质量公告制度，定期公布各省（区、市）有关环境保护指标，发布城市空气质量、城市噪声、饮用水水源水质、流域水质、近岸海域水质和生态状况评价等环境信息，及时发布污染事故信息，为公众参与创造条件。公布环境质量不达标的城市，并实行投资环境风险预警机制。"目前，113 个国家环境保护重点城市全部实施了空气质量报告制度，并有部分城市开展了空气环境质量预报工作。

作为中国城市环境治理的一项信息型政策工具，城市环境综合整治定量考核（简称为"城考"）制度有一个演变发展过程。1985 年国务院在河南省洛阳市召开了第一次全国城市环境保护工作会议，明确了在全国开展城市环境综合整治工作。1988 年 9 月 13 日，国务院环境保护委员会颁布的《关于开展城市环境综合整治定量考核的决定》指出，环境综合整治是城市政府的一项重要职责，市长对城市的环境质量负责，把这项工作列入市长的任期目标，并作为考核政绩的重要内容。自 1989 年 1 月开始，国家环境保护局对直辖市、省会城市以及大连、苏州、桂林总共 32 个城市实施定量考核。1990 年 12 月 5 日，《国务院关于进一步加强环境保护工作的决定》规定，城市政府应组织各方面的力量继续开展环境综合整治工作，积极推进污染的集中控制，提高治理投资效益和污染防治能力。各省、自治区、直辖市政府环保部门对本辖区的城市环境综合整治工作进行定量考核，每年公布结果。直辖市、省会城市和重点风景游览城市的环境综合整治定量考核结果，由国家环境保护局核定后公布。至此，城市环境综合整治定量考核制度作为中国城市环境治理的一项重要制度确立下来，并在全国广泛地实施，有力地推动了城市环境保护工作的开展。在原来的基础上，1992 年又增加了青岛、宁波、厦门、深圳和重庆 5 个计划单列市，考核城市达到了 37 个。与此同时，各省、自治区也组织开展了对下辖区城市的考核工作。1996 年起，国家直接考核的城市达到了47个。2002年，考核的重点城市的范围扩大至113个。2004年，国家环境保护总局制定了《全国城市环境综合整治定量考核操作规范（试行）》，以进一步规范各地的"城考"工作。为了体现分类指导，同时加强省级环境保护行政主管部门"城考"工作的领导职能，由省、自治区环境保护行政主管部门对所辖城市进行"城考"会审排名。2004年全国正式上报"城考"结果的城市达到500个，占中国城市总数的76%。2007年1月1日，《"十一五"城市环境综合整治定量考核指标及实施细则》和《全国城市环境综合整治定量考核工作管理规定》开始实施。目前中国的"城考"工作按照《"十一五"城市环境综合整治定量考核指标及实施细则》和《全国城市环境综合整治定量考核工作管理规定》的要求正在进行。

中国的企业环境信息公开制度旨在通过环境行为评判、分级，最终把参与评级的工业企业的环境行为归纳为便于公众理解、接受的单一指标，采用五种颜色（黑、红、黄、蓝、绿）形象地表示企业不同的环境表现等级，以保障公众的知情权。2000年，在世界银行的帮助下，中国率先在内蒙古呼和浩特市与江苏省镇江市开展企业环境信息公开试点工作。在镇江市的企业环境信息公开试点取得了成功后，江苏省确立了此项制度，并在全国率先推广此项制度。江苏省率先在全国推行企业环境信息公开以来，各级环保部门积极探索与实践，在拓宽公众参与渠道、提升公众参与能力和规范企业环境行为等方面取得了一定的成效。南京市重视树立环境信誉良好的企业形象，组织3家绿色企业就环保投入、污染物治理与减排情况编制了绿色报告，为在江苏省全面实施企业绿色报告制度起到了示范作用。苏州、徐州等市环境保护局与市人民银行联合发文，将企业的环保信息纳入银行征信系统。泰州市加大监管力度，对于连续两年被评为黑色等级的企业，提请政府对它们实施关、停、并、转。[①]为了在全国推广企业环境信息公开制度，2003—2005年，在世界银行的帮助下，国家环境保护总局先后在重庆市、安徽省铜陵市、内蒙古包头市、广西柳州市、浙江省宁波市镇海区和甘肃省嘉峪关市等其他一些省市也进行了试点工作。2005年，国家环境保护总局号召全国推广企业环境行为评价与公开工作。[②] 2008年5月1日开始施行的《环境信息公开办法

① 王华、Linda Greer、蔺梓馨：《环境信息公开的实践及启示》，《世界环境》2008年第5期，第24—26页。

② 王华、陈栋：《企业环境信息公开：理念、实践和挑战》，《世界环境》2008年第5期，第14—15页。

(试行)》对企业环境信息公开作了规定。企业环境信息公开作为中国城市环境治理的一项信息型政策工具随之获得了较大发展。

中国城市环境标志计划随中国环境标志计划发展而发展。中国环境标志计划诞生于1993年。1994年5月17日，中国环境标志产品认证委员会成立。中国环境标志产品认证委员会是由国家环境保护局、国家质量监督检验检疫总局等11个部委的代表与知名专家组成的国家最高规格的认证委员会，认证委员会秘书处是它的常设机构。为了开展环境标志产品认证工作，保证环境标志产品质量，促进国际贸易和标志产品的国际合作，中国环境标志产品认证委员会制定了《环境标志产品认证管理办法（试行)》。1996年9月，国际标准化组织（ISO）颁布首批ISO14000系列标准。为了在中国有效地开展环境管理体系认证工作，积极探索环境管理体系认证方法、认证程序和技术规范，从1996年开始，国家环境保护局在企业自愿的基础上，在全国范围内开展了环境管理体系认证试点工作。1997年国家环保局在全国13个试点城市开展了ISO14000标准的试点工作，探索了在城市、区域建立环境管理体系以及推进实施ISO14000系列标准的政策和管理制度。此项工作取得了可喜成绩，苏州高新区、大连经济技术开发区率先通过了区域ISO14001认证，9个城市（区）于1999年得到了国家环境保护总局的表彰。2003年国家环保总局将环境认证资源进行整合，中国环境标志产品认证委员会秘书处与中国环境管理体系认证机构认可委、中国认证人员国家注册委员会环境管理专业委员会、中国环境科学院环境管理体系认证中心共同组成中环联合（北京）认证中心有限公司（国家环保总局环境认证中心)，形成以生命周期评价为基础，一手抓体系、一手抓产品的新的认证平台。为加强中国环境标志产品认证标志的使用管理，维护环境标志产品认证的信誉，规范环境标志的使用，2008年9月国家环境保护部根据《环境标志产品认证管理办法（试行)》制定了《中国环境标志使用管理办法》。目前，中国城市环境认证遵照有关规定有条不紊地进行着。

中华环保世纪行是从1993年开始，由全国人大环境与资源保护委员会牵头，会同中共中央宣传部、农业部、财政部、水利部、国土资源部、国家环境保护局等14个部门联合组织，由新华社、《人民日报》和中央电视台等28家中央与行业新闻媒体共同参加的一项大型环保宣传活动。[①]近二十年来，

① 宋秀丽：《中外环境政策工具比较研究》，山东经济学院2011年硕士学位论文，第23页。

“中华环保世纪行”宣传活动每年都围绕一个跟环境资源保护有关的主题，在中央、国务院有关部门、中央各新闻单位的大力支持下，在各级地方人大的紧密配合下，采用组织若干记者团深入地方进行采访报道的方式，充分地把人大监督、舆论监督与群众监督有机结合起来，在环境与资源保护方面，推动了许多重大问题的解决与有关政策措施的出台。在“中华环保世纪行”活动的影响之下，各省、自治区、直辖市人大都相继地开展了各具特色的地方环保世纪行活动。目前，除了各省、自治区、直辖市人大开展了环保世纪行活动之外，全国已有 257 个地级市人大（占 81%）亦都开展了形式多样的环保世纪行活动，地方党委重视、人大常委会领导、政府部门支持和新闻媒体参与的环保世纪行工作局面已经形成。①

（四）中国城市环境听证的演变发展

1999 年 7 月 8 日，国家环境保护总局通过《环境保护行政处罚办法》。1999 年 8 月 6 日，国家环境保护总局发布实行这一规章。该规章首创了环境听证制度——环境行政处罚听证。第九届全国人民代表大会常务委员会第三十次会议于 2002 年 10 月 28 日通过《中华人民共和国环境影响评价法》。《环境影响评价法》首次在环境保护法中对环境听证作了规定，法律层次上的环境听证制度建立起来。2004 年 6 月 17 日，国家环境保护总局通过《环境保护行政许可听证暂行办法》。该办法自 2004 年 7 月 1 日起施行，它对环境保护行政许可听证的适用范围、主持人与参加人的权利义务、程序以及罚则作了规定。2009 年 12 月 30 日，国家环境保护部修订通过《环境行政处罚办法》。修订后的《环境行政处罚办法》第四十八条规定：“在作出暂扣或吊销许可证、较大数额的罚款和没收等重大行政处罚决定之前，应当告知当事人有要求举行听证的权利。”为了进一步推动环境行政处罚听证的发展，国家环境保护部于 2010 年 12 月 27 日颁布了《环境行政处罚听证程序规定》。以上法律、规章，特别是《环境保护行政许可听证暂行办法》和《环境行政处罚听证程序规定》的施行大大地促进了中国城市环境听证的发展。

根据《环境保护行政许可听证暂行办法》，全国各地陆续举行了城市环境行政许可听证会。2004 年 8 月 13 日，北京市环境保护局召开了北京西上六输电线路工程电磁辐射污染环境影响评价行政许可听证会。2005 年 4 月 13 日，圆明园防渗整改工程环境影响听证会在国家环境保护总局办公楼二楼

① 百度百科：《中华环保世纪行》，http：//baike. baidu. com/view/951576. htm 。

多功能厅举行，听取各方面的意见和建议。2005 年 9 月 16 日，江苏省保护厅召开了南京中山植物园南园二期工程项目审批听证会。这是江苏省举行了首个新建项目环评公众参与听证会。2006 年 6 月 16 日，湖南省长沙市环境保护局首开环保行政许可听证会，对华天文化娱乐发展有限公司向环保部门申办“噪声排污许可证”进行听证。2006 年 12 月，湖北省武汉市硚口区宝丰街街道办事处召开了一场听证会，就崇仁路“仁和世家”居民区楼下的一家酒店、两家咖啡厅能否营业公开听证。就建设项目环保行政许可公开听证，在武汉还是首次。2009 年 9 月 2 日，云南省昆明市西山区环境保护局于在云安会都就高美云安步行街餐饮业行政许可依法公开举行听证会。2011 年 1 月 20 日，河北省卢龙县环境保护局召开秦皇岛市奥星食品有限公司年屠宰五百万只肉鸡项目环境保护行政许可听证会，工业园区管委会、卢龙镇、双望镇、环评单位和居民小区等单位的代表参加了会议。如此等等，不一而足，它们见证着中国城市环境听证的发展。

根据有关规定，各城市进行了环境保护行政处罚听证方面的制度供给，开展了这方面的具体行动。2000 年 2 月 27 日，重庆市颁布了《重庆市环境保护行政处罚程序规定》，该规定的第二十一条对环境行政处罚听证作了规定。2000 年 4 月 26 日，湖北省武汉市制定了《武汉市环境保护局行政处罚听证工作制度》。2006 年 10 月 9 日，北京市丰台区环境保护局发布了《丰台区环境保护局行政处罚听证工作程序》。2009 年 11 月 12 日发布的《西安市环境保护局行政处罚工作制度》的第十七条对环境行政处罚听证作了规定。2010 年 9 月 1 日，江苏省镇江市环境保护局就银峰铸造有限公司“非法转移固体废物，造成环境污染”举行行政处罚听证会。2011 年 11 月 25 日，针对甘肃省建筑设计研究院涉嫌未按时完成燃煤锅炉限期改造被处以 3 万元罚款一事，兰州市城关区环境保护局召开了环保行政处罚听证会。2012 年 3 月，广西南宁市青秀区环境保护局就南宁市青秀区思贤路 51 号汇宇思贤综合商住楼一层 5 号商铺建设的南宁市万氏煨汤馆，环境影响评价文件未经批准，擅自投入使用一案举行行政处罚听证会。这样的情况不胜枚举，通过制度供给和具体行动，中国城市环境听证获得较大发展。

（五）中国城市环境信访的演变发展

中国的环境信访经历了演变发展的过程。1979 年 9 月 13 日，第五届全国人民代表大会常务委员会第十一次会议通过了《中华人民共和国环境保护法（试行）》，该法第八条规定：“公民对污染和破坏环境的单位和个人，有权监督、检举和控告。被检举、控告的单位和个人不得打击报复。”嗣后颁布的《中华人民共和国水污染防治法》和《中华人民共和国大气污染防治法》都有相应条款。1997 年 4 月 29 日，国家环境保护局发布施行《环境信访办法》。至此，中国的环境信访制度基本建立起来。1998 年 11 月 29 日，国务院发布施行《建设项目环境保护管理条例》，作为环境信访之有机组成部分的环境建议征集在该条例中有着明确的规定。自 2006 年 7 月 1 日起，国家环境保护总局施行修改后的《环境信访办法》。自 2011 年 3 月 1 日起，国家环境保护部施行《环保举报热线工作管理办法》。

中国环境信访的演变发展内含了中国城市环境信访的演变发展。笼统地说，环境信访包含了城市环境信访，因之，中国环境信访的演变发展内含了中国城市环境信访的演变发展。具体地说，新旧《环境信访办法》在有关内容上的变化表明，中国环境信访的演变发展内含了中国城市环境信访的演变发展。1997 年施行的《环境信访办法》对城市环境信访未作规定。修改后的《环境信访办法》发生了变化，其第八条规定：“按照有利工作、方便信访人的原则，县级环境保护行政主管部门应当设立或指定环境信访工作机构，配备环境信访工作专职或兼职人员；各省、自治区和设区的城市环境保护行政主管部门应当设立独立的环境信访工作机构。”显然，中国城市环境信访的演变发展融于《环境信访办法》的修订当中。

中国环境信访的演变发展带动了中国城市环境信访的演变发展。在制度层面，中国城市环境信访不断发展。20 世纪末至 21 世纪初，黑龙江哈尔滨市逐步制定、出台了《哈尔滨市环境信访暂行办法》《哈尔滨市环境信访工作制度》《哈尔滨市环境信访工作责任追究制度》《哈尔滨市环境信访排查制度》《哈尔滨市环境信访首问责任制》和《哈尔滨市环保局领导接待制度》等多项规章制度，并在工作中得到贯彻执行。为贯彻落实《环境信访办法》，倾听群众呼声，接受群众监督，及时有效地解决群众反映的环境信访问题，河北省秦皇岛市环境保护局对原有接待制度进行了修改和完善，从 2007 年 10 月起实行新的环境信访领导接待日制度，每周四上午都安排一位局领导在市环境监察支队会议室接待上访群众。2011 年 8 月 23 日，安徽省合肥市印发了《合肥市环保局环境信访工作管理办法》《关于进一步加强我市环境信访督查督办工作的意见》和《合肥市环境信访办结制度》。在行为层面，中国城市环境信访同样不断发展。中国环境信访的演变发展推动着各城市依据有关规定举行环境听证。

（六）中国城市 GPS 全球定位系统的演变发展

中国城市环境治理信息型政策工具的演变发展还包括中国城市 GPS 全球定位系统的演变发展。作为一个利用环绕地球的人造卫星传送的电磁波测定物体当时所在位置的系统，GPS 全球定位系统能够全天候、实时、连续和有效地为用户提供高精度的三维坐标和时间信息。GPS 全球定位系统的演变发展表现为 GPS 全球定位系统技术本身的发展和 GPS 全球定位系统应用的推进。

在中国，GPS 全球定位系统技术本身有一个发展过程。20 世纪 80 年代中期，中国引进了 GPS 接收机。在引进国外 GPS 技术的过程中，中国开展了自主研发工作。上海华测于 2010 年 8 月推出了自主研发的 GPS 主板，这一技术的研发历时 5 年，取得了多项发明专利与软件著作权。同时上海华测推出了新产品 R30GPS 接收机，该产品是中国第一款拥有自主知识产权的双频高精度 GPS 接收机。上海华测 GPS 主板的研制成功，结束了中国 GPS 接收机主板依靠进口的历史，将 GPS 接收机国产化的步伐推进了一大步。①

GPS 全球定位系统在中国城市的应用是渐次推进的。1999 年 9 月 26 日，北京市启用出租车 GPS 全球定位系统。2002 年 8 月 24 日，一种装有 GPS 全球卫星定位系统的“卫星的士”，开始在广州市上路载客运营。2004 年 7 月 19 日，由南昌市政府投资 300 万元为省城 1000 辆出租汽车免费安装 GPS 全球定位系统全面展开。目前，随着 GPS 卫星导航定位技术和无线电通信网络的发展，中国大中城市的基于 GPS 的车辆导航系统和车辆运营管理系统等正在迅速发展，如 GPS 全球定位系统在北京、天津、武汉、长沙、镇江、淮北等城市得到广泛的应用。

① 张惠、张健、刘超：《全球定位系统（GPS）技术的发展现状及未来发展趋势》，《中国计量》2012 年第 1 期，第 70—72 页。

第三章　中国城市环境治理信息型政策工具选择的机理

政策工具（政府工具）的选择是政策工具研究的一个基本课题。在当代，随着政策工具箱内的工具不断得到扩充，如何从众多的政府可用的工具中选择合适的工具，就显得尤为重要。一如戴维·奥斯本、特德·盖布勒所言："囊中藏有如此多的箭，政府就需要发展出一套方法学，找出射向问题靶子的正确的矢。"①在政策工具的选择中，需要考虑其与一些事物的关系。政策工具的选择和一些事物之间的逻辑关系就是政策工具选择的内在机理或逻辑。中国城市环境治理信息型政策工具的选择和一些事物之间的逻辑关系就是中国城市环境治理信息型政策工具选择的机理或逻辑。多种视角下中国城市环境治理信息型政策工具的选择有多种机理或逻辑，但多视角、全方位的考察难以获致深透的诠释。先提出命题以框定考察视角，而后进行深入论证便是一条可取的研究进路。

一　命题的提出：考察视角被框定

改革开放以来，中国城市化水平不断提高，城市化率 1978 年为 17.92%，2011 年超过 50%。城市化水平的提高也带来城市环境问题。中国城市环境问题使城市生态负载增大，城市环境保护提上日程。随着治理理论广泛应用于城市环境领域，中国城市环境治理兴起。要有效地治理中国的城市环境，需选择和运用适当的政策工具。或者说，政策工具的选择、应用状况是有效地治理中国城市环境的关键变量。信息型政策工具的选择是变量之

---

① ［美］戴维·奥斯本、特德·盖布勒：《改革政府：企业家精神如何改革着公共部门》，周敦仁等译，上海译文出版社 2006 年版，第 259 页。

一。中国城市环境治理信息型政策工具的选择有其自身的政治机理或逻辑。提出这一命题的理由是环境问题、环境治理、政策工具的选择以及环境政策工具的选择与政治之间存在关联。

环境污染、全球变暖是比较典型的风险问题。这些风险问题明显不同于历史上的各种外部风险，它们是人类社会发展到工业化阶段后才出现的，是人类自身活动的结果，是人类运用科学技术以及作出相关决策所造成的。[①]“人类的工业化进程中自我孕育出来的风险有着明显的社会化特征。这种社会化特征，使得具有强大威力和潜在威胁的现代科学技术之负面影响所造成的巨大风险，已经不可避免地成为一个政治问题。”[②]不止于此，环境政治学学者约翰·德赖泽克把环境问题看作是政治的主题。“今天，我们不但有一个关于环境的概念，而且大多数发生在环境领域的重大事件是政治的主题和公共政策的目标。”[③]确实，环境问题与政治问题是相连的。人类的优良存在有赖于我们生活中政治的、社会的和经济的条件。[④]相应地，为解决环境问题而进行的环境治理与政治有着密切的联系。生态现代化是一种旨在解决环境问题的话语和实践，它需要政治承诺，这种承诺指向富于远见的长期而不是心胸狭隘的短期，指向经济与环境进程的整体性分析而不是对特殊的环境滥用的零散聚焦。[⑤]

政策工具的选择也关涉政治因素。政策工具选择过程的一个重要方面就是涉及公共政策如何被加以定义。[⑥]公共政策问题的定义本身即是充满政治性的，问题并非是客观的实体，而是一种社会建构的结果，其定义本身即是带有价值判断的一种创造意义的过程，经常引发政治辩论。政府工具的选择较

---

① 吕艳滨：《信息法治：政府治理新视角》，社会科学文献出版社 2009 年版，第 75 页。

② ［美］乌尔里希·贝克：“从工业社会到风险社会——关于人类生存、社会结构和生态启蒙等问题的思考”，王武龙编译，载薛晓源、周战超主编《全球化与风险社会》，社会科学文献出版社 2005 年版，第 65 页。

③ ［澳］约翰·德赖泽克：《地球政治学：环境话语》，蔺雪春、郭晨星译，山东大学出版社 2004 年版，第 6 页。

④ ［美］伯林特：《环境与艺术》，刘悦笛等译，重庆出版社 2010 年版，第 23 页。

⑤ ［澳］约翰·德赖泽克：《地球政治学：环境话语》，蔺雪春、郭晨星译，山东大学出版社 2004 年版，第 194 页。

⑥ R. Rist, Choosing the Right Policy Instrument at the Right Time: The Contextual Challenges of Selection and Implementation, in Carrots, Sticks & Sermons , Policy Instruments & Their Evaluation, New Brunswick , NJ : Transaction , 1998 , p. 155.

之所要达成的目标更会引发热烈的政治辩论①。再者，除了诸多政治因素与政治上的动员将影响最初的政府工具的选择外，选择某一项工具进行政策干预，也将引发不同的政治行动和带来不同的政治经济效应。②所以，政策工具的选择绝不只是一个简单的效用叠加，而是一个复杂的政治经济问题。③

环境治理、政策工具的选择与政治之间存在关联，组合而成的环境政策工具的选择与政治之间同样存在关联。几乎所有的环境政策都明确或隐含地由两个部分构成：确切的总体目标和实现目标的手段或工具。这两个组成部分通常被联结在政治过程中，因为目标的制定和实现目标的机制选择均是政治博弈的结果。④故而作为环境治理的一种手段，环境政策工具的选择与政治之间同样存在紧密的联系。中国城市环境治理信息型政策工具的选择亦不例外，它有其政治上的动因，也需要考虑政治因素。这之中所蕴含的逻辑关系就是中国城市环境治理信息型政策工具选择的政治机理或政治逻辑。

中国城市环境治理信息型政策工具的选择有其自身的政治机理或逻辑这一命题的提出意味着考察视角被框定为政治学视角。考察视角被框定有助于考察走向深入。通常说来，政治包含行政，政治学视角包含行政学视角。但为了洞彻中国城市环境治理信息型政策工具选择的机理或逻辑，有必要区分政治与行政，分别对其政治机理和行政逻辑进行深度剖析，即分别从政治学视角和行政学视角对其机理或逻辑进行深入考察。

二 中国城市环境治理信息型政策工具选择的机理:政治学视角的考察

政策工具的选择意味着一些深层的政治选择⑤，这说明政策工具的选择

① Christopher C. Hood, The Tools of Government, London: The Macmillan Press Ltd., 1983, p. 9.

② G. Peters, The Politics of Tool Choice, in Lester M. Salamon and Odus V. Elliot, Tools of Government: A Guide to the New Governance, Oxford, New York: Oxford University Press, 2002, p. 552.

③ 陈振明等:《政府工具导论》，北京大学出版社 2009 年版，第 73—74 页。

④ ［美］罗伯特·N. 史蒂文斯:《基于市场的环境政策》，载［美］保罗·R. 伯尼特、罗伯特·N. 史蒂文斯主编《环境保护的公共政策》，穆贤清、方志伟译，上海三联书店、上海人民出版社 2004 年版，第 41 页。

⑤ ［荷］R. J. 英特威尔德:《政策工具动力学》，载［美］B. 盖伊·彼得斯、［荷］弗兰斯. K. M. 冯尼斯潘编《公共政策工具：对公共管理工具的评价》，顾建光译，中国人民大学出版社 2007 年版，第 151—152 页。

有其内在的政治机理或政治逻辑。基于此类认识，笔者提出了前述命题。前述命题把考察中国城市环境治理信息型政策工具选择机理的视角框定在政治学的范围内。政治学视角下，中国城市环境治理信息型政策工具选择的政治机理或政治逻辑主要表现为中国民主政权形式影响城市环境治理信息型政策工具的选择；政治可行性影响中国城市环境治理信息型政策工具的选择；促进中国城市公众环保参与需要选择信息型政策工具。

（一）中国民主政权形式影响城市环境治理信息型政策工具的选择

从政治学的角度看，政治机构会以政权形式来影响政策工具的选择[①]。当代中国是人民民主的国家，公民享有宪法、法律赋予的各项权利。中国民主政权形式对选择何种政策工具来促进和保障公民权利产生影响，这适用于环境领域。为了维护公民的知情权和参与权，中国民主政权在城市环境治理中选择或会选择环境信息公开、环境听证和环境信访等政策工具。

在公民权利中，知情权是一项基本权利。广义言之，知情权是公民寻求、接受和传递信息或情报的自由，是公民从官方或非官方获知有关情况的权利；狭义言之，知情权仅指公民知悉官方有关情况的权利。“有知情权，就有相互提供信息的义务。”[②]由于“几乎每一项权利都蕴含着相应的政府义务”[③]；“公民的权利就是官员的义务”，[④]因而公民享有的知情权，有对政府课以公开信息的义务。相应地，公民享有的环境知情权，有对政府课以公开环境信息的义务。中国民主政权形式的存在使公民享有环境知情权，政府由此有义务在环境治理，包括城市环境治理中公开环境信息。依此而言，在城市环境治理中，中国民主政权选择或应当选择环境信息公开以维护环境知情权。目前中国城市政府的实际做法反映了中国民主政权形式对城市环境治理信息型政策工具选择的影响。各城市政府通过多种形式发布环境信息，以保障公民对环境事务的知情权。

中国民主政权形式的存在决定了参与权是中国公民的另一项重要的基本权利。随着中国社会主义民主建设的推进，公民参与权不断拓展。在城市环

---

① ［瑞典］托马斯·思德纳：《环境与自然资源管理的政策工具》，张蔚文、黄祖辉译，上海三联书店、上海人民出版社 2005 年版，第 300 页。

② Manfred Berg, Martin H. Geyer, Two Cultures of Rights: the Quest for Inclusion and Participation in Modern American and Germany, Cambridge: Cambridge University Press, 2002. p. 208.

③ ［美］史蒂芬·霍尔姆斯、凯斯·R. 桑斯坦：《权利的成本——为什么自由依赖于税》，毕竟悦译，北京大学出版社 2004 年版，第 26 页。

④ ［美］康芒斯：《制度经济学》（下册），于树生译，商务印书馆 1962 年版，第 351 页。

境治理方面，中国公民享有参与环境事务的权利，政府采取或应当采取一定的手段落实这项民主权利。“对民主而言，它能够做到的第一件事情应该是严肃的沟通交流。”① “积极型民主的交流包括参与前期酝酿、议程设定、信息沟通，它强调倾听和表达的技巧，以及设身处地体谅他人的能力。”②倾听的技巧内蕴听取公民意见的手段或方式。该手段或方式之一是进行听证。听证的本质是听取对方意见，③它有利于落实公民的参与权。因此在中国城市环境治理中，政府开展环境听证来落实公民的环境参与权。2004 年国家环境保护总局举行听证会，听取“自然之友”“地球纵观”“地球村”等环保民间组织的实施圆明园防渗整改工程的建议。按照“坚持科学立法、民主立法”的要求，上海市人大常委会在《上海市绿化条例》立法过程中举行了听证会，向社会公开征求意见。环境信访也是听取公民意见的一种手段。由于公民享有环境参与权，中国城市政府应当选择环境信访来进行环境治理。实际上，环境信访在中国城市环境治理中得到了运用。如在厦门 PX 事件中，厦门市政府通过专线电话、电子邮件和信函等听取公民的意见，落实公民的环境参与权。简而言之，中国民主政权形式的存在使公民享有环境参与权，政府由此在城市环境治理中选择或应当选择环境听证、环境信访等信息型政策工具。

（二）政治可行性影响中国城市环境治理信息型政策工具的选择

人类事业的设计和运作总是发生于法律和政治考虑的范围内。④环境政策工具的选择概莫能外，因为法律可行性和政治可行性影响环境政策工具的选择。在环境政策工具的选择上，政治可行性指的是一定的工具选择是否能够维持下去。政治可行性对中国城市环境治理信息型政策工具的选择有着重要的影响。这里，政治可行性主要考虑三个方面的因素。

一是政府监督信息型政策工具运用的难易程度和政府自身运用信息型政策工具的难易程度。前者主要涉及政府判断市场主体是否遵守某一政策或比

---

① ［澳］约翰·德赖泽克：《地球政治学：环境话语》，蔺雪春、郭晨星译，山东大学出版社 2004 年版，第 275 页。

② ［美］丹尼尔·A. 科尔曼：《生态政治：建设一个绿色社会》，梅俊杰译，上海人民出版社 2000 年版，第 149 页。

③ ［英］威廉·韦德：《行政法》，楚建、徐炳译，中国大百科全书出版社 1999 年版，第 135 页。

④ ［美］文森特·奥斯特罗姆、埃利诺·奥斯特罗姆：《水资源开发的法律和政治条件》，载迈克尔·麦金尼斯主编《多中心治道与发展》，毛寿龙译，上海三联书店 2000 年版，第 51 页。

较恰当运用某一政策工具的难易程度。对市场主体运用信息型政策工具的情况进行有效监督的必要条件是拥有足够的有关污染行为的信息。但是，一个相对合理的假设是政府不可能无成本地知晓每个市场主体在任何时候到底在干什么。在许多情况下，获得有关的精确信息几乎是不可能的或至少是成本非常高的。[①]而且，获得有关污染的信息还存在技术上的限制。这些影响政府对信息型政策工具运用的监督。鉴于此，中国城市政府在选择企业环境信息公开政策工具时更多地要求企业主动披露环境信息。从中国城市政府自身运用信息型政策工具的费用和技术看，其公开环境信息的难度不大，其组织环境听证、利用环境信访、进行环境认证的难度也不大，因此中国城市政府还选择政府环境信息公开、环境听证、环境信访与环境认证等作为环境治理的信息型政策工具。

二是伦理道德。这主要涉及市场主体在信息型政策工具选择方面的伦理限制。一种被广泛接受的道德观认为，环境政策应该对污染行为进行谴责，因为污染是对自然或人类社会的一种犯罪。[②]在此种道德观里，如果企业利用信息不对称公开虚假污染信息或隐瞒污染信息，这是很不道德的。目前，虽然生态道德观在中国尚未占有非常重要的地位，但一些城市企业，特别是其中的一些上市公司比较主动地公开环境信息。在获取有关企业污染行为的信息还存在技术上的限制、政府只有“依赖于行业的自我监测（在可能的限度内）以及它们对排放水平的报告”[③]的情况下，中国城市环境治理中企业环境信息公开政策工具的选择或多或少基于伦理道德的考虑。

三是制度容量。这主要涉及中国城市环境治理的信息型政策工具能否为制度所容纳。1979 年 9 月 13 日公布的《中华人民共和国环境保护法（试行）》和 1989 年 12 月 26 日公布施行的《中华人民共和国环境保护法》为中国城市环境治理的信息公开政策工具的选择提供了制度空间。2007 年 4 月 11 日公布的《环境信息公开办法（试行）》直接为中国城市环境治理的信息公开政策工具的选择提供了文本支持。1996 年 3 月听证制度在中国首次建立起来，它为中国城市环境治理的环境听证政策工具的选择提供了间接的可能。《环境保护行政许可听证暂行办法》和《环境行政处罚听证程序规定》

① 聂国卿：《我国转型时期环境治理的经济分析》，中国经济出版社 2006 年版，第 83 页。

② 同上书，第 90 页。

③ ［美］丹尼尔·H. 科尔：《污染与财产权——环境保护的所有权制度比较研究》，严厚福、王社坤译，北京大学出版社 2004 年版，第 80 页。

则为中国城市环境治理的环境听证政策工具的选择提供了直接的可能。中国的信访制度建立于 1951 年 6 月。信访制度的建立为环境信访制度的建立奠定了基础。1997 年 4 月 29 日和 2006 年 6 月 24 日国务院环境保护行政主管部门发布了《环境信访办法》，中国城市环境治理的环境信访政策工具选择的制度容量由此增大。

（三）促进中国城市公众环保参与需要选择信息型政策工具

城市公众是城市环境质量改善的重要推动力量。城市环境污染产生的负面效应使城市公众有了参与城市环境治理的动力。城市环境治理工作或城市环保工作没有城市公众的参与，很难走远。由于公众环保参与是政治参与的一种具体表现，或者说是政治参与的一种更新的形式，①作为公众环保参与的一个组成部分，中国城市公众环保参与无疑是一种政治参与。促进这一参与，需要选择一定的信息型政策工具。

从理论层面看，促进中国城市公众环保参与需要选择信息型政策工具。这是因为“信息的供给和分享是参与过程的基本要求之一”②，足够的信息是促进政治参与的必要条件之一。戴维·赫尔德在谈到参与式民主时指出，参与式民主的一个基本条件就是开放的信息体系，确保充足信息条件下的决策。③然而，在涉及选举以及更为一般的公共政策问题上，所有个人会合理地保持较少的知情，④原因是搜集有关选举与决策的信息要花钱、费时、耗精力。换言之，信息成本是政治参与的一大障碍⑤。如果政府对信息形成垄断地位，使公众难于计算政治参与的收益，那么多数公众宁愿弃权，也不愿参加公共选择。只有让公众拥有或接近信息，降低其信息成本，他们参与政治的热情才会高些，参与率才会提高。对中国城市环境治理来说，城市公众只有充分了解环境信息，才会积极参与到环境决策中来。因此，促进中国城市公众环保参与需要选择环境信息公开这个政策工具。

从实践层面看，促进中国城市公众环保参与需要选择信息型政策工具。南京市、马鞍山市、贵阳市环境治理方面的实例较好地说明了这一点。在相

---

① 任莉颖：《环境保护中的公众参与》，载王浦劬、赵成根主编《政治与行政管理论丛（第三辑）》，天津人民出版社 2002 年版，第 324 页。

② R. Likert, New Patterns of Management, New York: McGraw - Hill, 1961. p. 243.

③ ［英］戴维·赫尔德：《民主的模式》，燕继荣等译，中央编译出版社 2004 年版，第 341 页。

④ ［澳］布伦南、［美］布坎南：《宪政经济学》，冯克利、秋风、王代、魏志梅等译，中国社会科学出版社 2004 年版，第 23 页。

⑤ ［美］乔·萨托利：《民主新论》，冯克利、阎克文译，东方出版社 1998 年版，第 119 页。

当长的时间内，南京市秦淮河被污染的事实一直存在着，并非无人知晓，只是知道的情况不多、了解的程度不深。这不能使秦淮河环境问题得到广泛的关注。随着城市化进程延伸，大众传媒进入人们的生活。大众传媒拥有深层次、高频度、全方位报道秦淮河环境问题的优势，一旦此问题被纳入环境记者的视野，他们就通过大众传媒将其比较真实、全面、及时地展现在城市公众、城市企业和城市政府面前，吸引城市公众的眼球，引起城市政府的关注。可以说，大众传媒通过报道新闻事件、提供交流平台、追踪事件进展、给出事件处理结果等，完成秦淮河环境问题被少数人察觉、被多数人关注、被相关组织重视、被提上政府议程、被采取行动加以解决的建构过程，从而发挥促进社会监督和扩大公众参与的巨大作用。①正是信息型政策工具有着巨大的作用，促进中国城市公众环保参与就需要选择它。欲使更多的中国城市公众参与到环境治理中来，一个基础性工作就是要解决信息问题，构建一个透明化的、对公众开放的信息平台。马鞍山市的经验恰是如此。为了使公众参与和监督更为有效和全面，在实践中，对环境问题马鞍山市敢于公布，增强了舆论监督的力度。②再则，反面的例子亦可作出说明。如南京市政府在工业项目建设前不向公众公布信息，在项目建设后公布信息但渠道很少，力度不大，从而导致建设项目环境影响评价中的公众参与不足。③又如贵阳市人口超过350万，但贵阳市政府网站关于“整脏治乱”的网上调查参与人数仅有寥寥的629人，这其中，信息传达不到位是原因之一。④这些从另一个侧面表明，促进中国城市公众环保参与需要选择信息型政策工具。

三　中国城市环境治理信息型政策工具选择的机理:行政学视角的考察

中国城市环境治理信息型政策工具选择的政治机理或政治逻辑本来包括

① 江莹:《互动与整合:城市水环境污染与治理的社会学研究》，东南大学出版社2007年版，第176页。

② 王华、曹东、王金南、陆根法等:《环境信息公开:理念与实践》，中国环境科学出版社2002年版，第108页。

③ 余小丽:《城市规划环境影响评价中的信息公开与公众参与——南京市现状分析》，《中国商界》2010年第4期，第232—233页。

④ 张燕平:《城市治理脏乱公共管理体系的构建——以贵阳市“整脏治乱”公共管理体系构建为例》，经济科学出版社2008年版，第76页。

其行政逻辑。为了深入考察中国城市环境治理信息型政策工具选择的行政逻辑，笔者将其分离出来，以行政学为视角考察中国城市环境治理信息型政策工具选择的机理或逻辑。基于信息与效率呈正相关关系[①]、“信息提供行使权力的能力”[②] 的考虑，行政学视角下对中国城市环境治理信息型政策工具选择的机理或逻辑的具体考察定位于政府环境治理效率向度和政府环境治理能力向度。

（一）政府环境治理效率向度的考察

行政学视角下中国城市环境治理信息型政策工具选择的机理或逻辑表现在多向度上，政府环境治理效率是向度之一。政府环境治理效率是政府环境治理产出与政府环境治理投入的比率。在提高政府环境治理效率上，社会公众对政府的信任和认同具有积极作用。

社会公众对政府的认同即政府合法性。“合法性意味着某种政治秩序值得认可的价值”[③]，它“只是简单地要求一定程度的默认和对政治秩序总体上的合理性的认可和接受”[④]。社会公众对政府的认同来自于公众的信任。“最稳定的支持还是来源于成员相信，对他来说，承认并服从当局、尊奉典则的要求是正确的和适当的”；“不管成员对当局行动是否明智有何感想，服从都将从对政治秩序适当性的某些起码信任中产生”。[⑤]也就是说，社会成员的信任是合法性的源泉。[⑥]社会公众对政府的信任和认同有利于提高政府治理效率，包括政府环境治理效率。罗伯特 D. 帕特南指出，对于政治稳定、政府效率甚或是经济进步，社会资本，如信任、规范和网络，或许甚至比物质和人力资本更为重要。[⑦]由于政府治理投入的减少对政府治理效率的提高有着直接的作用，所以以下两种观点也可以说明社会公众对政府的信任和认同有

---

① Daniel Patrick Moynihan, The Culture of Secrecy, Public Interest, 1997, (2): 55.

② ［美］丹尼斯 C. 缪勒：《公共选择理论》，杨春学等译，中国社会科学出版社 1999 年版，第 305 页。

③ Jurgen Harbermas, Communication and the Evolution of Society, Boston: Beacon Press, 1979, p. 178.

④ ［美］罗伯特·杰克曼：《不需暴力的权力——民族国家的政治能力》，欧阳景根译，天津人民出版社 2005 年版，第 127 页。

⑤ ［美］戴维·伊斯顿：《政治生活的系统分析》，王浦劬等译，华夏出版社 1999 年版，第 335—337 页。

⑥ 同上书，第 346—347 页。

⑦ ［美］罗伯特 D. 帕特南：《使民主运转起来——现代意大利的公民传统》，王列、赖海榕译，江西人民出版社 2001 年版，第 199—215 页。

利于提高政府治理效率。作为合法影响力的权威“不仅比赤裸裸的强制可靠和持久，而且还能使统治者用最低限度的政治资源进行治理”[①]。“如果大多数公民都确信权威的合法性，法律就能比较容易地和有效地实施，而且为实施法律所需的人力和物力耗费也将减少。”[②]诚然，社会公众对政府的信任和认同具有提高政府治理效率的功能。反过来说，提高政府治理效率需要社会公众对政府的信任和认同。作为政府治理效率的一个部分，城市政府环境治理效率的提高自然需要社会公众对城市政府的信任和认同。中国城市政府环境治理效率的提高同样如此。

提高中国城市政府环境治理效率需要社会公众对中国城市政府的信任和认同。而社会公众对政府的信任和认同与信息有着密切关系。尼克拉斯·卢曼对此作了颇为精辟的论述：“一般说来，信任者在他关于世界的主观图像中寻找关于信任是否得到证明的某些客观线索。若没有任何以往的信息，信任几乎是不可能的；恰恰因为它对信息进行透支，它依赖于信任者已经熟悉某些基本特点，已是见多识广的，即使这些信息还不完全，不可靠。”[③]因此，提高中国城市政府环境治理效率需要选择信息型政策工具。贵阳市“整脏治乱”行动提供了佐证。贵阳市的“整脏治乱”取得了一定的成效，但与“整脏治乱”行动的总体要求还有一定距离。[④]差距部分地源于贵阳市政府在引导公民文明行为的宣传工作[⑤]方面做得不够。提高“整脏治乱”行动的效率需要通过积极宣传引导公民文明行为，发挥公民“整脏治乱”的主体作用。

进一步说，根据系统论的观点，城市环境治理过程是由一个个治理主体的行为构成的。城市政府环境治理的效率来自于每个治理主体行为的有效性和各个治理主体行为之间的协调运作而达到的整个系统的高效运转。城市环

---

① ［美］罗伯特·A. 达尔：《现代政治分析》，王沪宁译，上海译文出版社 1987 年版，第 77 页。

② ［美］加布里埃尔·A. 阿尔蒙德、小 G. 宾厄姆·鲍威尔：《比较政治学：体系、过程与政策》，曹沛霖等译，上海译文出版社 1987 年版，第 36 页。

③ ［德］尼克拉斯·卢曼：《信任——一个社会复杂性的简化机制》，瞿铁鹏、李强译，上海世纪出版集团、上海人民出版社 2005 年版，第 42—43 页。

④ 张燕平：《城市治理脏乱公共管理体系的构建——以贵阳市“整脏治乱”公共管理体系构建为例》，经济科学出版社 2008 年版，第 32 页。

⑤ 根据前文，宣传是一种信息公开。同时，宣传也是一种劝诫手段。引导公民文明行为的宣传有助于公民认同政府的治理行动。

境治理体系具有整体性。城市政府行为和其他治理主体的行为之间是相互联系的。若城市政府不公开环境决策信息，影响环境政策制定的因素就会相对少一些，因为减少了冲突。但是，从城市环境治理的全过程看，由于城市政府不公开环境决策信息，其环境决策过程缺乏利益充分表达的冲突协调过程，这势必增加环境政策执行的难度，进而给城市政府环境治理效率造成不利影响。相反，如果城市政府能够将环境决策过程公开，让广大市民积极参与，就能制定出更科学、更符合市民需要的环境政策。这样的环境政策的制定权衡了方方面面的利益，它更容易被接受并得到有效的执行。事实的确如此。马鞍山市在制定全市20世纪90年代经济与社会发展战略构想时，发动百万市民开展大讨论，确立了经济、社会、环境良性发展的战略指导思想；在1990—2000年环境保护规划的研究与编制过程中，发动了市环境科学学会的数百名会员对规划进行分析、比较、研究和论证。[①]公开环境决策过程，让市民参与环境决策过程使马鞍山市的污染防治政策获得认同并得到有效的执行。所以，从环境政策的执行看，提高中国城市政府环境治理效率需要选择信息型政策工具。

（二）政府环境治理能力向度的考察

行政学视角下中国城市环境治理信息型政策工具选择的机理或逻辑表现在多向度上，政府环境治理能力是另一向度。政府环境治理能力是指为完成政府环保职能规范的目标和任务，拥有一定的公共权力的政府组织所具有的维持本组织的稳定存在和发展，并有效地治理环境的能量和力量的总和。政府环境治理能力是一个综合的概念，它包括政府环境政策能力、政府环境监管能力、政府环境正义维护能力和政府环境制度创新能力等。政府环境治理能力向度于是分为四个亚向度。政府环境治理能力向度上对中国城市环境治理信息型政策工具选择的政治逻辑的考察便寓于政府环境政策能力亚向度上、政府环境监管能力亚向度上、政府环境正义维护能力亚向度上和政府环境制度创新能力亚向度上对中国城市环境治理信息型政策工具选择的政治逻辑的考察当中。[②]

1．政府环境政策能力亚向度的考察

① 王华、曹东、王金南、陆根法等：《环境信息公开：理念与实践》，中国环境科学出版社2002年版，第108页。

② 邓集文：《中国城市环境治理信息型政策工具选择的政治逻辑——政府环境治理能力向度的考察》，《中国行政管理》2012年第7期，第116—120页。

广泛获取数据支持民主决策。[1]只有在行政机构占有能够说明问题的完整的信息资料的情况下才能进行选择。所以，行政机构应尽可能多收集有关国家机关运转状况、行政管理机构与被治理者的关系、公众的现实需要和未来需要方面的信息。这样的信息收集应当有助于政治权力做出正确的政策选择。[2]同理，信息收集有助于提升城市政府环境政策制定能力。为此，中国城市政府需要选择环境监测、环境统计、企业环境信息公开、环境听证、环境信访等政策工具来收集环境决策信息。如广东省佛山市需要选择环境听证来收集制定《禅城区城市容貌标准》的信息，上海市环境保护和环境建设协调推进委员会办公室需要选择环境信访来收集制定第三轮环保行动规划的信息。

环境信息收集和公开能为中国城市政府执行环境政策提供所需的各类信息。真正做到环境信息收集的准确、高效，就必然在环境政策执行中占据先机和优势。把有关环境政策执行的信息公之于众，能够增强社会公众对环境政策的信任，因为“信任的理由有一种知识论的性质：它们归结为信任者获得的关于被信任者的一定的知识和信息”，“正确地给予信任的可能性随着关于被信任者的信息的数量和种类的增加而提高”[3]。更多的公众信任和认同有助于环境政策的顺利执行。上海市顺利完成了第二轮环保行动计划的一个重要原因就是确定了环境信息收集和公开机制。上海市环境保护和环境建设协调推进委员会办公室每季度编印一期《上海市环境保护和建设工作简报》。对于严重影响推进工作的重大问题，编写情况专报，做到一事一报。在“上海环境”政府网站上设立专栏，向市民报告进展情况，建立信箱，欢迎市民参与监督和献计献策。[4]环境信息收集和公开机制使第二轮环保行动计划的实施具备了一定的条件，使其实施获得了公众的支持，进而有利于第二轮环保行动计划的顺利完成。可见，提升中国城市政府环境政策执行能力需要选择信息型政策工具。

---

① G. David Garson, Public Information Technology: Policy and Management Issues, Hershey, London: Idea Group Publishing, 2003. p. 96.

② ［法］夏尔·德巴什：《行政科学》，葛智强、施雪华译，上海译文出版社2000年版，第16—101页。

③ ［波兰］彼得·什托姆普卡：《信任——一种社会学理论》，程胜利译，中华书局2005年版，第94页。

④ 刘淑妍：《公民参与导向的城市治理——利益相关者分析视角》，同济大学出版社2010年版，第189页。

再者，修正环境政策需要反馈回来的新信息。通过不断收集、加工和传输新的环境信息，环境政策修正得以持续进行，政府环境政策修正能力随之提高。而确保从尽可能多的方面收集反馈的唯一方式，是将政策过程设定在一个自由民主制的框架内，其中不同的利益团体和行为者都能够无所顾忌地提出他们的意见①。据此推断，提升中国城市政府环境政策修正能力需要选择环境信息公开、环境听证、环境信访等信息型政策工具。厦门PX项目的停建折射出这一点。2006年7月，国家发改委批准总投资额达108亿元的PX项目落户厦门市海沧区。2007年全国两会期间，全国政协委员、中国科学院院士赵玉芬和105名政协委员联名签署《关于厦门海沧PX项目迁址的建议》，提出厦门海沧PX项目在选址方面存在严重环保安全问题，应暂缓该项目建设。接着，厦门市民在厦门著名的网络社区上展开了关于PX项目的热烈讨论，表达了自己对该项目环境风险的忧虑，引起了国内外广泛关注。2007年6月7日，由国家环保总局组织各方专家，就PX项目对厦门市进行全区域总体规划环评。随后按照《环境影响评价公众参与暂行办法》将环评报告的简本予以公示，使公众了解到包括城市副中心规划和化工区规划明显矛盾，以及投资商先前的一个项目未能符合环保法规等重要信息。12月5日环评报告进入公众参与阶段，在两场座谈会上，近九成的市民代表坚决反对PX项目上马。最终福建省政府和厦门市政府决定顺应民意，停止在厦门海沧区兴建PX项目，将该项目迁往漳州古雷半岛兴建。

2. 政府环境监管能力亚向度的考察

政府环境监管即政府环境监督管理。“监督（surveillance）是信息方式中一个主要的权力形式。”②政府环境监督是政府通过获得监督对象的环境信息，并将反馈信息传输给被监督者，达到干预被监督者行为的目的。政府环境管理的有效性“取决于能不能获得充分的信息”③。可以说，政府环境监管机制的形成离不开环境信息的收集和传递，只有掌握足够的环境信息，才能进行有效的环境监管，环境信息不对称消除得越多，环境监管就越全面、越有力。看来，掌握市场主体的各类环境信息有利于提升政府环境监管能

① ［澳］约翰·德赖泽克：《地球政治学：环境话语》，蔺雪春、郭晨星译，山东大学出版社2004年版，第124—125页。

② ［美］马克·波斯特：《信息方式——后结构主义与社会语境》，范静哗译，商务印书馆2000年版，第118页。

③ ［美］马修·卡恩：《绿色城市》，孟凡玲译，中信出版社2008年版，第56页。

力。正因为如此，中国城市政府需要选择环境监测、环境信息公开、环境认证、环境听证、环境信访等政策工具以提升自身的环境监管能力。这方面亦有事实为证。为提升环境监管能力，重庆市加强环境监测体系建设。为强化环境监管，国家环保局自 1996 年开始进行环境管理体系认证的试点工作；1997 年 13 个城市（区）又先后被批准作为实施 ISO14000 标准试点城市；目前廊坊市、本溪市和苏州、大连、无锡锡山、北京、秦皇岛、杭州、广州、宁波等开发区已经建立起 ISO14000 环境管理体系。为有效杜绝污染企业的偷排行为，广东省花都市环保局除了在企业内排口竖上排污标识牌外，还在企业污水排至河涌的出水口上设置监督牌，公布排污企业的名称和市环保局的污染投诉电话，鼓励群众对污染行为进行监督。为了使群众监督和专业监督有机结合起来，安徽省马鞍山市在环境监理总站设立信访科，负责处理群众污染问题的信访案件，接待群众举报。①

需要另加说明的是，提升中国城市政府环境危机管理能力需要选择信息型政策工具。松花江污染事件就是例证。2005 年 11 月 13 日，松花江发生重大水污染事件。在松花江污染事件发生后的数天内，国家环保总局没有接到任何关于这起重大环境污染事件的信息；直到处于下游的哈尔滨市政府公告全市停水时，才知晓松花江污染的有关情况。11 月 21 日早上，哈尔滨市人民政府发布了《关于对市区市政供水管网设施进行全面检修临时停水的公告》，公告称，自 2005 年 11 月 22 日中午 12 时起，市人民政府决定对市区市政供水管网设施进行全面检修并临时停止供水，时间约为 4 天。这份害怕引起恐慌的公告却恰恰引起了市民的恐慌。面对市民的恐慌状态，11 月 21 日下午，哈尔滨市政府不得不紧急召集有关部门参加紧急会议，最终拟定了第二个停水公告。当晚，哈尔滨市政府通过媒体公布了断水的真正原因，各机关、单位也先后接到了这份重新发布的停水公告。随着停水真相的公布和外地桶装饮用水源源不断地进入哈尔滨，恐慌气氛渐渐在市民中平息，危机逐步得到有效的控制。哈尔滨的经验表明提升中国城市政府环境危机管理能力需要选择环境信息公开这一政策工具。

3. 政府环境正义维护能力亚向度的考察

环境领域中政府的天职在于以正义价值准则平衡各种环境利益关系，并

① 王华、曹东、王金南、陆根法等：《环境信息公开：理念与实践》，中国环境科学出版社 2002 年版，第 108—116 页。

化解环境利益矛盾和冲突，维护环境正义。[①]这无疑适用于中国城市政府。为了更好地履行环境职责，中国城市政府需要提高维护环境正义的能力。而提升中国城市政府环境正义维护能力需要选择一定的信息型政策工具。理由是正义关涉公开性。“如英谚所云，正义不但要被伸张，而且必须眼见着被伸张。这并不是说，眼不见则不能接受；而是说，没有公开则无所谓正义。”[②]“一种公平的程序必须是一种开放的程序，在其中运用的规则和标准对它们所运用的人们而言是透明的。”[③]彼得·斯坦等也强调：“公平的实现本身是不够的。公平必须公开地、在毫无疑问地被人们所能够看见的情况下实现。这一点至关重要。”[④]而且，由于正义具有他律性、非人格性，政府需要通过一定的制度安排，保障正义规范得到普遍的和有效的实施，促进正义的实现。这些制度也与公开性密不可分。正如罗尔斯所言，一个制度是一种公开的规范体系；一种制度，其规范的公开性保证介入者知道对他们互相期望的行为的何种界限以及什么样的行为是被允许的。[⑤]因此，提升中国城市政府环境正义维护能力需要选择环境信息公开这个政策工具。此逻辑在目前中国城市环境治理的实践中得到了一定的遵循。各省市、自治区、直辖市的环境行政部门根据《中华人民共和国环境保护法》每年发布环境质量公报；各城市发布城市空气质量日报、周报和预报。

建设生态文明，建立生态社会离不开公众的参与。“要想成功地建立生态社会，甚或实现某些有益于环境的改良，必须拥有权力，去影响公共政策，影响政治经济生活的组织与开展。因此，基层民主并非一项单纯影响政策的战略。以珍重地球为己任的一场运动和一个社会必定会珍重栖息于地球的每一个人，它们定会赋予全体人以权力，使之积极参与到建设自己幸福、实现自己抱负的事业中。”[⑥]公众环保参与同政府环境正义维护能力的提高呈

---

① 密佳音：《基于环境正义导向的政府回应——兼论政府回应型环境行政模式的初步架构》，吉林大学2010年博士学位论文，第49页。

② ［美］伯尔曼：《法律与宗教》，梁治平译，中国政法大学出版社2003年版，第21—22页。

③ ［英］戴维·米勒：《社会正义原则》，应奇译，江苏人民出版社2001年版，第110页。

④ ［英］彼得·斯坦、约翰·香德：《西方社会的法律价值》，王献平译，中国法制出版社2004年版，第112页。

⑤ ［美］约翰·罗尔斯：《正义论》，何怀宏、何包钢、廖申白译，中国社会科学出版社1988年版，第54—56页。

⑥ ［美］丹尼尔·A. 科尔曼：《生态政治：建设一个绿色社会》，梅俊杰译，上海译文出版社2006年版，第113—114页。

正相关关系，因为公众环保参与可以有效地避免出现错误的政府环境决策损害环境正义。在政府环境决策过程当中，大量的公众参与环境政策的制定过程可以增加利益考量因子，促使政府审慎地比较和权衡拟议中的环境决定对社会各成员、社区和群体不同的利益影响以及相应的矫正、补偿措施的有效性，避免出现错误的环境决策危及千千万万人的生存、生产和生活。这样说来，提升中国城市政府环境正义维护能力需要公众环保参与。而拥有必要的信息是参与的必要条件[①]；拥有许多信息的人将参与更多[②]。因此，提升中国城市政府环境正义维护能力需要选择信息型政策工具。

环境行政救济有助于实现环境正义。环境行政诉讼是环境行政救济的一条途径。在环境行政诉讼中，相比之下，行政相对人在信息上处于弱势地位。实行环境行政程序公开（环境信息公开的一种重要形式），弱势的行政相对人就可以有机会了解更多的环境诉讼权利、查找更多的证据，加大弱势行政相对人的对抗性，尽量使环境行政诉讼中的控辩双方的诉讼武器对等。进一步说，环境信息公开本身就是环境行政救济的途径之一。《环境信息公开办法（试行）》的实施成功地开启了一扇通往环境行政救济的窗口。缘此，中国城市政府需要实行环境信息公开以提高其维护环境正义的能力。作为收集环境信息的一种重要手段，环境信访是环境行政救济的又一条途径，它包括环境污染举报、环境污染投诉等。事实证明，中国城市政府需要运用它进行环境治理。比如，2000 年 6 月浙江省富阳市在全国首次建立了环境污染有奖举报制度，取得了很好的效果，两年里市内企业治污自觉性不断提高，治污设施运转率达到 95% 以上，局部地区环境质量得到明显提高，环境整体面貌大为改观。[③]随后一些省市为了更好地控制企业的排污行为，先后推广了这一制度。而今，这一制度在一些地方已日趋完善，在促进公众环境污染举报上发挥着重要作用。全国众多的环境违法案件能够及时被发现并得到查处，得益于各级政府的重视、有关执法部门的依法行政和新闻媒体的舆论

① ［美］卡罗尔·佩特曼：《参与和民主理论》，陈尧译，上海人民出版社 2006 年版，第 72 页。

② ［美］凯斯·R. 桑斯坦：《信息乌托邦——众人如何生产知识》，毕竟悦译，法律出版社 2008 年版，第 114 页。

③ 李子田等：《公众参与环保的有效途径：环境污染举报》，《北方环境》2004 年第 2 期，第 36—39 页。

监督，更得益于广大群众积极参与对违法行为的举报、投诉。[①]

4．政府环境制度创新能力亚向度的考察

中国城市政府在进行环境制度创新时不仅需要解放思想，大胆创新，还需要认真开展调查研究，结合本地的实际情况，科学创新。这就要求中国城市政府必须充分了解本地环境方面的有关信息，减少环境制度创新过程的不确定性，提高环境制度创新的有效性，中国城市政府环境制度创新的信息需求由此形成。而政府环境制度创新过程的不确定性的减少和政府环境制度创新的有效性的提高是政府环境制度创新能力提升的重要表现。因此，提升中国城市政府环境制度创新能力需要选择信息型政策工具。

为了提升环境制度创新能力，中国城市政府必须考虑社会现实和市民意愿，因而具有对于市民意愿的信息需求。它必须认真了解全体市民的要求，在制定环境发展规划、有关环境法律法规制度时充分考虑公平与效率的平衡和各方利益的均衡。它必须多渠道地听取市民的意见和建议。“许多革新建议来自于组织外部人士的沟通。这些外部交流的次数一般不如内部沟通频繁，而且参与方很少存在共同点，但由于外部沟通的网络中汇集了各种新的想法，其影响非但不会减弱，反而会带来更大的促进作用。”[②]近些年来，中国的许多城市政府举行环境听证、开展环境调查、利用环境信访来收集市民意愿或建议的信息，其环境制度创新能力由此得到提升。实践证明，提升中国城市政府环境制度创新能力需要选择信息型政策工具。其中，北京市和上海市的做法就是突出的例证。

北京市的烟花爆竹由“禁”到“限”《上海市绿化条例》的出台充分印证了提升中国城市政府环境制度创新能力需要选择信息型政策工具。1993 年 10 月 12 日，北京市十届人大常委会第六次会议通过了《北京市关于禁止燃放烟花爆竹的规定》。北京市在制定烟花爆竹“禁放令”时，很少考虑到市民的意愿和要求，导致“禁放令”一直得不到有效的贯彻。于是北京市政府不得不重新考虑其规定。2005 年 8 月 14 日，北京市人大法制委员会对《北京市烟花爆竹安全管理条例（草案）》中群众普遍关注的问题召开了立法听证会，最终听取了大多数群众的意见，由“禁”到“限”成了绝大多数赞

---

① 匡立余：《城市生态环境治理中的公众参与研究》，武汉大学 2006 年优秀硕士学位论文，第 49 页

② ［美］多丽斯·A. 格拉伯：《沟通的力量——公共组织信息管理》，张熹珂译，复旦大学出版社 2007 年版，第 166 页。

成通过的新规定。从2003年6月18日开始，第十三届上海市长宁区人大代表唐秋生带领调查组开展了历时4个月的社区环境调查，发现当时绿化方面的法规的不适应性。于是唐秋生将调查报告交给上海市十二届人大代表刘正东。2004年1月，上海市十二届人大二次会议上，刘正东领衔向大会提交了议案，建议修订绿化条例。2006年12月14日，上海市人大常委会首次将立法听证会开进居民小区，听证内容是绿化条例的修订草案。2007年1月17日，上海市十二届人大常委会第33次会议全票通过了《上海市绿化条例》。[①]

四　考察的结论:命题被证成

政治因素是影响政策工具选择的政策情境之一[②]，且环境治理涉及政治问题，本文由此提出中国城市环境治理信息型政策工具的选择有其自身的政治机理或逻辑这一命题。该命题的提出将政治学视角框定为考察视角。通过考察发现，无论是在理论层面上，还是在实践层面上，中国城市环境治理信息型政策工具的选择有其政治机理或逻辑，即中国民主政权形式影响城市环境治理信息型政策工具的选择，政治可行性影响中国城市环境治理信息型政策工具的选择，促进中国城市公众环保参与需要选择信息型政策工具。所以，无论从理论层面还是实践层面来考察，政治学视角下中国城市环境治理信息型政策工具的选择有其机理或逻辑这一命题都能被证成。

由于政治包含行政、政治学视角包含行政学视角，行政学视角下中国城市环境治理信息型政策工具的选择有其机理或逻辑这一命题便是政治学视角下中国城市环境治理信息型政策工具的选择有其机理或逻辑这一命题的子命题。通过考察发现，无论是在理论层面上，还是在实践层面上，行政学视角下中国城市环境治理信息型政策工具的选择有其机理或逻辑，即提高中国城市政府环境治理效率，提升中国城市政府环境政策能力、政府环境监管能力、政府环境正义维护能力和政府环境制度创新能力需要选择信息型政策工具。所以，无论从理论层面还是从实践层面来考察，行政学视角下中国城市

① 黄文芳等：《城市环境：治理与执法》，复旦大学出版社2010年版，第104—110页。

② M. Louise, B. Videc, Introduction: Policy Instrument choice and Evaluation, in Carrots, Sticks & Sermons , Policy Instruments & Their Evaluation, New Brunswick, NJ: Transaction, 1998, p. 13.

环境治理信息型政策工具的选择有其机理或逻辑这一命题都能被证成。

以政治学和行政学为视角进行考察，得出上述结论。因此，我们应当贯彻党的十六届五中全会提出建设“两型社会”的精神，把握中国城市环境治理信息型政策工具选择的政治（行政）机理，促进中国的“两型城市”建设；我们应当贯彻党的十八大报告提出建设“美丽中国”的精神，遵循中国城市环境治理信息型政策工具选择的政治（行政）逻辑，推进中国的“美丽城市”建设。

第四章　中国城市环境治理信息型政策工具设计的模式

政策工具的选择与政策工具的设计之间既有联系又有区别。在考察了中国城市环境治理信息型政策工具选择的机理后，有必要探究中国城市环境治理信息型政策工具设计的模式。展开探究之前，先来了解一下模式的内涵。关于模式，学者们的理解有所差异。按照《现代汉语词典》的解释，模式是某种事物的标准形式或使人可以照着做的标准样式。①李述一、姚休对模式的诠释与中国社会科学院语言研究所词典编辑室的诠释存在相似的地方，但还加入了自己的理解。李述一、姚休提出，模式是一定事物通过自身程式化的努力使之形成同类事物的样式或典范。②在何谓模式的问题上，马克斯·韦伯的《社会科学方法论》以相当的篇幅作了深入的阐述。依韦伯之见，逻辑意义上和实践意义上的理想类型亦即模式类型。③换句话说，韦伯把逻辑意义上和实践意义上的理想类型看作模式类型。因此，韦伯对理想类型的论述相当于其对模式的论述。他指出，理想类型是一种思维建构的抽象概念，它由相互联系的要素组成，它不会以纯粹形态存在于现实中，也没有完全的经验例证与其相对应，但它绝不是随研究者的主观意志想象出来的。它是研究者透过对具体问题的经验分析，参考对现实因果关系的了解而给予的高度抽象。其目的不是单纯地拷贝社会现实，而是作为比较和衡量社会现实的概念手段，以便成为引导人们达到认识社会现象的指示。④理想类型具有相对性和暂

---

① 中国社会科学院语言研究所词典编辑室编：《现代汉语词典（第6版）》，商务印书馆2012年版，第913页。

② 李述一、姚休主编：《当代新观念要览》，杭州大学出版社1993年版，第456页。

③ ［德］马克斯·韦伯：《社会科学方法论》，韩水法、莫茜译，中央编译出版社2002年版，第47页。

④ 邓刚宏：《论我国行政诉讼功能模式及其理论价值》，《中国法学》2009年第5期，第53—65页。

时性的特点。一方面它表明自身是从某一个或一些观点出发而形成的一种理想构想，决不代表唯一可能的观点和见解；另一方面，随着实际认识的获得，原有的理想类型当然就不再有效，为了达到更深入的认识，就需要构造更新的理想类型，这种理论结构的不断更替既促进了对实在的认识的进展，也是这种进展的表现。[①]邓刚宏梳理了学术界对模式的观点，采用置换方式，即以模式一词替代理想类型一词的方式对韦伯的理想类型理论进行了描述，并提出了自己的主张。他认为，从社会科学的角度来看，模式是系统化解决问题的方案所呈现出的总体风格。其包括目的结构、实现目的的方法、手段、措施和途径等基本要素。[②]就方法论而言，马克斯·韦伯和邓刚宏的理解具有可取之处，能够为我们所认同。由于模式能够简化我们对问题的认识，因而我们可以把中国城市环境治理的信息型政策工具设计的模式作为研究中国城市环境治理信息型政策工具的一项重要内容。如前所述，中国城市环境治理的信息型政策工具主要有环境监测、环境统计、环境信息公开、环境标志或标签计划（包括环境认证）、环境听证、环境信访与 GPS 全球定位系统等类型。中国城市治理主体运用一定的模式对上述工具进行设计。考虑到“与其他领域一样，环境领域中的大多数故事情节都强烈地依赖于隐喻”[③]，本章从公共行政隐喻的视角来探究中国城市环境治理信息型政策工具设计的模式。[④]

一　公共行政的隐喻:一种分析视角

隐喻（metaphor）不仅是一种语言现象，还是一种认知现象。古希腊哲学家亚理斯多德[⑤]开创对隐喻研究的先河。他在《诗学》和《论修辞》中对

---

① ［德］马克斯·韦伯:《社会科学方法论》，韩水法、莫茜译，中央编译出版社 2002 年版，汉译本序第 19 页。

② 邓刚宏:《论我国行政诉讼功能模式及其理论价值》，《中国法学》2009 年第 5 期，第 53—65 页。

③ ［澳］约翰·德赖泽克:《地球政治学:环境话语》，蔺雪春、郭晨星译，山东大学出版社 2004 年版，第 19 页。

④ 邓集文、施雪华:《中国城市环境治理信息型政策工具设计的模式——公共行政隐喻的视角》，《南京社会科学》2012 年第 3 期，第 88—93 页。

⑤ 学术界通常将 Aristotle 译为亚里士多德，但人民文学出版社的《诗学 诗艺》的译者将 Aristotle 译为亚理斯多德，为了与引用文献一致，本文使用“亚理斯多德”一词。

隐喻的性质、作用与阐释方法作了深入的探讨。他认为，隐喻是“给一事物以属于其他事物的名称”[①]，“隐喻字是属于别的事物的字，借来作隐喻，或借‘属’作‘种’，或借‘种’作‘属’，或借‘种’作‘种’，或借用类同字”[②]。西方学者在亚理斯多德的基础上，发展并丰富了隐喻研究。在黑格尔看来，隐喻是一种完全缩写的显喻，它还没有使意象和意义互相对立起来，只托出意象，意象本身的意义却被勾销掉了，而实际所指的意义却通过意象所出现的上下文关联使人直接明确地认识出，尽管它并没有明确地表达出来。[③]随着隐喻研究的发展，现代隐喻研究已超出了修辞层面，上升到了认知领域。对隐喻的认知特征进行全面研究的是乔治·莱可夫和马克·约翰逊。他们合著的《我们赖以生存的隐喻》标志着隐喻研究已全面进入了认知语言学领域。莱可夫和约翰逊提出：“隐喻的本质是通过彼事物来理解和体验此事物。”[④]唐纳德·戴维森从语言使用的角度对隐喻进行考察和认识，认为隐喻“暗示”并且“唤起注意”，“引发”并且促使我们“把一物视为另一物”[⑤]。笔者在概念的界定上认同亚理斯多德对隐喻的描述，在概念的使用上认同莱可夫等关于隐喻的观点，认为隐喻是用另一事物来指一事物，其基本的表达方式为“A 是 B”。

隐喻全面进入认知语言学领域后，它又在社会学、政治学、公共行政学和公共政策学等诸多领域得到广泛的应用。因为隐喻跟范式一样，能够为人们提供一种意象与框架来理解、规范甚至建构或者重构社会现实。所以，“假如你具有这方面的敏感性，你将可以发现，它们无处不在。人们常用的一个隐喻就是，将社会制度看作具有生命的有机体。据说社区或群体是有‘自身的生命’的，而组织是有‘自身目标’的”[⑥]。在政治领域中，人们常常借助于各式各样的隐喻来理解复杂的政治现象，如将政治体制理解为一台

① ［英］戴维·E. 库珀：《隐喻》，郭贵春、安军译，上海科技教育出版社 2007 年版，第 10 页。

② ［古希腊］亚理斯多德、［古罗马］贺拉斯《诗学 诗艺》，罗念生、杨周翰译，人民文学出版社 1962 年版，第 73 页。

③ ［德］黑格尔：《美学（第二卷）》，朱光潜译，商务印书馆 1979 年版，第 126 页。

④ George Lakoff, Mark Johnson, Metaphors We Live by, Chicago: Chicago University Press, 1980. p. 5.

⑤ ［英］戴维·E. 库珀：《隐喻》，郭贵春、安军译，上海科技教育出版社 2007 年版，第 86 页。

⑥ ［美］德博拉·斯通：《政策悖论：政治决策中的艺术》（修订版），顾建光译，中国人民大学出版社 2006 年版，第 156 页。

由一些工作零件组成的机器①。在公共行政领域中，人们常常借助于各式各样的隐喻来理解复杂的公共行政现象（包括公共政策过程、政策工具的设计），如将行政组织看作具有生命的有机系统②，将政府管制描述成楔子（意涵即一旦它们在门缝中间插上一只脚，管制者就会得寸进尺。楔子的隐喻告诉我们的是，一个看来很小的开端，有可能造成巨大的后果），将解决贫穷问题、癌症病问题、饮酒驾车或者文盲问题分别说成“向贫穷宣战”“向癌症宣战”“继续进行针对饮酒驾车或者文盲的战役”（战争的隐喻被吸收到了政策语言中）③ 等。

的确，隐喻是无所不在的，它经常被用来帮助我们理解复杂的公共行政现象。在公共行政学领域，隐喻属于 R. 波伊德所说的理论建构型隐喻。理论建构型隐喻是“那些通过隐喻表达来建构至少在一段时间内是一个科学理论的语言机制的不可替代的部分”④。作为公共行政话语的组成部分，“公共行政是一种科学”“公共行政是一种艺术”“公共行政是一种社会设计”是公共行政的三个重要隐喻。当公共行政被视为科学时，它应用科学方法和定量信息；当公共行政被视为艺术时，它强调功能协调、领导技巧、协商谈判、冲突解决、决策制定和问题解决；当公共行政被视为社会设计时，它强调公民参与的重要性。⑤这些隐喻已经充分地影响了公共行政领域的理论和实践，成为我们分析中国城市环境治理信息型政策工具设计模式的一种视角。

二　中国城市环境治理信息型政策工具的理性设计模式：公共行政作为科学隐喻的视角

理性设计模式是公共行政作为科学隐喻的一种表现。公共行政是一种科

① ［美］德博拉·斯通：《政策悖论：政治决策中的艺术》（修订版），顾建光译，中国人民大学出版社 2006 年版，第 157 页。

② 韩志明、谭银：《从科学与艺术到社会设计——公共行政隐喻的后现代转向》，《行政论坛》2012 年第 2 期，第 25—30 页。

③ ［美］德博拉·斯通：《政策悖论：政治决策中的艺术》（修订版），顾建光译，中国人民大学出版社 2006 年版，第 158—161 页。

④ ［美］E. C. 斯坦哈特：《隐喻的逻辑——可能世界中的类比》，黄华新、徐慈华等译，浙江大学出版社 2009 年版，第 10 页。

⑤ ［美］全钟燮：《公共行政的社会建构：解释与批判》，孙柏瑛、张钢、黎洁等译，北京大学出版社 2008 年版，第 58—75 页。

学，这意味着人们应该运用科学的方法来决定程序、解决问题、测量效率和生产力，以及做许多其他应该做的事情，即进行理性设计。理性设计导向假定，行政能力控制了组织环境的所有相关方面，使行政过程和行为变得具有客观性和可预测性。在这种场景下，专家运用技术知识形成知识为基础的设计过程，从而达到既定的目标。理性设计者倾向于根据他们自己的偏好框架来识别社会的价值偏好。他们解决冲突的途径是经过精确计算的，通常遵循博弈理论的逻辑规则。问题解决和变革策略通常包含着科学—理性的技术。① 作为公共行政的一个隐喻，以科学为导向的理性设计模式受到了人们的关注。依赖于科学隐喻的中国行政管理者将理性设计模式应用于城市环境治理方面，对城市环境治理信息型政策工具进行理性设计。中国城市环境治理信息型政策工具的理性设计模式主要从环境监测、环境统计、环境信息公开、环境认证与 GPS 全球定位系统等政策工具的设计上体现出来。

环境监测和环境统计是收集环境信息的主要手段。20 世纪 50 年代，上海、淄博等城市开始开展环境监测工作，中国城市的环境监测工作由此起步。环境监测需要技术，如遥感技术的支持。若缺乏能够支持单个点源监测的技术，政府就无法测量当前的排放水平或持续地监测排放量，确保污染者的排放量没有超过他们的限额。②就此而言，理性设计是环境监测这一政策工具设计的模式。当前中国各城市相继建立了环境监测中心或环境监测站来收集环境信息，以便有效地进行环境治理。1973 年第一次全国环境保护会议以后，北京市、沈阳市和南京市等相继进行了工业污染源调查，各省、市（地区）环境管理机构和环境监测站相继建立，中国城市环境统计工作逐步开展起来。1981 年中国开始推行环境统计制度，城市的环境统计工作随之走上规范化轨道。在城市环境统计工作中，运用统计学的方法和技术进行的统计调查、统计分析与统计预测等，反映的是依赖于科学隐喻的中国城市管理者采取了理性设计模式来对城市环境治理的信息型政策工具进行规划。

中国城市环境治理信息型政策工具的理性设计模式还体现在城市环境综合整治定量考核制度的建立与实施上。城市环境综合整治定量考核制度，是指通过实行定量考核，对城市政府在推行环境综合整治中的活动予以管理和

① ［美］全钟燮：《公共行政的社会建构：解释与批判》，孙柏瑛、张钢、黎洁等译，北京大学出版社 2008 年版，第 69—70 页。

② ［美］丹尼尔·H. 科尔：《污染与财产权——环境保护的所有权制度比较研究》，严厚福、王社坤译，北京大学出版社 2004 年版，第 78 页。

调整的一项环境监督管理制度，是对城市政府环境行为的信息公开。[①]建立与实施该制度需要运用科学—理性的技术，因为它涉及考核指标的设定、评分标准的确定和考核结果的审定。1988年9月，国务院环境保护委员会作出的《关于开展城市环境综合整治定量考核的决定》明确指出，环境综合整治是城市政府的一项重要职责，市长对城市的环境质量负责，把这项工作列入市长的任期目标，并作为考核政绩的重要内容。国务院环境保护委员会要求自1989年1月1日起开展城市环境综合整治定量考核工作。城市环境综合整治定量考核制度自1989年实施以来，实现了中国城市环境治理从定性到定量、从经验到科学的重要转折。

ISO14000环境管理体系认证已经被引入中国的城市环境治理架构之中。国家环境保护局自1996年开始开展ISO14000环境管理体系认证的试点工作。1996年12月10日，国家环境保护局批准厦门市为中国第一个实施ISO14000标准试点城市。1997年国家环境保护局又批准了北京、天津、上海、重庆、苏州、深圳、成都、青岛、本溪等城市为实施ISO14000标准试点城市。目前，廊坊市、本溪市、苏州高新区、秦皇岛经济技术开发区、北京经济技术开发区、苏州工业园区、杭州高新技术开发区、上海漕河泾新兴技术开发区、上海张江高科技园区、[②]大连经济技术开发区、无锡锡山经济开发区、宁波经济技术开发区、广州经济技术开发区等城市（区）已经建立起ISO14000环境管理体系；大量城市企业通过了ISO14001标准[③]认证。环境标志产品认证也已被引入中国的城市环境治理架构之中。中国环境标志产品认证是国内最权威的绿色产品、环保产品认证，代表官方对产品的质量和环保性能的认可，由环境保护部指定中环联合（北京）认证中心（环境保护部环境认证中心）为唯一认证机构，通过文件审核、现场检查、样品检测三个阶段的多准则审核来确定产品是否可以达到国家环境保护标准的要求。中国环境标志产品认证实施以来，众多城市企业生产的产品获得认证。ISO14000

① 王华、曹东、王金南、陆根法等：《环境信息公开：理念与实践》，中国环境科学出版社2002年版，第74页。

② 李在卿主编：《ISO14001：2004区域环境管理体系的建立与实施》，中国标准出版社2005年版，第2—6、202—213页。

③ ISO14001标准是ISO14000系列标准中的一个标准，即环境管理体系标准。因此，在说环境管理体系认证时，如果要用ISO14000来表述，那么表述应为“ISO14000环境管理体系认证”；如果要用ISO14001来表述，那么表述应为“ISO14001标准认证”。ISO14001环境管理体系只证明组织拥有一个合理的环境管理体系，它并不对该组织生产或销售的产品提供证明。

环境管理体系认证对科学和技术是有要求的。环境标志产品认证具有明确的产品技术要求，对产品的各项指标及检测方法有明确的规定。在ISO14000环境管理体系认证和环境标志产品认证中，“对是否尊重标准进行检验，既涉及政府的权限——尊重法律，也涉及技术权限——检验结果是否符合自然规律”[①]。可见，作为中国城市环境治理的一种信息型政策工具，环境认证的设计体现了理性设计模式的应用。

GPS全球定位系统也是中国城市环境治理的一种信息型政策工具。GPS全球定位系统是涉及卫星技术、航天发射技术、卫星遥测及控制技术、无线电及微电子技术、计算机技术等的综合无线电导航系统，它能够为驾驶员提供一些有关最佳路线和最佳停车地点方面的信息。这一系统通过强调良好的运筹安排，即减少寻找和进行路线选择的时间，既节省了燃油和时间，又节省了金钱。[②]燃油的节省有利于减少空气污染。缘此，持科学隐喻观的中国城市政府通过理性设计将GPS全球定位系统应用于环境治理当中。近些年来，GPS全球定位系统在北京、天津、武汉、长沙、镇江、淮北等城市逐步得到广泛的应用。

三　中国城市环境治理信息型政策工具的渐进设计模式:公共行政作为艺术隐喻的视角

渐进设计模式是公共行政作为艺术隐喻的一种表现。“公共行政研究不能视为是严格意义上的自然现象。自然科学的方法不完全适合于公共行政研究。相反，我们首先应该把行政工作和行政安排当作是艺术品，或是人工制品。理解艺术品或人工制品也许需要一些和理解自然现象不同的看法。”[③]跟科学隐喻下行政管理者需要运用科学—理性技术来理解和处理问题不同，公共行政是一种艺术，这意味着行政管理者需要运用政治技巧、经验、想象力与感性等来解决冲突和问题。运用政治技巧、经验、想象力与感性等来解决

① ［法］皮埃尔·卡蓝默、安德烈·塔尔芒：《心系国家改革——公共管理建构模式论》，胡洪庆译，上海人民出版社2004年版，第86页。

② ［瑞典］托马斯·思德纳：《环境与自然资源管理的政策工具》，张蔚文、黄祖辉译，上海三联书店、上海人民出版社2005年版，第356页。

③ ［美］文森特·奥斯特罗姆：《工艺与人工制品》，载迈克尔·麦金尼斯主编《多中心治道与发展》，毛寿龙译，上海三联书店2000年版，第484页。

冲突和问题的过程包含了协调、商议、妥协与交易。协调、妥协与交易不是一蹴而就的，而是逐步达到或达成的，这使得问题的解决具有渐进性。持艺术隐喻观的渐进设计者只关注小规模变化的策略，即只关注在达成一致背景下逐步发生的变化。渐进设计并不那么重视由谁来制定决策，它关注参与者是否致力于持续地说服其他行动者，由此“相互适应”不断展开，民众意识到关乎政策议题的多样化角度，并且发展出有效融合多样性的包容方式。这是行政行为中发挥作用的“艺术可能性”。[①]作为公共行政的一个隐喻，以行政艺术为导向的渐进设计模式清晰地提供了一条在现代公共行政这样复杂的环境中作出变化和解决问题的途径，中国城市环境治理信息型政策工具，如环境统计、环境信息公开、环境听证和环境信访等的设计经由这一途径得以展开。

“政策工具设计代表了一种渐进和历史的发展。”[②]中国城市环境治理信息型政策工具的设计概莫能外。在中国城市环境治理方面，环境统计、环境信息公开的渐进设计模式主要表现为《中华人民共和国统计法》《环境信息公开办法（试行）》的渐进发展。《统计法》的修改是一种增量[③]渐进过程。1983 年 12 月 8 日第六届全国人民代表大会常务委员会第三次会议通过《统计法》，随后于 1996 年 5 月和 2009 年 6 月进行两次修订。拿法律责任来说，1996 年修改的《统计法》有六条规定，其中问责方式大致包括给予行政处分、通报批评、责令改正、处以罚款、承担民事责任和追究刑事责任等。至于这些问责方式的具体规定，则有所欠缺，如对违反有关规定的，究竟给予何种行政处分，究竟处以多少罚款，究竟如何追究刑事责任，法律没有作出具体规定。针对以上问题，2009 年再次修订的《统计法》对法律责任重新作了规定，增加了五条规定。有的问责方式有了具体规定，如第四十一条、第四十二条对处以罚款作了较为具体的规定。但是，一些问责方式仍然没有

---

① ［美］全钟燮：《公共行政的社会建构：解释与批判》，孙柏瑛、张钢、黎洁等译，北京大学出版社 2008 年版，第 71—73 页。

② ［荷］R. 巴格丘斯：《在政策工具的恰当性与适配性之间权衡》，载［美］B. 盖伊·彼得斯、［荷］弗兰斯·K. M. 冯尼斯潘编《公共政策工具：对公共管理工具的评价》，顾建光译，中国人民大学出版社 2007 年版，第 62 页。

③ “增量”是相对于“存量”而言的概念。经济学上，“存量”是指系统在某一时点时的所保有的数量，“增量”则是指在某一段时间内系统中保有数量的变化。“增量”和“存量”被借用于政治学中。政治学中，“存量”指的是政治领域里原有的基础，“增量”则指的是在政治领域里原有的基础上逐步的变化和发展。

具体的规定，如第四十条、第四十七条依旧笼统地对追究法律责任、追究刑事责任作了规定。所以，《统计法》的修改是小规模变化而非巨大变化。《环境信息公开办法（试行）》依据《中华人民共和国政府信息公开条例》《中华人民共和国清洁生产促进法》和《国务院关于落实科学发展观加强环境保护的决定》以及其他有关规定制定。《环境信息公开办法（试行）》的出台是在“存量”基础上走增量渐进发展道路的结果。沿着以上法律、规章的发展路径，依赖于艺术隐喻的中国城市管理者采用了渐进模式对城市环境治理的信息型政策工具进行设计。

政策工具的设计需要一些技巧。①作为中国城市环境治理的两类信息型政策工具，环境听证和环境信访的渐进设计模式主要表现为城市政府运用集思广益的技巧听取、征求社会各界意见，收集环境信息。“在共同关心的问题上，多人智慧胜一人这种说法是正确的。”②“如果许多人共同议事，人人贡献一分意见和一分思虑；集合于一个会场的群众就好像一个具有许多手足、许多耳目的异人一样，他还具有许多性格、许多聪明。”③职是之故，政府部门在解决公共问题时应当掌握集思广益的技巧。由于“得到听证的机会有助于避免错误成本。它使得人们可以提供一些否则就无法获得的重要信息”④，召开听证会就成为政府部门集思广益的一种重要手段。中国城市政府在环境治理中采用听证形式，向社会公众征求有关环境公共事务的意见。2004 年 8 月 13 日举行的北京西上六输电线路工程电磁辐射污染环境影响评价行政许可听证会是《环境保护行政许可听证暂行办法》生效后的全国首例建设项目环境行政许可听证会，其旨在听取有关参加人对所涉行政许可事项的意见，为环境保护行政主管部门作出行政许可决定提供参考。再则，由于公民造访可以向公共行政人员提供信息⑤，信访便成为政府部门集思广益的另一重要手段。环境领域里的信访即环境信访，它是公民、法人或者其他组织采用书信、电子邮件、传真、电话和走访等形式，向各级环境保护行政主管部门反

---

① ［瑞典］托马斯·思德纳：《环境与自然资源管理的政策工具》，张蔚文、黄祖辉译，上海三联书店、上海人民出版社 2005 年版，第 404 页。

② ［美］科恩：《论民主》，聂崇信、朱秀贤译，商务印书馆 1988 年版，第 215 页。

③ ［古希腊］亚里士多德：《政治学》，吴寿彭译，商务印书馆 1965 年版，第 143 页。

④ ［美］迈克尔·D. 贝勒斯：《程序正义——向个人的分配》，邓海平译，高等教育出版社 2005 年版，第 165 页。

⑤ ［美］约翰·克莱顿·托马斯：《公共决策中的公民参与——公共管理者的新技能与新策略》，孙柏瑛等译，中国人民大学出版社 2005 年版，第 87 页。

映环境保护情况，提出建议、意见或者投诉请求，依法由环境保护行政主管部门处理的活动和制度。在技术性的公共政策事务方面，公民没必要成为专家，他们不是专家，也能够对公共政策提供有价值的意见。[①]公民、法人或者其他组织的建议、意见或者投诉请求可以为环境决策提供大量富有价值的信息，环境信访遂成为中国城市环境保护行政主管部门集思广益的一种重要工具。所以，从艺术的技巧内涵来看，依赖于艺术隐喻的中国城市管理者采用了渐进模式对城市环境治理的信息型政策工具进行设计。

四　中国城市环境治理信息型政策工具的社会设计模式:公共行政作为社会设计隐喻的视角

社会设计模式是公共行政作为社会设计隐喻的一种表现。公共行政是一种社会设计，这意味着我们所有人都纳入到参与创造、演进和自我治理的过程之中。社会设计模式包含了对相关行动者价值观的高度重视和鉴赏，关注的方式是聚焦于对组织和社会关系（和行动环境）的解释、理解、共享和学习，采取前瞻性的态度看待冲突化解、问题解决和变化处置。发展促进互动和参与的过程是社会设计模式的本质属性。“无论我们使用什么政治和技术框架，所有积极参与者和机构间的对话需求始终是极为重要的。”[②]当行政管理者、专家、政治家、社会团体、顾客和因特殊议题与问题来联合起来的公民之间建立起社会互动和网络，可行的方案被清晰表达的时候，社会设计过程就被创造出来。[③]社会设计隐喻提供了扩展和丰富公共行政理论和实践的一条途径，为中国城市环境治理信息型政策工具，如环境信息公开、环境标志计划、环境听证和环境信访等的设计确立了参数、过程、信念和行为。

与以科学和艺术为导向的环境信息公开不同，以社会设计为导向的环境信息公开突出公众参与原则。环境报告书是企业为了促进与利益相关者之间的环境交流，履行社会责任，在遵循报告编制的一般原则的前提下，通过一

① ［美］戴维·H. 罗森布鲁姆、罗伯特·S. 克拉夫丘克：《公共行政学：管理、政治和法律的途径》（第五版），张成福等译，中国人民大学出版社 2002 年版，第 213 页。

② ［加］Rodney R. White：《生态城市的规划与建设》，沈清基、吴斐琼译，同济大学出版社 2009 年版，第 18 页。

③ ［美］全钟燮：《公共行政的社会建构：解释与批判》，孙柏瑛、张钢、黎洁等译，北京大学出版社 2008 年版，第 65—75 页。

定的形式定期向社会公开企业运营对自然环境影响等有关信息。1997 年 3 月开始实施的《中华人民共和国环境噪声污染防治法》第十三条规定："建设项目可能产生环境噪声污染的，建设单位必须提出环境影响报告书，规定环境噪声污染的防治措施，并按照国家规定的程序报环境保护行政主管部门批准。环境影响报告书中，应当有该建设项目所在地单位和居民的意见。"1998 年 11 月颁布的《建设项目环境保护管理条例》第十五条规定："建设单位编制环境影响报告书，应当依照有关法律规定，征求建设项目所在地有关单位和居民的意见。"2008 年 5 月 1 日起施行的《环境信息公开办法（试行）》制定的目的是推进和规范环境保护行政主管部门以及企业公开环境信息，维护公民、法人和其他组织获取环境信息的权益，推动公众参与环境保护。中国城市治理主体根据法律、法规和规章的规定采用社会设计模式对政府环境信息公开和企业环境信息公开进行规划。

已被引入中国城市环境治理架构之中的环境标志计划同样体现出社会设计模式的在场。中国环境标志图形由中心的青山、绿水、太阳及周围的十个环组成。图形中心的青山、绿水和太阳表示人类赖以生存的环境，外围十个环紧密结合，环环相扣，表示公众参与，共同保护环境；同时在中文里，圆环的"环"字和"环境"的"环"字相同，其寓意为"全民联合起来，共同保护人类赖以生存的环境"。中国环境标志计划由中国环境保护部管理和组织实施。环境保护部负责标准的审批和颁布。环境保护部授权环境保护部环境认证中心具体负责中国环境标志标识的使用和中国环境标志认证的实施工作。中国环境标志计划的实施过程体现了政府对环境标志的引导，也体现了多方面的公众参与。

持艺术隐喻观的中国城市管理者在设计环境听证和环境信访等工具时着眼于征求公众意见的技巧，持社会设计隐喻观的中国城市管理者在规划环境听证和环境信访等工具时则着眼于公众参与的在场及发展。2004 年 6 月 23 日，国家环保总局发布《环境保护行政许可听证暂行办法》，对环境保护行政许可听证的适用范围、主持人、参加人和程序等进行规范。随后环境听证被应用于城市环境治理中。2004 年 8 月 13 日举行的北京西上六输电线路工程电磁辐射污染环境影响评价行政许可听证会，是《中华人民共和国行政许可法》与《环境保护行政许可听证暂行办法》实施以来全国首场环境行政许可听证会。该听证会的利害关系人包括百旺家苑、百草园小区、天秀小区、乔家庄、功德寺村与后营村等多个住宅区居民，以及百旺山森林公园、颐和园管理处、国防大学、解放军309医院、北京轨道交通公司、中国医学科学院药用植物研究所等。从人数来讲，此次环境行政许可听证会涉及居民近万人的利益。每个单位都有5名左右代表参加听证。其中，百旺家苑小区业主们被允许有6名代表参加听证会，1名代表可以发言。实际进入听证会场有100多人。另有数百人强烈要求入场，为此专门安排另外一个分会场，200多人进入分会场，观看主会场的现场实时直播。[①]为了进一步规范公众参与，扩大公众的参与度；为了进一步推动环境决策的民主化，形成政府和社会公众之间的一种良性互动的关系，国家环保总局于2005年4月13日就圆明园环境整治工程的环境影响召开公众听证会。此次听证会具有开拓意义，它是国家环保总局首次就环境事项召开的公众听证会，在社会上引起热烈反响。国家环保总局公告（2005年第13号）发布后，很多社会人士积极申请参加听证会。在充分考虑各方利益并顾及代表性的基础上，国家环保总局邀请了22个相关单位、15名专家和32名各界代表。同时，在充分考虑申请人的不同专业领域、不同年龄层次等因素的基础上，国家环保总局最终确定参加听证会的人员有圆明园管理处等8个单位的代表，有各方面的专家和社会上关心环境、历史人文景观保护的各界人士以及新闻界的同志120人。[②]环境影响听证会围绕圆明园遗址公园的定位，防渗漏工程对土壤、地下水以及周边陆生生态系统的影响，圆明园作为历史人文景观与遗址公园应该如何修复、保护等内容展开。参加听证会的代表踊跃发言，各抒己见，听证会气氛热烈。[③]目前，中国各城市环境保护行政主管部门在做出行政许可前纷纷召开行政许可听证会，环境行政许可听证会成为各城市公众参与环境保护的重要形式。环境信访亦是中国各城市公众参与环境保护的重要形式。《环境信访办法》明确规定，环境信访工作应当遵循维护公众对环境保护工作的知情权、参与权和监督权，实行政务公开的原则。中国各城市在实践中大体上遵循公众参与原则。显然，从公共行政作为社会设计隐喻的视角看，中国城市管理者还运用了社会设计模式对环境听证和环境信访等信息型政策工具进行规划。

---

① 周珂主编：《环境保护行政许可听证实例与解析》，中国环境科学出版社2005年版，第52页。

② 同上书，第32页。

③ 本刊记者：《国家环保总局举行圆明园环境整治工程环境影响听证会》，《环境保护》2005年第4期，第34页。

五　余论：进一步的思索

在传统的意义上，公共行政要么被认为是一种科学，要么被看作是一种艺术。[①]一些受自然科学尤其是物理学成就影响的研究人员和行政官员，坚持认为公共行政在这个意义上能够而且应该成为一门科学。其他对实际行政中的流动性与创造性、对判断和领导这种无形的活动印象很深的研究人员及行政官员，坚持认为公共行政不能成为科学，而只是一种艺术。[②]公共行政定义上的传统争论在赫伯特 A. 西蒙和德怀特·沃尔多那里得到具体而又充分的展现。西蒙指出，事实命题与伦理命题或曰价值命题之间存在差异，两者之间的区别有助于解释“行政科学的本质”。行政命题是事实的还是伦理的？判断的标准是能否可以判断出这种命题的真伪。他说，如果可以判断出一个关于行政过程的命题的真伪，那么这个命题就是科学的。[③]正是通过将事实与价值分离开来并把事实命题界定为可验证的命题，西蒙得出：事实要素构成了行政科学的真正的本质，与任何科学一样，行政科学只关心事实陈述；在科学体系中，伦理论断没有任何立足之地。[④]简言之，按照西蒙的逻辑理路，公共行政只是一种科学。沃尔多则持不同的观点，他指出公共行政不是一门科学性的学科，而是一种专业或者艺术，并且这种观点对研究、讲授公共管理的学术界和实践公共管理的政府部门都有很大的意义。[⑤]

公共行政是科学还是艺术的长期争论意味着公共行政研究领域的两种隐喻都有存在的价值。公共行政研究领域的隐喻，对确定公共行政的参数、过程、信念与行动至关重要。科学隐喻下，出现了解决公共行政问题的理性设计模式或科学途径。艺术隐喻下，出现了解决公共行政问题的渐进设计模式

---

① ［美］全钟燮：《公共行政的社会建构：解释与批判》，孙柏瑛、张钢、黎洁等译，北京大学出版社 2008 年版，第 58 页。

② ［美］德怀特·沃尔多：《什么是公共行政学》，载彭和平、竹立家编译《国外公共行政理论精选》，中共中央党校出版社 1997 年版，第 183 页。

③ H. Simon, Administrative Behavior: A Study of Decision - Making Processes in Administrative Organizations (Fourth Edition), New York: The Free Press, 1997. p. 357.

④ Ibid. pp. 357 - 360.

⑤ D. Waldo, Scope of the Theory of Public Administration, American Academy of Political and Social Science, Theory and Practice of Public Administration: Scope, Objectives and Methods. Phiadelphia, 1968. pp. 8 - 13.

或艺术途径。这两种模式或途径有优点，也有缺陷。作为设计过程一部分隐喻，以科学为导向的行政管理贡献了很多，但是，它也忽略了达成完全有效的公共行政所必需的要素。渐进设计模式为政策体系中的行动者之间达成部分共识提供了一种途径，然而，它对分析、专家观点、经验和科学探索指导的备选方案缺乏足够的关注；对权力领域中不够强势和不够清楚的声音缺乏足够的敏感性。[①]由于理性设计模式和渐进设计模式有缺陷，所以需要对其进行批判性综合。对理性设计模式和渐进设计模式的批判性综合提供了一个概念隐喻，即公共行政是一种社会设计。与科学隐喻和艺术隐喻认为主观与客观相分离有所不同，社会设计隐喻对现实的理解是，主观与客观的观点同等重要。与科学隐喻和艺术隐喻分别片面地强调事实与价值有所不同，社会设计隐喻兼顾事实与价值。[②]社会设计隐喻是一个更加全面的隐喻，它与科学隐喻、艺术隐喻的有机结合，相当于提供整体地作为公共行政的重要概念隐喻。

实在说来，公共行政不仅仅是一种科学、一种艺术，它还是一种社会设计。作为科学的公共行政、作为艺术的公共行政、作为社会设计的公共行政导致了明显不同的行政模式——理性设计模式、渐进设计模式、社会设计模式。三种模式的综合与互补有利于系统地、有效地解决公共行政问题。正是如此，依赖于科学隐喻、艺术隐喻和社会设计隐喻的中国城市治理主体综合运用理性设计模式、渐进设计模式和社会设计模式对环境治理的信息型政策工具进行规划。这就能够解释为什么前述大多数政策工具的设计都采用了两种或者三种模式。

① ［美］全钟燮：《公共行政的社会建构：解释与批判》，孙柏瑛、张钢、黎洁等译，北京大学出版社2008年版，第71—73页。

② 韩志明、谭银：《从科学与艺术到社会设计——公共行政隐喻的后现代转向》，《行政论坛》2012年第2期，第25—30页。

第五章　中国城市环境治理信息型政策工具应用的实例

中国所有的城市在进行环境治理时都应用了信息型政策工具。不过，对所有城市环境治理信息型政策工具的应用进行详细的、深入的描述是不可能的。案例研究有利于详细阐述、丰富资料。[1]而且，案例研究不仅能为所研究的过程提供一些实例，还“具有一种运用集中于某一个时点的静态观察方法所探索不到的动态特性”[2]。因此，兹选取中国东部的北京市、镇江市、中部的武汉城市圈、长株潭城市群、西部的呼和浩特市、昆明市环境治理信息型政策工具的应用作为实例，对应用状况加以深入描述，旨在通过对应用状况的深描，揭示应用差异的缘由，提炼可资借鉴的经验，探寻有待改进的地方。

一　中国东部城市环境治理信息型政策工具应用的状况：以北京市与镇江市为例

（一）北京市环境治理信息型政策工具应用的状况

环境监测在北京市环境治理工作中得到应用。北京市环境保护监测中心成立于1974年，是全国第一家专业化的环境监测机构，隶属于北京市环境保护局，业务上接受中国环境监测总站的指导。1994年，北京市环境保护监测中心成为首批通过国家级计量认证的环境专业检测机构，获得国家技术监督局颁发的计量认证合格证书；1999年和2004年分别通过了计量认证复查

① ［美］罗伯特·阿格拉诺夫、迈克尔·麦奎尔：《协作性公共管理：地方政府新战略》，李玲玲、鄞益奋译，北京大学出版社2007年版，第9页。

② ［美］约翰·W. 金登：《议程、备选方案与公共政策（第二版）》，丁煌、方兴译，中国人民大学出版社2004年版，第302页。

评审。[①]北京市环境保护监测中心负责组织实施全市范围内大气、水、噪声、土壤和生态等环境要素的环境质量监测、各类污染源监测、突发污染事故的应急监测。北京市已经建立起城市空气质量监测系统，而且在监测城市空气质量时设置了针对交通道路的空气质量监测点。北京市是全国开展对烟气排放实施连续监测最早的地区。经过多年的发展，北京市制定了相当多的地方政策法规和标准。北京市已经在全市范围内建立了饮用水卫生监测网络。北京市还开展了声环境质量监测。此外，为加强和规范环境监测管理，促进环境监测事业发展，北京市环境保护局根据《环境监测管理办法》及有关规定，制定《北京市环境监测管理办法（试行）》，自 2009 年 11 月 1 日起施行。

北京市开展了环境统计工作。北京市的环境统计包括环境保护基本情况统计、大气环境统计、污水处理统计、声环境统计、固体废物统计和环境卫生统计等。北京市进行了环境统计制度建设。为做好“十一五”主要污染物总量减排统计工作，确保主要污染物统计数据准确、及时、可靠，依据《国务院批转节能减排统计监测及考核实施方案和办法的通知》，结合北京市的实际，北京市政府制定了《北京市主要污染物总量减排统计办法》。为做好北京市市容环境卫生行业信息统计工作，为各级政府部门制定政策、实施管理和规划发展提供科学依据，北京市市政管理委员会制定了《环境卫生统计报表制度》。

北京市环境保护局设立了北京市环境信息中心。北京市环境信息中心的职责之一是负责环境保护信息的管理、整合及发布工作。北京市环保局建立和实行环境质量公告制度，发布城市空气质量日报、城市空气质量月报和城市环境状况公报等。为推进和规范政府环境信息公开工作，监督企业公开环境信息，依据《中华人民共和国政府信息公开条例》《环境信息公开办法（试行）》及北京市政府有关规定，结合北京市环保工作实际，北京市环境保护局制定《北京市环境保护局环境信息公开暂行办法》，自 2008 年 3 月 1 日起施行。2008 年北京市公开的环境信息较多，2009 年至 2010 年公开的环境信息减少，但在 2011 年，公开的环境信息大幅增加。北京市环保局建立了北京市环境保护宣传中心。北京市环境保护宣传中心的职责是积极开展环

① 北京市环境保护局：《北京市环境保护监测中心》，http://www.bjepb.gov.cn/portal0/tab222/info2824.htm，发布时间：2011 年 10 月 27 日。

境保护宣传教育，普及环境科学知识，提高公众环境意识，引导公众参与环境保护，推进环境区域合作与交流，为北京的环境保护工作营造良好的舆论氛围。

北京市应用环境标志或环境标签进行环境治理。1997 年 5 月 8 日，国家环境保护局批准北京市为实施 ISO14000 标准试点城市。目前，北京经济开发区已经建立了 ISO14000 环境管理体系。2003 年北京市环保局出台一条规定，即从 9 月 1 日起，所有车辆被分成两类：废气排放达到欧 I 标准的车辆发一张绿色挡风玻璃标签，凭此可以进入市中心；其余车辆发一张黄色标签，不得进入市中心。该限制适用于星期一到星期五上午 8 点至晚上 7 点。违背该规定的司机一经发现将被处以 30 元（3.63 美元）罚款，违规记录上扣 3 分。[①]自 2004 年 4 月 1 日起，北京市启用新版机动车环保标志。新版环保标志的发放仍执行原规定。2009 年国家环境保护部下达关于加强进京车辆环保标志管理的通知。通知要求，环保合格标志根据车辆的排放状况分为绿色合格标志和黄色合格标志。通知提出，2009 年 9 月 1 日起，北京市将对违规进入的外埠车辆进行执法检查，无环保标志的车辆不得进京。持黄色环保合格标志的进京机动车，在 2009 年 10 月 1 日以前，全天禁止在五环路以内（含五环路）行驶；2009 年 10 月 1 日以后，将全天禁止在六环路以内（含六环路）行驶。

环境听证是北京市环境治理的信息型政策工具之一。1998 年 1 月 1 日发布施行的《北京市实施环境保护行政处罚程序规定》对环境听证作了规定。2004 年 8 月 13 日，中国首例关于电磁及环境污染听证会——北京市“西沙屯—上庄—六郎庄 22 万伏/11 万伏输电线路工程环境影响行政许可”听证会，在北京市环境保护宣传中心召开。建设单位（华北电网有限公司北京电力公司）和利害关系人（百旺家苑、乔家庄、后营村、颐和园管理处、国防大学、解放军 309 医院等十几个单位的代表）出席听证会。新闻媒体、百旺家苑居民等约 270 人到会旁听。建设单位、利害关系人就是否应在此采取架设方式建设输电线路展开了激烈的陈述。[②] 2005 年 8 月 14 日，北京市人民代表大会法制委员会就《北京市烟花爆竹安全管理条例（草案）》中群众普遍

---

① ［英］默里、谷义仁：《绿色中国》，姜仁凤译，五洲传媒出版社 2004 年版，第 51 页。

② 北京市环境保护局法制处：《市环保局举行环境保护行政许可听证会》，http：//www.bjepb. gov. cn/portal0/tab222/info5666. htm，发布时间：2004 年 8 月 30 日。

关注的问题进行了听证。此次立法听证会的听证事项有两项：一是《北京市烟花爆竹安全管理条例（草案）》第十条第一款关于“本市五环路以内的地区为限制燃放烟花爆竹地区，五环路以外的地区允许燃放烟花爆竹”的规定，是否合理、可行；二是《北京市烟花爆竹安全管理条例（草案）》第十条第二款中关于“在限制燃放烟花爆竹地区，每年农历除夕至正月十六，允许燃放烟花爆竹”的规定，是否合理、可行。作为听证陈述人出席听证会的有16位市民。其中离、退休人员6人，职员5人，学生3人，律师、编辑各1人。36位市民和19位来自有关部门和其他地区的人员到会旁听。听证会举行期间，有30家媒体、111名记者参与了报道。[①] 2006年12月26日，北京市政府出台《北京市人民政府贯彻国务院关于落实科学发展观加强环境保护的决定的意见》，提出“拓宽公众监督的渠道，对涉及公众环境权益的发展规划和建设项目，通过听证会、论证会或社会公示等形式，听取公众意见，强化社会监督”。

环境信访也应用于北京市的环境治理中。北京市环境保护局设置了监察处。北京市环保局监察处负责受理服务对象以及社会公众对市环保局各处室、单位政府环境信息公开工作的投诉、举报，并提出处理意见。为了进一步加强环保部门与广大群众的联系，拓展沟通的渠道，加大群众参与环保工作力度，维护群众合法环境权益，经市政府有关部门批准，北京市环境保护局整合资源，于2006年5月成立了北京市“12369”环保投诉举报电话咨询中心。北京市政府同样关注环境信访。《北京市人民政府贯彻国务院关于落实科学发展观加强环境保护的决定的意见》提出，继续聘任环境污染社会监督员，开展有奖举报活动。

GPS全球定位系统在北京逐步得到广泛的应用。为了提升北京市出租车管理服务水平、降低空驶率、提高经济效益、减少交通拥堵，2001年12月13日，北京出租汽车行业的品牌企业银建和金建公司的部分车辆用上了GPS全球卫星定位汽车调度系统。随后，北京出租汽车行业逐步推广使用GPS全球定位系统。截至2008年12月，北京市新更换的61000多辆出租车都安装了GPS全球定位系统，占全市出租车总量的90%以上。北京市近80%的省

---

① 新浪网新闻中心：《<北京市烟花爆竹安全管理条例>立法听证报告》，http://news.sina.com.cn/o/2005-09-05/10216863865s.shtml，发布时间：2005年9月5日。

际客运车辆也安装了 GPS 全球定位系统。[①] GPS 全球定位系统的使用在降低出租车空驶率的同时减少了油耗和空气污染，有利于环境保护。

（二）镇江市环境治理信息型政策工具应用的状况

环境监测是镇江市环境治理的一项重要的信息型政策工具。镇江市环境监测中心站成立于 1978 年 5 月，隶属于镇江市环境保护局。镇江市环境监测中心站的主要职能是对辖区内有限环境要素进行监测。近些年来，镇江市的环境监测工作发展较快。2009 年镇江市环境监测中心站开展了水源水生物毒性水质监测工作；编制了《镇江市重要生态功能保护区生态调查与监测计划》。为了全面提高政府环境监测信息化水平，充分发挥已建的环境质量自动监测系统在环境管理中的作用，镇江市于 2011 年建成一个集环境监测（控）、信息发布和应急预警于一体的环境质量自动监测监控共享平台。镇江市环境质量自动监测监控共享平台的建设，为该市的环境评估、环境规划、污染控制与污染紧急事故处理提供了大量准确的监控数据，实现了空气、水质的实时连续监测与数据远程监控。[②] 2012 年 2 月份镇江市区 4 个国控站点 PM2. 5 监测能力已经实现全覆盖。至此，镇江市已经全面形成空气质量新标准要求的六项评价指标的自动监测能力。2012 年 7 月，镇江市环境监测中心站制定了《镇江市集中式饮用水源地水质预警监测工作方案》，要求加大水源地例行监测力度，加快推进水源水质预警自动监测能力建设，建立饮用水源地水质信息发布机制，建立饮用水源地水质异常数据响应机制。[③]

环境统计是镇江市环境治理的另一重要的信息型政策工具。镇江市的环境统计包括城市环境综合治理情况统计、工业“三废”排放处理及综合利用情况统计、城市环境卫生情况统计和市区城市环境卫生情况统计等。镇江市环境保护局实行了排放污染物申报登记统计制度、污水处理厂（场）排放污染物申报登记统计制度和固体废物专业处置单位排放污染物申报登记统计制度，促进了统计工作向前发展。近些年来，镇江市的数据监测统计得到了加强，空气自动监测站运行良好，数据有效捕获率均在 90% 以上。

---

① 国家测绘局测绘发展研究中心：《北京将有九成以上出租车安装卫星定位仪》，http：//www. sbsm. gov. cn/article/mtbd/200812/20081200046068. shtml，发布时间：2008 年 12 月 12 日。

② 刘晔、侯善勇、刘杨：《镇江市环境质量自动监测监控共享平台的研究及其应用》，《环境研究与监测》2012 年第 2 期，第 24—32 页。

③ 此处和下文引用的关于镇江市环境治理信息型政策工具应用的许多资料、数据来源于镇江市环境保护局网站（http：//hbj. zhenjiang. gov. cn），因不便于一一注明其出处，故特此说明。

镇江市建立与实施环境信息公开制度来治理环境。镇江市环保局发布了空气质量日报、空气质量预报、水源水质周报、环境状况公报，公布了固体废物污染环境防治信息。镇江市是江苏省最早开展了企业环境行为信息公开化评级工作的地方。2000 年 7 月，镇江市实施“工业企业环境行为信息公开化研究”的世界银行项目，对 91 家试点企业环境行为进行评级，并将评级结果在江苏省与镇江市 10 多家主要新闻媒体上公布。2001 年 6 月，镇江市第二次公布了 105 家企业环境行为评级结果。2002 年企业环境行为评级在江苏省逐步推广[①]以后，镇江市继续开展企业环境行为信息公开化评级工作。2009 年镇江市 875 家企业开展了环境行为信息公开化评级，企业环境行为信息的评级情况纳入到银行征信系统中，对红色、黑色企业进行信贷控制，遏制污染企业的再生产，促进企业自觉地加强污染治理。目前，镇江市企业环境行为信息公开化工作继续推进。镇江市逐步实施蓝天工程，实现全市机动车环保检测全覆盖。截至 2011 年 12 月 31 日共发放标志 132486 张，其中绿标 123628 张，黄标 8858 张。市区机动车尾气 A 类综合性能检测站已投入运营。轻型汽油车登记执行“国 IV”排放标准已于 2012 年 1 月 1 日起实行。镇江市开展了环保宣传教育工作。镇江日报、京江晚报均开设了“生态建设”专栏，中国镇江网、名城镇江网等网站开设了生态镇江专栏；邀请国家环保部和省环保厅领导进行环境保护和生态建设专题讲座，组织 75 家重点排污企业法人进行环境保护专题培训。目前，镇江市继续推进实施生态市宣传教育方案。

镇江市利用环境听证来进行环境治理。2004 年 8 月，镇江市环保局就镇江三高精细化工有限公司“不正常使用污染物处理设施”一案，首次举行环境行政处罚听证会。2010 年 1 月 5 日，镇江市垃圾焚烧发电项目环境影响评价公众参与听证会在东郊宾馆举行。这是镇江市首次就重大公用设施项目举行公开听证。参加听证会的有公众代表、镇江市政府及相关部门代表、建设单位光大环保能源（镇江）有限公司、环评单位江苏省环境科学研究院等单位的领导和代表。听证代表一一进行了发言，对于听证会代表对建设项目环境影响报告书提出的问题和意见，建设单位、环评单位和政府有关部门分别进行了解释。此后，环境听证在镇江市环境治理中继续发挥作用。镇江市的环境听证制度内含于有关制度、程序中。《镇江市环境保护局规范性文件制

① 沈洪涛：《企业环境信息披露：理论与证据》，科学出版社 2011 年版，第 80 页。

定和备案规定》第十条规定："起草规范性文件，应当广泛听取有关机关、组织和公民的意见。听取意见可以采取书面征求意见和座谈会、论证会、听证会、网上公开等多种形式。"《镇江市环境保护行政处罚一般程序流程》对环境听证作了程序上的安排。

镇江市还利用环境信访来进行环境治理。为了切实维护人民群众的环境权益，加大对环境违法行为的查处力度，镇江市环保局于2006年3月10日出台《关于加强环境保护信访举报工作的意见》和《环境违法行为举报案件处理工作程序》。2009年镇江市环保局先后开展了领导带案下访、环保大接访活动，颁布了《镇江市环境污染有奖举报实施办法》，将环境举报网络接入12345服务热线，升级环境污染投诉系统，进一步方便群众举报环境违法行为。2010年镇江市环保局根据本市环保工作的现状成立了"市环境举报中心"。《2012年市环境监察支队对标找差争先创优工作方案》找出环境信访工作的差距，确定环境信访工作的目标，制定环境信访工作的措施。

GPS全球定位系统实际上也是镇江市环境治理的一种信息型政策工具。2009年4月后，镇江市区所有的出租车都已安装GPS全球定位系统。镇江市政部门坚持高点定位，优化配置，选用外形美观、环保节能车型，统一安装税控计价器，实行机打发票，以公司为单位统一车身颜色和专用标识，统一安装新式顶灯，并建成了GPS管理调度平台。出租车安上了GPS全球定位系统，于是出租车所处的方位、是否空载等都可以通过信息平台一目了然。如果某一地段有需求，调控中心可以向在附近运行的出租车发出需求信息，这样既可以提高出租车的运行效率，又会给人们的出行提供方便，有效缓解打的难的问题。

二　中国中部城市环境治理信息型政策工具应用的状况:以武汉城市圈与长株潭城市群为例

（一）武汉城市圈环境治理信息型政策工具应用的状况

武汉城市圈，亦称"1+8"城市圈，是以武汉市为中心，由武汉、黄石、鄂州、孝感、黄冈、咸宁、仙桃、天门和潜江九市共同构成的区域。武汉市为城市圈中心城市，黄石市为城市圈副中心城市。在发展经济的同时，武汉城市圈也重视环境治理工作。武汉城市圈在环境治理中应用了环境监测、环境统计、环境信息公开、环境听证、环境信访和GPS全球定位系统等信息型政策工具。

武汉城市圈把环境监测作为环境治理的一个信息型政策工具。武汉城市圈环境监测中心站或环境监测站承担环境监测任务。同时，多种力量助推武汉城市圈环境监测工作。首届武汉城市圈环境保护联席会议于 2008 年 7 月 24 日在武汉市环境保护局召开，9 座城市环保局局长参加了会议。会议讨论并通过了《武汉城市圈环境保护合作框架协议》等文件。《武汉城市圈环境保护合作框架协议》确定按照自愿、平等、共建与互利的合作原则，推进武汉城市圈生态环境保护一体化与环境监管一体化的发展，大力发展循环经济与环保产业，在环境监察、环境监测、环境科技、环保产业与环境宣教等领域开展合作。[①]《武汉城市圈综合配套改革试验三年行动计划（2008—2010 年)》强调，加快在线监测系统建设，加强排污口管理和水质监测；加强饮用水水源地的保护工作，建立城市圈水质监测网络。

环境统计工作是武汉城市圈环保工作的基础。武汉市、黄石市、鄂州市、孝感市和黄冈市等对环境保护基本情况进行了统计，咸宁市、天门市和潜江市等对工业污染治理情况进行了统计。武汉、黄石、孝感等市定期对环境信访情况进行统计分析。武汉城市圈执行环境统计制度，努力做好环境统计季报和年报工作。按照制度要求，每季度初前 8 日内，各市须将上季度本辖区环境统计汇总数据库及统计分析上报省厅总量处。季报统计分析中要说明本季度与上季度、去年同期及环境统计年报相比的变化趋势、原因及对策建议。环境统计年报数据须与上级环境主管部门核定的本辖区总量减排的核定数据保持一致。

武汉城市圈实行环境信息公开制度。武汉城市圈发布环境状况（质量）公报，公开企业排污信息。在公开企业排污信息上，武汉市构筑了一道亮丽的风景。武汉市对企业日常排污监测的一大亮点是重点污染源信息发布系统。该系统利用互联网，向公众提供 2008 年 6 月以来武汉市废水和废气重点污染源排污的 24 小时在线监测数据和视频资料。[②]武汉城市圈环境信息公开制度的完善受到关注。2009 年 10 月 1 日起施行的《武汉城市圈资源节约型和环境友好型社会建设综合配套改革试验促进条例》第十七条规定，健全

---

① 杨晓丽：《武汉城市圈生态环境保护一体化机制创新研究》，华中师范大学 2009 年硕士学位论文，第 26—27 页。

② 杨东平主编：《中国环境发展报告（2010)》，社会科学文献出版社 2010 年版，第 246—247 页。

环境信息公开共享、环境监督执法联动的协同监管体系，实现环境保护和生态建设一体化，保障生态安全。2010 年 10 月 22 日，湖北省政府出台《关于加强环境保护促进武汉城市圈“两型”社会建设的意见》，提出完善环境质量公报和企业环境行为公告等制度，推进环境保护政务公开。武汉城市圈还开展了环境宣传教育工作。

武汉城市圈内很多单位或企业拥有 ISO14000 环境管理体系资格。在中西部的国家级开发区中，武汉经济技术开发区 2001 年率先获得 ISO14000 环境管理体系认证。仙桃高新技术产业园、神龙汽车有限公司、武汉环达固废资源化有限公司等也通过了 ISO14000 环境管理体系认证。黄冈市谋划推行 ISO14000 环境管理体系标准。武汉城市圈内大量企业通过了环境标志产品认证。武汉城市圈内部分城市实施机动车环保标志管理。2010 年 7 月 1 日，武汉市机动车环保检验合格标志核发工作正式启动。随后，鄂州市、仙桃市、潜江市等实施机动车环保标志管理。《黄冈市机动车排气污染防治管理办法（送审稿）》对实行机动车环保分类合格标志管理作了规定。

武汉城市圈推行环境听证制度。《武汉城市圈资源节约型和环境友好型社会建设综合配套改革试验促进条例》第九条规定，涉及人民群众切身利益等社会公共利益的改革试验事项，应当通过论证会、听证会或者其他方式征求公众和社会各界的意见。《关于加强环境保护促进武汉城市圈“两型”社会建设的意见》指出，对涉及公众环境权益的规划、建设项目和重大政策，通过听证会、论证会或社会公示等形式，广泛听取公众意见。武汉城市圈九市还各自建立了环境听证制度。比如，武汉市 7 个中心城区全面建立“居民环保听证”制度，黄石市建立环境保护局政务公开听证制度，咸宁市建立公众环保听证制度等。

武汉城市圈重视环境信访工作，采取各种措施推进环境信访制度建设。武汉、黄石、黄冈、咸宁、仙桃等市的环保局从实际工作出发，将来信来访、12369 热线投诉、网上投诉等的登记、受理、办理、回复、报告、督办和归档等工作统一归口，由环境监察支队负责，理顺了环境信访工作体制，明确了办理环境信访案件的职责，改变了以往环境信访“多头进、多头出”的弊端，减少了环境执法的重复投入，保证了环境信访工作的有序开展。①孝感市环保局的法规监督科负责全局环境信访件受理、督办和答复，基本统一

① 黄殷：《论环境信访制度的完善》，中南林业科技大学 2011 年硕士学位论文，第 30 页。

了环境信访件处理口径，完善了环境信访工作机制，促进了环境信访工作的发展。武汉城市圈逐步规范了环境信访办理程序。武汉城市圈加强了环境信访接待室的建设，建立了一整套环境信访处理流程，制定了一系列环境信访工作制度。武汉市、仙桃市、黄冈市和潜江市等逐步畅通了环境信访渠道。武汉市开通了网上投诉。仙桃市派专人在市信访局定点办公受理群众环境信访。[①]黄冈市设立市长信箱、行风热线，办理人大、政协“两案”以切实解决人民群众反映强烈的建筑噪声、商业噪声、文化娱乐场所边界噪声和油烟、小锅炉等扰民问题。潜江市将开门大接访制度化，将政务值班电话与12369环保投诉热线紧密结合起来，实行了24小时政务值守与受理投诉。

GPS全球定位系统在武汉城市圈得到较为广泛的应用。武汉市2008年在全市所有的出租车上安装了GPS全球定位系统，2009年在众多的公交车上安装了GPS智能调度系统。武汉市出租车使用的GPS功能在全国是最齐全的。黄石市、鄂州市、孝感市、咸宁市、天门市、潜江市等一定程度地或相当广泛地将GPS全球定位系统应用于出租车的运营中。GPS全球定位系统的使用可以降低出租车的空驶率，减少燃油消耗和空气污染。武汉城市圈致力于逐步建立城市圈GPS共用信息平台，以便利用GPS技术的支撑来不断提高交通运输管理的科技含量。

（二）长株潭城市群环境治理信息型政策工具应用的状况

环境监测是长株潭城市群环境治理的一项信息型政策工具。长株潭城市群都组建了环境监测站。长沙市环境监测中心站组建于1974年，现已开展了水、大气、噪声、机动车排气、固体废物、煤质、土壤、底质、粮食、蔬菜以及室内环境等各类监测业务，每年向上级环境监测部门、市环保局、各级人民政府上报和面向社会提供的各类监测数据逾40万个。它还积极探索生态遥感环境监测。株洲市组建了环境监测中心站，承担全市环境监测任务。湘潭市环境保护监测站建立于1975年，承担市辖区范围内的环境质量监测、污染源排放与其他环境监测技术服务工作。长株潭城市群都重视环境监测制度建设，只是具体做法有所不同。2009年8月23日，长沙市环境保护局发布《环境风险企业管理若干规定》，国内首部环境风险企业管理办法

① 湖北省环境保护局办公室：《关于全省环境信访工作检查情况的通报》，http://www.hbepb.gov.cn/zwgk/zcwj/shbjbgswj/200710/t20071016_10015.html，发布时间：2007年10月16日。

诞生。《环境风险企业管理若干规定》第十三条规定，根据环境风险企业类别，环境监测部门应当建立定期监测制度，并制定监测方案。该规章还对环境监测频次的加密、环境监测分析报告的提交、环境监测过程中发现的问题等作了规定。株洲市环境保护局于 2009 年 6 月 8 日印发的《株洲市企业环境行为管理若干规定》规定，建设单位对经批准延期验收的建设项目，应确保环保设施正常运转和污染物达标排放，并委托环境监测部门定期监测排污状况，每月将建设项目试生产情况、环保设施试运转情况及排污状况报告环保行政主管部门。企业向环境排放污染物排放口，应按《排污口规范化整治要求》设置。废水排污口应设在厂界外，因故不能设在厂界外的，应保证现场监察、监测人员随时到达排污口检查和采样。废气排放筒应设置监测点位和预备电源。2009 年 11 月 30 日，湘潭市环境保护局出台《关于湘潭市城市污水处理厂监督性监测的暂行规定》，对监测时间和频次、监测内容、监测采样及质量要求作了规定。

长株潭城市群应用环境统计来实施环境治理。长沙市开展了城市环境污染和治理情况统计工作、城市园林和绿化情况统计工作、城市环境卫生基本情况统计工作等。长沙市环保局污染物排放总量控制处负责全市环境统计和污染源普查工作，组织编制并发布环境统计年报和统计报告。株洲市开展了环境保护基本情况统计工作。株洲市的环境统计工作主要由市环保局污染物排放总量控制科负责。在株洲市城市环境综合整治定量考核工作中，市统计局负责此项工作的统计数据审核和验收。为了做好国家环境保护部提供的环境统计专项设备的配发和管理工作，株洲市环境保护局印发了《关于做好环境统计专项设备配发和管理工作的通知》，制定了接收设备专门流程，要求环境统计专项设备务必用于环境统计工作，做到专项设备专用，由专人负责，并不定期地检查和抽查环境统计专项设备的使用情况。湘潭市开展了环保基本情况统计工作、环境污染治理情况统计工作、生活及其他污染情况统计工作和城市环境卫生基本情况统计工作等。湘潭市环保局科技产业科负责环境质量统计工作。为了组织实施好湘潭市“十二五”环境统计工作，湘潭市环境保护局成立了“十二五”湘潭市环保局环境统计工作领导小组。

长株潭城市群把环境信息公开作为环境治理的一种手段。长沙市建立了环境信息公开制度。目前长沙市环境保护局发布环境质量公报和空气环境质量日报。在政府推动下，长沙市委党校、企业、中小学校、社区市民学校等开设不同形式的环保课堂，传播、普及环保国策、环境科学和环保基本技能，以提高市民的环保意识。如长沙市开福区东风二村社区充分利用社区现有的科普长廊、黑板报、宣传橱窗等宣传阵地开展环保宣传教育活动；开办市民学校，到市民集中的地方邀请有关专家开展各种环保法、绿化知识的讲座，并在各种会议、学习上进行宣传教育，使广大居民掌握环保、绿化知识。株洲市建立了环境信息公开制度。目前株洲市环境保护部门向市民发布城市水质月报、城市环境质量状况周报、城市空气质量周报。2004 年 5 月 24 日，株洲市颁布了《工业企业环境行为信息公开化管理试行办法》，对企业环境行为信用等级进行综合评定。2009 年 1 月 1 日起施行《株洲市环境保护局政府信息公开制度》。《株洲市企业环境行为管理若干规定》规定，企业应按环保行政主管部门的要求，依据《环境信息公开办法（试行）》规定，向社会公开环境信息。《株洲市企业环境行为管理若干规定》还规定，在收到污染限期治理文件后，企业应在一个月内向环保行政主管部门提交治理计划和限期治理期间临时减排措施，每季度向环保行政主管部门报告治理进度；城市污水处理厂应每月向市环保行政主管部门报告设施运行及污染物排放情况；发生环境污染事故后，企业应立即向所在地环保行政主管部门和相关部门报告。还有，株洲高新技术产业开发区通过了 ISO14001 环境管理体系认证。湘潭市同样建立了环境信息公开制度。湘潭市两级环保局全面推行政务公开。湘潭市环保局向市民发布空气质量日报预报、空气质量周报，对企业排污、建设项目环境影响评价等进行公示，如对湖南天利恩泽太阳能科技有限公司太阳能电池生产项目、湘潭市雨湖区中山路片区旧城改造项目、湘潭市沃土路建设项目、湘潭市岳塘区板塘八号路建设项目环境影响评价进行公示等。湘潭市实施环境管理信息抄送、备案制度。市环保局的执法资料，对相关的县（市）区环保局实行抄送。县（市）区环保局的执法资料对市环保局实行上报备案。

长株潭城市群建立了环境听证制度，并多次举行了环境听证会。根据长沙市环境保护局、发展和改革委员会等 4 部门联合公布的《关于加强建设项目和专项规划环境影响评价工作的通知》，专项规划的编制机关对可能造成不良环境影响并直接涉及公众环境权益的规划，应当在该规划草案报送审批前，举行讨论会、听证会，或者采取其他形式，征求有关单位、专家和公众对环境影响报告书草案的意见。[①] 2006 年 6 月 16 日，华天娱乐发展有限公司

① 周郴保：《环境知情权法律制度研究》，西安建筑科技大学 2006 年硕士论文，第 29 页。

申请娱乐场所噪声排污行政许可听证会在长沙市环境保护局召开。以听证会的形式对排污企业进行行政许可决策，在长沙还是首次，华天文化娱乐发展有限公司也是第一个向环境保护部门申办“噪声排污许可证”的娱乐场所。[1] 2010年5月18日，长沙市政府就《长沙市城市管理条例（草案)》举行了立法听证会，18名来自不同行业的听证代表对4个与市民日常生产、生活密切相关的重要议题进行了听证陈述，并提出了一系列意见和建议。这次《长沙市城市管理条例（草案)》立法听证会，是长沙市拥有立法权以来举行的首次以市政府为组织主体的立法听证会，该条例草案在立法形式上在全国尚属首创。[2]《株洲市人民政府重大行政决策程序规则》规定，市政府的环境保护决策有对辖区内经济、社会发展有重大影响的或涉及公众重大利益的情形的，应当召开听证会。《株洲市重大行政决策听证办法》就此作了详细的规定。根据《湖南省行政程序规定》，2010年1月21日，株洲市政府法制办公室、市环保局联合举行了《株洲市建设项目环境保护“三同时”保证金管理暂行办法》听证会。株洲市城市生活垃圾处理费征收方式、标准拟作调整，城市居民拟按用水量0.30元/立方米的标准，随水费合并征收。于是，株洲市于2010年9月20日召开城市生活垃圾处理费调整听证会。参加此次听证会的有人大代表、政协委员、专家和消费者代表25人。听证代表基本赞同调整方案，并认为此次城市生活垃圾处理费调整，对于改善城市生态环境、实现垃圾无害化处理具有积极意义。[3] 2011年9月6日，株洲市政府法制办公室和株洲市环保局联合组织市人大代表、政协委员、社区居民、网友以及建筑施工、文化娱乐、餐饮、建设、城管、规划、交通等部门27名代表，对《株洲市城区扬尘污染防治管理办法》（草案)、《株洲市城区餐饮业油烟污染防治管理办法》（草案）和《株洲市城区环境噪声污染防治管理办法》（草案）展开听证。听证代表纷纷发表自己的看法，提出了一些有

---

① 储文静、谭超：《长沙市首张娱乐场所噪声排污许可证今日听证》，http://bbs.rednet.cn/thread-4074235-1-1.html，发布时间：2006年6月16日。

② 李琪、吕菊兰、陈怀瑾：《长沙进行城市管理听证 拟在城区规划摆摊区》，http://news.sina.com.cn/c/2010-05-19/133520304298.shtml，发布时间：2010年5月19日。

③ 罗佳、莫立丰、钟武强：《株洲市召开城市生活垃圾处理费调整听证会》，http://hj.voc.com.cn/listId.asp?FId=5568，发布时间：2010年9月21日。

针对性的意见和建议。[①] 2007年1月5日发布的《湘潭市人民政府关于落实科学发展观切实加强环境保护的实施意见》强调，对重大环境影响项目实行公众听证参与制度，严格落实环保第一审批权和环保一票否决制度。湘潭市政府办公室于2011年3月14日颁布的《湘潭市资源节约型和环境友好型社会建设综合配套改革事项推进暂行办法》规定，“两型社会”改革试验涉及公众利益的，应当通过听证会、公示等形式，听取社会公众的意见。听证会有关情况应向社会公布，听证会的意见应当作为决策的重要依据。

长株潭城市群建立了环境信访制度，开展了环境信访工作。长沙市根据环保应急工作需要，设立环保110应急投诉举报电话，成立市环保110应急指挥中心，采取市区联动执法的形式，负责处理群众投诉的环境污染信访案件。长沙市环保110应急工作制度由此建立起来。从2007年6月21日开始，长沙市环保局在原有电话、信件回复群众投诉的基础上，增加发送手机短信的方式，当场回复群众的环境投诉，以便投诉人在最短的时间内及时掌握投诉处理的进展情况和结果。长沙市环保局专门制定了《短信回复简易环境投诉工作规程》，由市环保局信访办负责简易环境投诉受理、转送、交办、督办工作，环保110值班室负责对投诉处理结果进行跟踪、督办、收集、汇总，处理结果由环境监察支队相关部门工作人员现场负责短信回复。为了鼓励公众参与环境保护，长沙市环保局在2008年6月召开“湘江流域长沙段污染整治实施方案及五年行动计划工作纲要征求意见座谈会”时，特意邀请6名市民代表，征求修改意见和建议。《株洲市人民政府重大行政决策程序规则》规定，环境保护决策备选方案公布后，决策承办单位应当根据决策事项对公众的影响范围、程度等，通过举行座谈会、论证会等形式，听取社会各界的意见和建议。2010年以来，株洲市环保局始终把环境信访作为其工作的重要环节，不断完善工作机制，及时解决群众身边的环境问题，尽力保障群众合法的环境权益。《湘潭市人民政府关于落实科学发展观切实加强环境保护的实施意见》指出，广泛发动群众参与、监督环保工作，落实有奖举报环境违法行为制度和行风评议员制度。2012年4月15日，湘潭市政府法制办公室发出通知，将其代市政府组织起草的《湘潭市重大行政决策听证试行

---

① 中华人民共和国环境保护部：《湖南省株洲市召开扬尘、噪声、餐饮油烟污染防治管理办法听证会》，http：//www. mep. gov. cn/zhxx/gzdt/201109/t20110913_217205. htm，发布时间：2011年9月13日。

办法》（征求意见稿）在市政府门户网站上向社会各界公开征求意见，欢迎社会各界人士于2012年5月15日前通过信函或者电子邮件的方式提出宝贵意见。其中，社会各界人士可以针对“可能对生态环境、自然及人文景观、城市功能造成重大影响的政府投资项目的立项，对居民生活环境质量可能造成重大影响的建设项目的环境影响评价，应当组织听证”提出意见。

长株潭城市群在大量的出租车上应用GPS全球定位系统。2003年8月，长沙市区300多辆出租车装载了GPS全球定位系统。这是长沙出租车首次装上GPS全球定位系统。此系统能够随时提供所需信息与服务，能够提供了很好的安全保障。目前长沙市出租车基本上安装了GPS全球定位系统。2006年1月，株洲万发实业有限公司率先在株洲市出租车行业为182台出租车免费装上GPS全球定位系统。株洲市把使用GPS全球定位系统作为城市客运出租汽车企业服务等级考核的一个指标。GPS全球定位系统正式运行后，到2003年2月中旬，湘潭市已有40多辆出租车，130多台社会车辆安装了这种系统。当前湘潭市新增出租汽车要求统一安装GPS装置。长株潭城市群出租车上的GPS全球定位系统事实上在环境治理中发挥着作用。

三　中国西部城市环境治理信息型政策工具应用的状况：以呼和浩特市与昆明市为例

（一）呼和浩特市环境治理信息型政策工具应用的状况

环境监测是呼和浩特市环境治理信息型政策工具谱系的一部分。呼和浩特市环境保护局设立了环境监测中心站。环境监测中心站承担全市环境保护科技监测工作，承担全市环境监测网的有关工作。呼和浩特市环境空气监测始于1985年，1989年第一次进行“优化布点”，并经国家环境保护局组织专家论证，确定4个监测点位为“国控监测点位”，从1990年至今实施环境空气24小时连续监测。2000年6月，糖厂子站的环境空气自动监测系统正式运行。2004年7月，小召子站、公安厅子站的环境空气自动监测系统投入运行。[①]现在环境空气24小时连续监测系统和环境空气自动监测系统并行。呼和浩特市环境监测中心站还开展了其他监测工作。为了规范环境监测数据

① 马菊花、常玉军、马穆德：《呼和浩特市环境空气24小时连续监测（湿法）与自动监测（干法）的对比分析》，《内蒙古环境保护》2006年第4期，第69—76页。

的使用与管理，保证环境监测数据的准确性、完整性与合理性，呼和浩特市环境监测中心站于2008年初制定了《环境监测数据管理制度》，并于2010年5月对其进行了修订。

环境统计是呼和浩特市环境治理的另一信息型政策工具。呼和浩特市开展了城市环境污染状况统计工作、城市园林、绿化情况统计工作、城市市容环境卫生情况统计工作和城市环境综合治理定量考核指标统计工作等。不同部门各负其责，共同承担这项工作。呼和浩特市环境保护局污染控制科承担环境综合统计和污染源普查工作。呼和浩特市环境保护局信息中心负责环境数据的分析统计，为环保局决策提供技术支持；协助完成环保发展规划和年度计划、管理规范和技术交流、环境统计。呼和浩特市环境保护局环境信息自动监控中心负责整理、统计、分析和汇总各污染点源自动在线监测设备上传的监测数据，以便为工作决策提供依据。

呼和浩特市开展了环境信息公开工作。呼和浩特市环境保护局发布环境状况公报和城市空气质量日报。呼和浩特市是中国第一个环境信息公开试点城市。呼和浩特市环境信息公开是国家环境保护总局和世界银行联合主持的“城市工业污染模拟系统和环境信息公开”项目的一个组成部分，是中国首例针对企事业单位的环境行为向社会进行公开的案例。2000年3月24日，呼和浩特市第一次正式公开企事业单位环境信誉等级评价结果。呼和浩特市进行第一次环境信息公开的企事业单位共有107家，根据其环境行为的差异，经过科学而周密的评估，分别被冠以不同的颜色公之于众。环境信誉等级最好的企事业单位为绿色，次之为蓝色，再次为黄色，接下来是红色和黑色。呼和浩特市电视台、中国环境报、内蒙古日报、呼和浩特日报和呼和浩特晚报等均报道了有关呼和浩特市环境信息公开的情况。[①]呼和浩特市第一次环境信息公开在促进企事业单位改善其环境行为和提高公众的环境意识方面起了重要作用。遗憾的是，呼和浩特市的企事业单位环境信息公开在试点工作之后徘徊不前，有时甚至不进反退。从2008—2012年113个城市PITI评价结果中可略见一斑。

ISO14000标准在呼和浩特市得到一定的应用。呼和浩特经济技术开发区如意工业园区2004年已经通过ISO14000环境管理体系认证，成为呼和浩特

① 曹东、罗宏、王金南、葛察忠：《呼和浩特市企事业单位环境信息公开制度》，载王金南、邹首民、洪亚雄主编《中国环境政策》（第二卷），中国环境科学出版社2006年版，第253—263页。

市首家通过区域环境管理认证的地区。内蒙古天鸿生物科技有限公司位于呼和浩特市和林格尔盛乐经济园区，该公司加工车间已经通过 ISO14000 认证。呼和浩特市在创建国家环境保护模范城市中，把开展创建国家 ISO14000 示范区活动作为一个参考指标。呼和浩特市使用机动车环保标志来治理环境。为了有效地遏制机动车排气污染，改善城市空气环境质量，呼和浩特市环境保护局、公安局下发了《关于进一步规范机动车排气检测实施机动车环保标志管理的通告》，对在用机动车实行环保标志管理。

呼和浩特市环境保护局制定的一些规章对环境听证作了规定。《重大行政决策听证制度》第二条规定，市环保局作出重大行政处罚原则上应进行听证。《重大行政决策听取意见制度（试行）》第五条规定，重大行政决策公开征求意见可以采取会议、公示、函询、调查、座谈、听证等方式。《重大行政决策合法性审查制度》第八条规定，市环保局科技法规科对重大行政决策进行合法性审查可以采取召开座谈会、论证会、听证会、协调会等形式广泛听取社会各方面的意见。呼和浩特市还举行了环境听证会。2005 年 9 月 28 日，呼和浩特市召开调整生活垃圾处置收费标准听证会。由人大代表与专家、商家、个体户、居民代表等 25 人组成的听证会代表，以及内蒙古自治区、呼和浩特市两级发改委与市市容管理局等部门的有关人员参加了听证会。听证会代表对此次拟调价的一些项目提出了建设性意见和建议。2007 年 10 月 30 日，呼和浩特市召开调整城市污水处理费听证会，拟上调污水处理费。此次上调污水处理费旨在提高城市污水处理率，改善城市水环境。

呼和浩特市环境保护局出台的一些规章对环境信访作了规定。《呼和浩特市城市环境噪声污染防治管理办法》第五条规定，任何单位与个人都有保护声环境的义务，并有权对造成环境噪声污染的单位与个人进行检举、控告。各级环境保护行政主管部门与有关环境噪声监督管理部门应当采取有效措施，受理群众投诉。《重大行政决策听取意见制度（试行）》第三条规定，重大行政决策事项涉及面广或者与公民、法人和其他组织利益密切相关的，应当公开征求意见。《重大行政决策合法性审查制度》第八条规定，市环保局科技法规科对重大行政决策进行合法性审查可以通过发函书面公开征求意见的形式广泛听取社会各方面的意见。呼和浩特市环保局创新环境信访工作机制。首先，规范环境信访办事程序。按照国务院环境保护行政主管部门关于环境信访工作的要求，完善了《市环保局来信来访工作制度》《市环保局领导接待日制度》《12369 投诉热线电话管理制度》与《环境信访工作程序》

等一系列环境信访处理的制度、程序。其次，多渠道倾听社情民意。设立了环境信访接待窗口，建立了领导班子接访制度，公布了环保投诉热线电话，并在呼和浩特市环境保护网站上设置了“局长在线”与“环保投诉”等专栏，形成了多渠道、多形式的环保投诉格局。再次，实施环境信访投诉责任制。在环境信访接待、环保投诉受理等方面实施责任制。严格执行值班制度，做到环境信访接待、环保投诉受理不缺位、不空岗，保证 24 小时有人接听环保投诉电话。凡是出现无人接听环保投诉电话、环境污染事件查处不及时造成影响的，都给予经济处罚与纪律处分。最后，实行“一岗双责”。将环境信访工作纳入目标考核中，层层签订责任状，实行“一岗双责”，并把环境信访工作的考核情况作为争先评优与提拔任用的重要依据，制定责任追究及奖惩办法，使人人身上有担子、有责任。①

随着车流量的日益增加，呼和浩特市的交通形势愈来愈严峻，道路拥堵现象越来越严重。在此情形下，呼和浩特市出租车行业和公交车行业广泛应用了 GPS 全球定位系统。至 2009 年 10 月，呼和浩特市市区原有的 4666 辆出租车已经全部装上了 GPS 全球定位系统。呼和浩特市出租车装载的 GPS 设备是一种车用高科技安全监控系统。此系统将最新的 GPS 全球卫星定位技术、GSM 无线移动通信技术、GIS 地理信息技术以及计算机网络技术融为一体，具有实时定位、防盗反劫、智能报警和轨迹记录等诸多功能，能够为出租车和司乘人员安全提供有力的保障。2012 年 6 月，呼和浩特公交车公司已经在全市 1214 辆公交车上全部装载了智能 GPS 实时监控系统。这是呼和浩特市公交车行业首次投入使用智能 GPS 实时监控系统。

（二）昆明市环境治理信息型政策工具应用的状况

昆明市相当重视环境监测。昆明市环境保护局成立了环境监测处。环境监测处的工作职责主要是对全市环境监测工作实施统一的监督管理；制定并组织实施全市环境监测发展规划与年度监测工作计划；组织开展环境监测能力建设工作；组织建设与管理环境监测网，负责市控监测点位（断面）的管理；担负发布环境监测信息的责任；组织开展环境应急监测工作。为了推进环境监测工作，昆明市环保局还设立了昆明市环境监测中心。昆明市环境监

---

① 呼和浩特市环境保护局：《呼市环保局创新环境信访工作机制认真处理环境信访案件，维护群众环境权益》，http：//www. hhhthb. gov. cn/xwzx/hbdt/201103/n24242. shtml，发布时间：2011 年 3 月 24 日。

测中心对昆明地区的环境质量状况进行监视性监测，对重点污染源、流动污染源进行监督性监测，对污染事故、污染纠纷进行应急监测和仲裁监测，对新建、改扩建以及限期治理项目进行验收监测，对建设项目环境影响评价进行后评估监测等。昆明市环境监测中心独立地研制开发了昆明市环境信息管理系统。该系统满足昆明市环境保护局和昆明市环境监测中心对环境监测数据的日常管理及使用，提供昆明市主城区饮用水源地水质监测数据，提供滇池流域主要入湖河道水质监测数据。此外，昆明市环保局设立的昆明市环境监察支队协助监测部门做好监测工作。

昆明市应用环境统计进行环境治理。昆明市开展了环境保护状况或情况统计工作、环境质量监测成果统计工作和城市环境卫生情况统计工作。环境统计工作主要由昆明市环境保护局及其污染物排放总量控制处负责。昆明市环保局组织召开环境统计工作布置会，安排部署环境统计年报工作。环境统计汇审工作是昆明市环境统计工作的重要一环。市级汇审小组对县区环境统计进行初次汇审。初次汇审中，市级汇审小组对县区环境统计工作中存在的问题作出较为全面、详细的分析。县区环境统计工作人员对存在的问题逐项地进行修正、审核。然后，市级汇审小组对县区环境统计工作人员修正后的数据进行复审。县区环境统计工作人员对复审中出现的问题逐一地进行修改。这样做的目的在于确保环境统计工作的质量。

昆明市环境保护局采取多种形式公开环境信息。昆明市环保局发布环境状况公报、城市空气质量日报、滇池水质状况月报和阳宗海水质状况季报。昆明市环保局对建设项目环境影响报告书进行审批前公示，对建设项目环境影响评价予以公告，对建设项目环境影响评价审批情况给予通报。为了加强对环境保护政务信息公开工作的组织领导，昆明市环保局成立了昆明市环保政府信息公开领导小组与昆明市环保政府信息公开保密审查领导小组。这些领导小组印发了《昆明市环境保护局政务信息公开实施方案》，并认真组织实施。昆明市环保局强化政府信息公开工作制度与机制建设。昆明市环保局2008年编制完成了《昆明市环境保护局政务信息公开指南》《昆明市环境保护局政务信息公开目录》和《昆明市环境保护局政务信息工作管理办法》，并及时向社会公布。昆明市环保局建立了主动公开、依申请公开、保密审查和评议考核工作机制。[①]

昆明市环保局科技与环保产业发展处组织开展环境质量体系认证工作。在多方共同努力下，昆明市的环境标志计划取得一定进展。昆明经济技术开发区管委会通过了 ISO14001 环境管理体系认证。昆明经济技术开发区内众多企业获得了 ISO14001 环境管理体系认证证书。昆明高新技术产业开发区管委会 2011 年获得 ISO14001 环境管理体系认证证书。昆明市对机动车实行环保分类标志管理。《昆明市机动车环保标志管理暂行办法》于 2008 年 10 月 1 日正式实施。这是昆明市首次对全市的机动车实行环保分类标志管理。为了控制机动车排放污染，改善城市空气质量，昆明市环保局于 2009 年 7 月 28 日颁布《昆明市机动车环保标志管理办法》。

昆明市环保局推行重大决策听证制度。该制度对听证事项、听证组织、听证程序、听证结果、管理监督和责任分解作了规定。《昆明市环境保护公众参与办法》包含了环境听证的规定。昆明市环保局召开了多起环境听证会。昆明市环保局会同昆明市政府法制办公室于 2009 年 11 月 3 日举行了《昆明市工业园区环境保护管理办法（征求意见稿）》听证会。昆明市环保局于 2010 年 12 月 9 日举行了《昆明市环境保护与生态建设“十二五”规划（听证稿）》听证会，直接听取社会各方面的意见和建议。2010 年 12 月 12 日，昆明市环保局举行了《昆明大润发商业广场建设项目环境影响报告书》听证会，就此建设项目对周围环境影响的评价听取社会各界的意见和建议。这是云南省首次针对建设项目的“环评”进行听证。2011 年 5 月 19 日，《昆明市环境保护公众参与办法（征求意见稿）》听证会召开，旨在广泛征求市民的意见和建议。

昆明市把环境信访作为一种环境治理工具。昆明市环保局成立了昆明市环境监察支队。昆明市环境监察支队的主要职责之一是负责受理群众有关环境保护的来信来访与投诉。昆明市环保局开通了“96128”政务信息查询电话，环境投诉是查询的内容之一。昆明市环保局建立了环境信访制度。根据《昆明市环境保护局环境污染群体性事件应急处置预案》，昆明市环境监察支队负责环境污染群体性事件“12369”环保热线电话受理、现场处置、调查处理及后督查工作；昆明市环保局政策法规处负责环境污

---

① 昆明市环境保护局：《昆明市环境保护局 2010 年政府信息公开年度报告》，http：//www. stats. yn. gov. cn/canton_ model62/newsview. aspx? id = 1375805 ，发布时间：2011 年 2 月 14 日。

染群体性事件来人来访的受理工作。《昆明市环境保护公众参与办法》第二十七条规定，公众通过各级人大代表、政协委员及环境保护义务监督员向有关行政管理部门提出意见、建议，或者投诉、举报；通过书信、电子邮件、传真、电话、登门等方式向有关行政管理部门提出意见、建议，或者投诉、举报。

昆明市出租车行业广泛应用了 GPS 全球定位系统。昆明市城市管理综合行政执法局、昆明市城市客运交通管理处和昆明市出租汽车协会主要负责安装 GPS 全球定位系统的相关工作。云南世博出租汽车有限公司 600 辆出租车于 2010 年 8 月全部完成了 GPS 全球定位系统的安装。新宇出租车经营公司也首批安装了 20 台 GPS 设备在出租车上。[①] 2010 年底昆明市 6951 辆出租车安装了 GPS 设备，并建立了出租车管理服务中心，实现了 GPS 信号数据的收集与存储。[②]使用出租车 GPS 设备可以准确地掌握各时间段、各片区的出行交通量和道路车速等信息。昆明市还从制度层面对客运车辆安装 GPS 设备提出了要求。2011 年 1 月 1 日正式实施的《昆明市机动车客运行业治安管理条例》明确指出，客运车辆要安装 GPS 全球定位系统监控设备。

四 实例综论:以应用状况为基点

从中国东部、中部、西部城市环境治理信息型政策工具应用的实例来看，各城市环境治理信息型政策工具的应用存在一些差异，同一城市环境治理信息型政策工具的应用在不同时间也存在一些差异。这些差异的存在有其缘由。各城市环境治理信息型政策工具的应用中有一些值得借鉴的经验，当然也有一些需要改进的地方。揭示应用差异的缘由，提炼可资借鉴的经验，探寻有待改进的地方是对选定城市（选取的用以作为实证研究对象的城市）环境治理信息型政策工具应用的状况予以深描的目的所在。

（一）应用差异的缘由

为了有效地开展环境监测工作，选定城市都建立了环境监测中心（站）

① 《都市时报》记者杨雁：《昆明 620 辆出租车首批装上 GPS 可预约服务和报警》，http：//news. sina. com. cn/c/2010 - 08 - 26/072918022764s. shtml，发布时间：2010 年 8 月 26 日。

② 昆明市城市交通研究所：《新技术应用取得进展 出租车 GPS 有望表征昆明交通状况》，http：//www. kmuti. com/Html/？9661. html，发布时间：2011 年 10 月 14 日。

或环境监测站，只是建立的时间存在差异。北京市最早建立了环境监测中心。正因为如此，北京市的大量环境监测工作走在全国前列。北京市环境保护监测中心是首批通过国家级计量认证的环境监测机构。北京市在全国最早开展对烟气排放实施连续监测。长沙市较早建立了环境监测中心站。由于起步较早，长沙市环境监测中心站具有良好的业务工作条件与雄厚的技术力量，因而它进行了一些开拓性工作。生态遥感监测是一个较为新兴的环境监测领域，是国家环境保护部“十二·五”规划环境监测工作重点之一，长沙市环境监测中心站早在2008年就着眼于这方面的人才储备，目前其技术力量在全省处于先进水平，长沙市的生态遥感环境监测工作由此得以稳步推进。

选定城市都建立了城市空气质量监测系统，但北京市在监测城市空气质量时设置了针对交通道路的空气质量监测点。北京有两个位于道路边的常年空气污染监测站点，一个在前门，另一个在车公庄。2008年中国部分城市环境空气质量监测站点调整时，前门的监测站点被取消，车公庄的监测站点保留在官园。[①]这种应用差异的缘由是在中国拥有汽车最多的城市北京，开私家车出行的比例从2000年的26%上升到2008年的35%，[②]机动车排放的尾气已经成为该市空气的首要污染物。长株潭城市群在环境监测方面有一些不同于其他城市的做法。长沙市环境保护局出台了国内首部包含环境监测制度的环境风险企业管理办法。之所以如此，是因为环境污染责任保险既是创新环境保护工作方法，转变传统环境监管模式的有效途径，又是长沙市“两型社会”建设先行先试，探索经济管理的环境监管体系的必然要求。株洲市是重工业城市，工业污染十分严重。为了解决工业污染问题，株洲市环境保护局建立了针对企业环境行为的环境监测制度。出于扩大环保公众参与的考虑，湘潭市环境保护局于2011年6月3日开展首个“环保开放日、市民谈环保”系列活动，旨在让市民全面了解湘潭城市环境管理运作机制和工作现状，让环境执法、环境监测等工作阳光透明地接受市民监督，使环境管理、环境监

① 孙德智主编：《城市交通道路环境空气质量监测与评价》，中国环境科学出版社2010年版，第35页。

② ［法］皮埃尔·雅克、［印度］拉金德拉·K. 帕乔里、［法］劳伦斯·图比娅娜：《城市交通：控制供应与需求——参照标准之十七》，载［法］皮埃尔·雅克、［印度］拉金德拉·K. 帕乔里、［法］劳伦斯·图比娅娜主编《城市：发展改变轨迹（看地球2010）》，潘革平译，社会科学文献出版社2010年版，第251页。

测服务更贴近老百姓。

镇江市和呼和浩特市是首批进行环境信息公开试点的两个城市。但两地试验的结果大相径庭。镇江市的环境信息公开项目在试点之后得到了延续，而呼和浩特市的则在试点之后便停滞不前。对任务的认知、掌握资源与任务实施的背景[①]，以及对话网络[②]的不同是镇江市和呼和浩特市环境信息公开这一政策工具应用差异的缘由。推动镇江市的环境信息公开试点项目得以扩展并延续的因素是：意识到环境信息公开跟环保局日常工作的关联及其价值，项目实施的责任和权利相匹配，拥有优质充足的环境信息，环保局各部门之间的通力协作，技术支持到位，项目实施者行为坚定，具有建基于共同价值理念与私人关系基础之上的相互信任。呼和浩特市的环境信息公开试点项目在试点之后偃旗息鼓的一个原因是关注点及利益不一致。对呼和浩特市环保局来说，环境信息公开试点项目是呼和浩特市环境科学研究院签约的项目，其定位是搞研究而不是提升环保局的工作能力。呼和浩特市环保局把环境信息公开试点项目看成是其面对的一项附加的次要工作。呼和浩特市政府基于地方经济利益的考虑没有积极对待环境行为颜色评级工作。况且，呼和浩特市环保局觉得，若不与“一控双达标”这项重点任务结合起来，该环境信息公开试点项目的价值就不大。而“一控双达标”于2000年结束，于是环境信息公开试点变得可有可无。因此，呼和浩特市环保局在一年的试点完成之后便结束了该项目。呼和浩特市的环境信息公开试点项目在试点之后停止的其他原因是项目执行者可供使用的资源明显比镇江市的同行要少，项目实施团队没有与其他行动者紧密配合。[③]

环境信息公开的应用在同一城市的不同时间里也存在一些差异。从2008—2012年113个城市PITI评价结果来看，选定城市中北京市、武汉市、湘潭市和昆明市环境信息公开发生的变化颇大（如表5—1）。北京市2008—2011年的环境信息公开发生了跌宕起伏的变化，在2011年度10个进步最快的城市中北京市名列第二位。湘潭市的环境信息公开不断进步，在2011年

---

① 这是安妮·哈德米安“文化之根”的三要素，参见 Anne Khademian. Working with Culture: How the Job Gets Done in Public Programs. Washington, D. C.: CQ Press, 2002。

② John Braithwaite &Peter Drahos, Global Business Regulation, Cambridge &England, New York: Cambridge University Press, 2000. p. 04.

③ 李万新、李多多：《中国环境信息的主动发布与被动公开——两个环境信息公开试点项目的比较研究》，《公共行政评论》2011年第6期，第140—164页。

度10个进步最快的城市中湘潭市名列第九位；与2011年度对比，湘潭市2012年度PITI得分略有增加。昆明市、武汉市环境信息公开则在2009—2010年度退步最大的10个城市中分别排在第一位和第三位。2008年北京奥运会之前，北京市加大了环境集中整治力度，公布了一批污染企业，所以当时取得了49.1分的成绩。但随着奥运会结束，这些好的做法未能延续，[①]北京市公布的2009年的信息仅9条，造成北京市2009—2010年度PITI得分跌落至43.5分。北京市2011年PITI评价得到72.9分，其进步第二快。北京市进步快的主要原因是2010年起，其设置了“行政处罚”专栏，公布了419条日常监管记录。[②]另外的原因是北京市环保局把对环境信息公开申请的回复放在网上，向所有人公开。湘潭市2008—2012年PITI得分持续上升，2011年进步较快。湘潭市进步较快的主要原因是在环境信息公开方面湘潭市环保局曾经接到过律师的起诉，切实有过压力，之后便主动公开环境信息；湘潭市环保局加大了环境信访处理力度。昆明市环境信息公开在2009—2010年度退步最大的主要原因是环境信访、投诉案件的处理力度明显减小，依申请公开的数量大幅下降。武汉市从2006年开始启动清洁生产的试点工作。经过一年努力，武汉华丽环保科技有限公司等3家企业率先通过清洁生产审核。武汉市在2008年PITI评价中获得61.2分，名列第四位，很大程度上得益于对清洁生产审核进行公示。但武汉市2009年没有对清洁生产审核进行公示，这是武汉市环境信息公开在2009—2010年度退步最大的10个城市中名列第三位的关键原因。与2009—2010年度对比，武汉市2011年度环境信息公开略有进步；与2011年度对比，武汉市2012年度环境信息公开又有退步[③]，其重要原因之一在于是否对清洁生产审核进行公示。当然，日常监管记录公示数量的减少也使得武汉市环境信息公开在2009—2010年度出现大的退步。

---

① 杨东平主编：《中国环境发展报告（2011）》，社会科学文献出版社2011年版，第128—136页。

② 公众环境研究中心：《环境信息公开 三年盘点——113城市污染源监管信息公开指数（PITI）2011年度评价结果》，http：//www. ipe. org. cn//Upload/IPE%20report/PITI_ 2011_ CH. pdf。发布时间：2012年1月16日。

③ 公众环境研究中心：《环境信息公开 瓶颈·突破－113个城市污染源监管信息公开指数（PITI）2012年度评价结果》，http：//www. ipe. org. cn/Upload/IPE%20report/PITI2012－0409. pdf 。发布时间：2013年4月1日。

表 5—1 **2008—2012 年四个城市 PITI 评价结果**

PITI 评价 / 城市	2008 年度		2009—2010 年度		2011 年度		2012 年度	
	PITI 得分	排名	2009 年 PITI 得分	排名	PITI 得分	排名	PITI 得分	排名
北京	49.1	17	43.5	31	72.9	7	72.9	6
武汉	61.2	4	48	26	56	22	52.5	31
湘潭	14	101	20.4	92	39.6	47	41.8	52
昆明	49.4	16	34.6	55	45	38	49.6	38

（二）可资借鉴的经验

烟气连续排放监测系统应用于中国城市环境治理中。烟气连续排放监测系统是由颗粒物监测子系统、气态污染物监测子系统、烟气参数测量子系统和数据采集、处理子系统组成的。在城市烟气排放监测方面，北京市的做法值得其他省市借鉴。北京市开创了对烟气排放实施连续监测的先河。为了规范在线监测设备的安装，北京市环境保护局已经率先在全国颁布了锅炉烟气排放在线连续监测技术要求，该技术要求对在线监测设备的安装位置、技术性能、数据采集和处理、联网通信、质量保证以及运行管理等方面作了具体规定。

能源消耗监测或检测系统在中国城市环境治理中得到应用。中国在全国的 20 多个城市进行节能试点，以便积累不同形式的节能经验。这些经验包括在国家机关的办公室以及大型的公共和私人建筑内安装能源消耗实时检测系统。武汉市是安装能源消耗实时检测系统的试点城市之一。①通过开展试点工作，武汉市在能源消耗实时监测或检测方面积累一些值得推广的经验。可以说，在选定城市中，武汉市在能源消耗实时监测方面提供了可资借鉴的经验。

长沙市环保局出台了环境风险企业管理办法。这一做法值得借鉴。《环境风险企业管理若干规定》发布后的第二天，国家环境保护部致电长沙市环保局，准备将该规定作为典型经验在全国范围内推广，并将其作为经典个案

① ［法］尼尔斯·德韦尔努瓦：《中国：努力提高能源利用率》，载［法］皮埃尔·雅克、［印度］拉金德拉·K. 帕乔里、［法］劳伦斯·图比娅娜主编：《城市：发展改变轨迹（看地球 2010）》，潘革平译，社会科学文献出版社 2010 年版，第 83 页。

收入相关环保教材。由于《环境风险企业管理若干规定》对环境监测作了规定，所以在环境监测方面，长沙市相应地拥有一些可资借鉴的经验。除了现有对企业排放污染物的监测项目外，《环境风险企业管理若干规定》还要求环境风险企业应委托有资质的环境监测机构对企业周边的河流、山塘和水库等地表水、井水等地下水以及土壤等环境状况进行监测评估，发现异常及时报告。

昆明市在环境监测方面的可资借鉴的经验是昆明市非常重视环境监测。对环境监测的重视使昆明市环境监测工作开展得很好。2006 年 5 月，云南省环境保护厅组织了对 17 个“城考”城市进行考核会审，发现各城市的“城考”工作每年都有所进步，并不同程度提高了环境监测工作的质量，其中，昆明环境监测得分最高。除昆明市环境监测中心主要负责环境监测工作外，昆明市环保局监察大队也担当重要责任。2012 年昆明市环保局监察大队的环保监察执法在侧重整治重金属排放企业、重点监控污染减排企业和重点整治以滇池为重点的水环境的同时，还重点监控设施运行不正常、进水浓度高和排放超标的废水排放企业；加强各类污水处理厂进、出水水质的监督性监测，全面地分析、掌控污水处理厂运行与污染物排放情况；对烟气脱硫设施运行情况、旁路铅封情况与连续监测设备运行情况进行检查；①等等。

在环境信息公开试点的两个城市中，镇江市的经验可资借鉴。镇江市建立了一套较为公正、完善的环境行为评价标准和评价指标体系。根据评级标准，镇江市的工业企业环境行为分为五个等级，从差到好，分别用黑色、红色、黄色、蓝色、绿色来表示。这种绿色标志设计便于公众理解、接受。镇江市不断扩大参评企业范围。2002 年以后，镇江市环保局和南京大学共同探索对第三产业企业的环境行为进行颜色评级的指标体系。第三产业企业于 2004 年公开了颜色评级结果。2005 年共有 800 家企业参与了颜色评级并公开了评级结果，参评企业中约 10% 的企业为第三产业。镇江市的环境信息公开无论是在规模上还是范围上，都得到了扩展。②作为环境信息公开试点的城市之一，镇江市的经验令人鼓舞。在镇江市经验的鼓舞下，2005 年 11 月国家环保总局颁布了《关于加快推进企业环境行为评价工作的意见》，正式推

---

① 昆明市环境保护局：《昆明今年环境监测有“三重”》，http：//www. stats. yn. gov. cn/canton_ model62/newsview. aspx? id = 1752321，发布时间：2012 年 4 月 12 日。

② 李万新、李多多：《中国环境信息的主动发布与被动公开——两个环境信息公开试点项目的比较研究》，《公共行政评论》2011 年第 6 期，第 140—164 页。

介企业环境行为评价技术指南，要求至 2010 年，全国所有城市全面推行企业环境行为评价。而今，镇江市正在探索如何借助颜色评级结果来瞄准环境行为差的企业，敦促其采取措施控制污染。[①]镇江市经由良好和便捷的信息渠道进行信息发布，有利于更多公众更方便、更全面地获取环境信息。镇江市制定和完善相应的奖惩措施，以加强信息工具和其他环境治理工具对企业污染控制的综合影响。

武汉市在线监测数据网上公示的经验可资借鉴。武汉市建立了重点污染源信息发布系统。此系统利用互联网络，把 2008 年 6 月以来武汉市废水与废气重点污染源排污的 24 小时在线监测数据与视频资料提供给公众。此系统还可进行历史数据查询。公众选择一家重点污染源，设定监测指标和数据起止时间，就可看到该企业在该时间段内是否存在超标排放，而排放值变化趋势也可一目了然，还可以查看企业排污的实时监控视频。[②]

选定城市中北京市、武汉市的环境信访工作开展得较好，值得许多城市借鉴。2008—2012 年 113 个城市 PITI 评价中，就经调查核实的公众对环境问题或者对企业污染环境的信访、投诉案件及其处理结果这项指标而言，北京市、武汉市表现不错，北京市四年分别得到 16.9 分、15.3 分、16.1 分和 16.1 分（此项指标总分为 18 分），武汉市四年分别得到 16.2 分、16.2 分、15.4 分和 16.9 分。该项指标得分为北京市、武汉市在 2008—2012 年 113 个城市 PITI 评价中排名靠前或比较靠前贡献良多。

武汉市在为出租车建立 GPS 全球定位系统的过程中采用市场运作的经验，采取商务合作和招商引资的方式进行。由投资商投资兴建出租车 GPS 卫星定位指挥调度系统，提供终端设备的运行服务。作为其投资回报，出租车行业提供一定期限的出租车车体广告的使用权给投资商。武汉市采用市场运作为出租车搭建 GPS 平台的经验可资借鉴。昆明市出租车 GPS 设备的安装工作借鉴了武汉市的经验。

（三）有待改进的地方

武汉城市圈的环境监测存在一些有待改进的地方。在武汉城市圈中，除武汉、鄂州和黄石外，其余 6 座城市的环境监测站的实力较弱。有的环境监

① 李万新、李多多：《中国环境信息的主动发布与被动公开——两个环境信息公开试点项目的比较研究》，《公共行政评论》2011 年第 6 期，第 140—164 页。

② 杨东平主编：《中国环境发展报告（2010）》，社会科学文献出版社 2010 年版，第 246—247 页。

测站缺乏具有高级职称的技术人员，甚至有的环境监测站的仪器设备捉襟见肘，稍微复杂一些的采样、检测和分析都无法完成。这表明武汉城市圈中多数城市的环境监测站的实力有待增强。受行政区划的限制，9座城市环境监测站之间的信息交流和协作有限。所以，在武汉城市圈构建有效的环境监测协调机制是当务之急。要建立与健全覆盖武汉城市圈的环境监测网络，实现武汉城市圈环境监测信息化；在环境监测网络的基础上，建立生态监测系统，对各种生态类型的典型区，实施定点连续监测，并根据结果建立各类监测数据、报告与环境质量报告数据库，掌握生态环境变化的趋势，为发展决策与确定生态环境保护措施提供依据。①

长株潭城市群的环境监测也存在一些有待改进的地方。首先，环境监测力量协调不够。需要从组织、资源和技术等方面保障、整合区域监测力量，形成联动机制，高效地完成环境质量监测、重点污染源监督性监测、应急监测以及其他专项工作。其次，环境监测现代化和标准化建设有待加强。需要筹建环境应急监测指挥中心，运用先进的数字化、自动化技术，整合污染源在线监控、环境自动监测和突发事件应急预警等系统，实现环境监测现代化和标准化建设。再次，水环境监测体系不健全。需要在湘江及其主要支流的集中式饮用水源地、重点水源保护区建设水质自动监测站，健全库区水环境监测体系。最后，环境监测制度不完善。需要建立与健全环境监测岗位责任、专业技术人员学术水平要求、职工业务培训、绩效考核、工作人员年度考核、工作奖惩等的管理办法，从职责、培训、考核、奖惩等方面作出明晰规定。

选定城市都开展了环境统计工作，取得较大的成绩；但其环境统计工作并非没有问题，环境统计失实的现象在它们那里不同程度地存在着。它们实行环境统计报表制度，这或多或少影响统计数字的提供，因为“信息每向上传递一个层级，都可能被修改”②。例如，昆明市的环境统计存在统计申报数据不全、不实的情况。由于环境统计申报数据不全、不实情况的影响，昆明市的减排量不大。需要加强其环境统计管理工作，把好环境统计数据真实性与可靠性关口，为环境保护夯实基础。其他城市同样需要采取相关措施改进

① 刘嗣明、杨晓丽：《武汉城市圈生态环境保护一体化机制创新研究》，《发展研究》2010年第9期，第14—17页。

② ［美］史蒂文·科恩、威廉·埃米克：《新有效公共管理者》，王巧玲等译，中国人民大学出版社2001年版，第115页。

环境统计工作。

从2008—2012年113个城市PITI评价结果来看，选定城市的环境信息公开总体上有待改进。各城市均未建立定期公布企业日常超标违规记录的机制，其日常监管信息的公布依然是虚弱的。各城市的依申请公开不能满足公众环境维权的需要。各城市企业级排放数据的公开依然明显缺失。尤其是长株潭城市群环境信息公开亟待加强。2011年度长沙市PITI得到27.5分，名列第八十位；株洲市得到25.2分，名列第八十五位；湘潭市得到39.6分，名列第四十九位，与名列第一位的宁波市（得到83.7分）相去甚远。2012年度长沙市PITI得到32分，名列第七十七位；株洲市得到31.9分，名列第七十八位；湘潭市得到41.8分，名列第五十二位，与名列第一位的宁波市（得到85.3分）仍有颇大差距。

从一般的角度来看，选定城市的环境信息公开也有待改进。拿武汉城市圈来说，其环境信息公开存在一些问题，需要加以改进。武汉城市圈是由9个城市组成的，各城市之间没有行政隶属关系，它们很难有机结合起来，导致在环境信息公开上出现一些问题，如环境信息处于零散、重复状态，使得公众不能有效地获得相关环境信息。由政府部门构建一个专门的武汉城市圈环境信息网，来作为环境信息的发布平台，应能解决上述问题。[①]再如，昆明市环境信息公开存在一些问题：对环境信息公开工作的重要性认识还不够深刻；二是环境信息公开工作的宣传氛围还不够浓厚；环境信息公开工作的实效性还不够明显。这些问题是昆明市需要认真对待加以解决的问题。

选定城市的环境标志计划、环保标志管理存在一些有待改进的地方。其中，镇江市、长株潭城市群更是如此。根据调查，目前镇江市、长沙市和湘潭市没有一个区域通过ISO14001环境管理体系认证。长株潭城市群在机动车环保标志管理方面的工作有待加强。长株潭城市群机动车环保标志管理工作起步较晚。在2012年8月9日启动的湖南环保十大工程中，长株潭大气联防联控工程提上日程。2012年底以前，长株潭地区启动机动车环保标志管理工作。当地政府根据实际情况开展黄标车在城区主要路段和主要时段限行划定工作，2013年开始正式实施限行。此项工作对长株潭城市群的环境治理是有利的。当然，此项工作因刚开始而需要不断探索。

---

① 刘嗣明、杨晓丽：《武汉城市圈生态环境保护一体化机制创新研究》，《发展研究》2010年第4期，第14—17页。

选定城市环境听证利害关系人代表选择的实践中，大致有两种方式被采用。其一，环境听证组织机关区分利害关系人的种类和利益群体，根据其与环境听证事项的利害关系程度，事先确定并公布各利益主体或利益群体可以出席环境听证会的代表数量，由利害关系人自主推举代表。北京市环保局采用该方式来选择参加北京西上六输电线路工程电磁辐射污染环境影响评价行政许可听证会的代表。其二，由环境听证组织机关从提出出席听证会申请的利害关系人中挑选确定代表。北京圆明园防渗工程听证会代表的选择运用了这一方式。然而，环境听证组织机关指定或挑选确定代表的方式存在缺乏公开性和参与性的缺陷；环境听证组织机关指定的方式和利害关系人自主推选的方式存在缺乏有效操作性的缺陷。[①]为此，需要健全环境听证利害关系人代表选择机制。选定城市环境听证的程序、适用范围等也存在着一些有待改进的地方。

选定城市的环境信访工作或制度需要改进。比较而言，呼和浩特市的环境信访工作亟须改进。2009—2010 年度 113 个城市 PITI 评价中呼和浩特市在有关环境信访这项指标上仅得 3.6 分，更有甚者 2011 年度得 0 分，2012 年度又只得 3.6 分（总分为 18 分）。尽管北京市、武汉市的环境信访工作尚可，但仍有改进的空间。武汉城市圈的环境信访总体上存在有待改进的地方。武汉城市圈内部分地区环境信访队伍建设仍显不足，环境信访案件查处力度不够，环境信访答复落实督办不力。为此，需要完善武汉城市圈的环境信访制度。镇江市、长株潭城市群和昆明市的环境信访制度也存在一些问题，需要进一步加以完善。

选定城市中武汉城市圈内的一些城市、株洲市和湘潭市应用 GPS 全球定位系统的程度比其他城市稍逊一筹。需要在武汉城市圈内的一些城市、株洲市和湘潭市逐步推广使用 GPS 全球定位系统。选定城市主要在出租汽车上应用 GPS 全球定位系统，而较少在公交车、长途客运车上应用 GPS 全球定位系统。需要在公交车、长途客运车上逐步推广使用 GPS 全球定位系统。

选定城市环境治理信息型政策工具的应用存在许多有待改进的地方。囿于篇幅，以上仅举其要。选定城市环境治理信息型政策工具应用存在的

---

① 竺效：《论环境行政许可听证利害关系人代表的选择机制》，《法商研究》2005 年第 5 期，第 135—140 页。

有待改进的地方实际上是中国城市环境治理信息型政策工具应用存在的有待改进的地方的缩影。此所谓见微知著。由于中国城市环境治理信息型政策工具的应用存在有待改进的地方，对其进行优化就是一种可取的现实选择。

第六章　中国城市环境治理信息型政策工具的评估

政策评估是政策过程中的一个重要环节，是人们在“政策分析”或“政策科学”领域所从事的应用活动[①]。一般情况下，评估与评价、估计和估价等词是同义的。[②]对于政策工具而言，这些词都包含这样一种考虑，即运用某种价值观念来分析政策工具应用的结果。更为确切地讲，评估提供政策工具应用的结果所带来的价值方面的信息。某项政策工具确实具有价值，说明它在实现既定目标或目的过程中取得了某种意义上的成效；反之，说明它存在某些缺陷。由于评估能够提供关于政策工具绩效是否真实可靠的信息，对中国城市环境治理的信息型政策工具进行评估就有了必要。此类评估既有助于知晓中国城市环境治理信息型政策工具应用的效果，也有助于了解其问题所在，为其优化提供依据、找准方向。

一　中国城市环境治理信息型政策工具评估的标准:多种维度的设置

对中国城市环境治理的信息型政策工具进行评估的第一步是确立评估标准。“公共行为是受标准管理的”[③]，且标准“提供了以简单、通行的词汇凝

---

① ［美］弗兰克·费希尔:《公共政策评估》，吴爱明等译，中国人民大学出版社2003年版，第2—3页。

② ［美］威廉·N. 邓恩:《公共政策分析导论》（第二版），谢明等译，中国人民大学出版社2002年版，第435页。

③ ［法］皮埃尔·卡蓝默、安德烈·塔尔芒:《心系国家改革——公共管理建构模式论》，胡洪庆译，上海人民出版社2004年版，第41页。

聚知识要素的手段"[①]，因而中国城市环境治理信息型政策工具的评估要确立适当的标准。标准即"衡量尺度、规则和准则"[②]。评估标准是衡量评估对象利弊优劣的依据或准则。评估标准的确定属于评估维度的设置问题。[③]根据客观情况，需要设置多种维度来评估中国城市环境治理的信息型政策工具。在学术界，许多学者对评估标准进行了探讨。他们的见解为确定中国城市环境治理信息型政策工具评估的标准、设置中国城市环境治理信息型政策工具评估的维度奠定了基础。

（一）学术界关于政策评估标准的观点

政策关乎现实问题的解决，关涉多种价值。就像赫伯特·A. 西蒙指出的那样，每个决策都包括两种要素，分别称为"事实"要素和"价值"要素。[④]政策的价值实际上是政策的效用。政策效用的衡量是政策评估的要旨所在。用托马斯·R. 戴伊的话说，政策评估就是衡量公共政策的效用。[⑤]为了考量政策的效果或效率价值，为了认识政策的公平价值，就必须首先建立一套政策评估标准。没有评估标准，就无法对一项政策的过程、内容和环境作出客观的判断。但是，在现实的政策过程中，由于政策涉及面广，评估主体多，加上影响政策过程的变量纷繁芜杂，因而难以确立统一的、为绝大多数学者所认同的评估标准。国内外学者在政策的评估标准问题上众说纷纭，难定一尊。

国内学者张国庆、林水波、张世贤、陈振明、谢明和徐家良等对于政策评估标准有着不同的理解。张国庆将政策评估分为整体评估和单元评估。在他看来，两类评估在考量标准上存在差别。整体评估的标准是政策评估的首要标准，单元评估的标准则是政策评估的次要标准。[⑥]林水波、张世贤把投入工作量、绩效、效率、充足性、公平性、适当性、执行力和社会发展总指标

---

① ［法］皮埃尔·卡蓝默、安德烈·塔尔芒：《心系国家改革——公共管理建构模式论》，胡洪庆译，上海人民出版社2004年版，第86页。

② Milan Zeleny, Multiple Criteria Decision Making, New York: McGraw-Hill, 1982, p. 17.

③ 此论断的提出得益于吴建南、白波、Richard Walkerd对典型的绩效维度的阐述，参见吴建南、白波、Richard Walkerd：《中国地方政府绩效评估中的绩效维度：现状与未来——基于德尔菲法的研究》，《情报杂志》2009年第10期，第1—5页。

④ ［美］赫伯特·A. 西蒙：《管理行为》（修订版），詹正茂译，机械工业出版社2007年版，第49页。

⑤ ［美］托马斯·R. 戴伊：《理解公共政策》，彭勃等译，华夏出版社2004年版，第281页。

⑥ 张国庆：《现代公共政策导论》，北京大学出版社1997年版，第194—195页。

等作为政策的评估标准。[①]陈振明将政策评估标准归纳为生产力、效益、效率、公正和政策回应度等标准。[②]根据谢明的理解，政策评估既要建立事实标准，也要建立价值标准。[③]徐家良的见解与谢明的有点儿相似。徐家良指出，政策评估是建立在事实标准、技术标准与价值标准基础上的一项活动。[④]按照徐家良的逻辑，事实标准、技术标准与价值标准是政策评估标准。

国外学者在政策评估标准问题上也各有自己的见解。E. A. 萨奇曼将工作量、绩效、绩效的充分性、效率和执行过程概括为政策评估的五项标准[⑤]。威廉·邓恩将效果、效率、充足性、公平性、回应性和适宜性作为政策评估的标准。效果标准涉及的问题是政策结果是否有价值，其说明性的指标为服务的单位数。效率标准涉及的问题是为得到有价值的政策结果付出了多大代价，其说明性的指标为单位成本、净利益和成本—收益比率。充足性标准涉及的问题是有价值的政策结果的完成在多大程度上解决了目标问题，其说明性的指标为固定成本和固定效果。公平标准涉及的问题是成本和效益在不同集团之间是否等量分配，其说明性的指标为帕累托准则、卡尔多－希克斯准则和罗尔斯准则。回应性标准涉及的问题是政策运行结果是否符合特定集团的需要、偏好或价值观念，其说明性的指标为与民意测验的一致性。适宜性标准涉及的问题是所需政策结果（目标）是否真正有价值或值得去做，其说明性的指标为公共计划应该兼顾效率与公平。[⑥]按照 E. 巴尔达奇的看法，技术可行性、政治可行性、经济和财政可能性、行政可操作性是对政策设计目标会产生较大影响并会如期地发挥作用的四种主要制约因素。卡尔·帕顿和大卫·沙维奇认为，大部分主要的评估标准都可归入这四种综合类型。[⑦]斯图亚特·S. 尼古从政治学的角度把公众参与度、可预测性和程序

---

① 林水波、张世贤：《公共政策》，五南图书出版有限公司 1999 年版，第 267 页。

② 陈振明主编：《政策科学——公共政策分析导论》（第二版），中国人民大学出版社 2003 年版，第 313 页。

③ 谢明：《政策透视——政策分析的理论与实践》，中国人民大学出版社 2004 年版，第330 页。

④ 宁骚主编：《公共政策学》，高等教育出版社 2003 年版，第 421 页。

⑤ E. A. Suchman, Evaluation Research: Principles and Practice in Public Service and Action Programs, New York: Ressell Sage Foudation, 1967, P61.

⑥ ［美］威廉·N. 邓恩：《公共政策分析导论》（第二版），谢明等译，中国人民大学出版社 2002 年版，第 437 页。

⑦ ［美］卡尔·帕顿、大卫·沙维奇：《政策分析和规划的初步方法》（第 2 版），孙兰芝等译，华夏出版社 2001 年版，第 205 页。

公正性作为政策评估的标准。[①]卡尔·V. 帕顿和大卫·S. 沙维奇模式的创新之处是在早期阶段制定评估标准。在这个步骤中不是一味地关注成本，而是可以考虑其他的评估标准。其他的评估标准可能包括效力、政治上的可接受性或者甚至投票结果和公正性。[②]通过预先说明评估标准，可以制定出在比较备择方案时可遵循的准则。较早说明评估标准也有助于日后避免出现选择带有个人偏好的方案的倾向。[③]

（二）中国城市环境治理信息型政策工具评估标准的确定

评估标准对于衡量任何目标实现的成就都是绝对必要的。[④]照此说来，中国城市环境治理信息型政策工具的评估必须建立一定的标准。尽管国内外学者对于政策评估标准见仁见智，但他们的观点对中国城市环境治理信息型政策工具评估标准的确定具有借鉴价值。综合不同学者的观点，并考虑具体情况，将中国城市环境治理信息型政策工具评估的标准定为效果、效率、公平性和政治可行性等标准。这些标准可以说是中国城市环境治理信息型政策工具评估的维度。

1. 效果标准

效果标准应是中国城市环境治理信息型政策工具评估的重要标准，它与有效性标准属于同等程度的范畴，因为有效性“可以说是直接评价政策、措施、项目的实施效果好坏的标准”[⑤]。政策工具的效果是政策工具实现了其设想的效益与未设想到的附加效益的程度。或者说，政策工具的效果是政策工具达成其预期的目标水准的程度。政策工具效果的通常衡量模式是利益核算范式。根据这一范式，在来自各种可选择的行为可能性的现有优先目标中，应当找到利益最大值的解决方案。[⑥]显然，政策工具的效果关涉利益或效益的

---

① Stuart S. Nagel, Public Policy: Goals, Means and Methods, New York: ST. Martin' s Press, 1984, pp. 110－120.

② ［澳］欧文·E. 休斯：《公共管理导论》（第二版），彭和平、周明德、金竹青等译，中国人民大学出版社2001年版，第159—160页。

③ Carl V. Patton and David S. Sawicki, Basic Methods of Policy and Planning, Englewood Cliffs: Prentice－Hall, 1986, p. 31.

④ ［美］卡尔·帕顿、大卫·沙维奇：《政策分析和规划的初步方法》（第2版），孙兰芝等译，华夏出版社2001年版，第205页。

⑤ ［日］西尾胜：《行政学》（新版），毛桂荣等译，中国人民大学出版社2006年版，第293页。

⑥ ［德］奥特弗利德·赫费：《政治的正义性——法和国家的批判哲学之基础》，庞学铨、李张林译，上海世纪出版集团、上海译文出版社2005年版，第336—337页。

最大化。中国城市环境治理信息型政策工具的效果标准由此着眼于中国城市环境治理的信息型政策工具达成其预期的目标水准的程度和中国城市环境治理信息型政策工具的“效益减成本的最大化”①。

对于那些希望为自己的立场找到事实依据的政策制定者、行政管理人员和政策批评家来说，最有益的政策评估形式莫过于试图确定因果关系和严格衡量政策效果的系统评估。当然，从数量上准确地衡量公共政策的效果通常是不可能的，特别是那些社会问题。因此，“严格测量”只是试图利用可得到的最佳信息以及作出谨慎的判断，尽可能仔细和客观地评估政策影响。②这在一定程度上适用于中国城市环境治理信息型政策工具效果的评估。中国城市环境治理信息型政策工具效果的评估是一种非常有益的政策工具评估形式，它需要尽可能客观地加以对待。

2. 效率标准

从经济学的角度来看，中国城市环境治理信息型政策工具的选择、应用要遵循效率原则。效率是投入到某一活动中的努力与从活动中产出的成果之间的对比。③投入到某一活动中的努力即成本，从活动中产出的成果即收益或效益。这意味着，在中国城市环境治理信息型政策工具的选择、应用过程中，需要进行成本—收益分析。或言之，在中国城市环境治理信息型政策工具的选择、应用过程中，需要分析收益与成本之间的比率。

成本—收益分析运用于政策工具评估中是其运用于政策评估中的延伸。在政策评估中，“成本—收益分析是一种正式的、量化的评估方法，其要求确定某一政策建议或实际政策的成本与收益，并且将其转化为货币上的价值以便进行比较”④。成本—收益分析可以用于建议政策行为，在这种情况下，它被前瞻性地运用；也可以用于评价政策执行，在这种情况下，它被回溯性

---

① ［美］斯图亚特·S. 尼古：《政策学：综合与评估》，周超等译，中国人事出版社 1991 版，第 6 页。

② ［美］詹姆斯·E. 安德森：《公共政策制定》（第五版），谢明等译，中国人民大学出版社 2009 年版，第 312 页。

③ ［日］西尾胜：《行政学》（新版），毛桂荣等译，中国人民大学出版社 2006 年版，第 290 页。

④ ［美］詹姆斯·E. 安德森：《公共政策制定》（第五版），谢明等译，中国人民大学出版社 2009 年版，第 318 页。

地运用。[①]它提供了一套预测的法则。这就是说，如果我们采用了那些备择的方案，那么结果究竟是什么和代价究竟有多大都是可以预测的。它也为我们提供了一些排除某些考虑中的结果（避免重复计数），和对那些保留的结果的利弊作出判断的法则。[②]由于成本—收益分析具有如此功能，需要运用它来对中国城市环境治理的信息型政策工具进行评估。于是，效率标准应成为中国城市环境治理信息型政策工具评估的重要标准。

3．公平性标准

公平性标准即正义性标准或公正性标准。正义具有一定的形式特征。根据正义的形式特征，正义就是人们得到他们应得的东西。在所有相关方面一样的人们应得到相同的东西。简洁一点就是，同样情况同样对待。换言之，正义是给予人们所应得的东西。同等情况应当同等对待。衡平原则应当得到遵守。[③]正义的形式特征承载着一种积极的倾向，这种倾向还可以从语义学的角度加以诠释。从语义学的角度来看，"正义"是一个客观的价值评判的词语，用这个词可以表达某事是合法的或是好的和正确的。[④]因此，公共政策、中国城市环境治理的信息型政策工具必须符合公平、正义、公正的要求，公共政策、中国城市环境治理信息型政策工具的判断、评估需要公平、正义、公正这样的标准或尺度。

一方面，公共政策、中国城市环境治理的信息型政策工具必须符合公平、正义、公正的要求。政策制定必须对个体的公平加以平衡。[⑤]环境公共政策将不得不蕴含绝大多数人认为是合情合理的环境正义原理。[⑥]由于政策工具与具体政策在大多数情况下是重合的，因而中国城市环境治理信息型政策工具的选择、应用必须考虑公平、正义、公正。另一方面，公共政策、中国城

① ［美］威廉·N. 邓恩：《公共政策分析导论》（第二版），谢明等译，中国人民大学出版社2002年版，第318页。

② ［美］罗杰·J. 沃恩、特里·E. 巴斯：《科学决策方法：从社会科学研究到政策分析》，沈崇麟译，重庆大学出版社2006年版，第64页。

③ ［美］彼得·S. 温茨：《环境正义论》，朱丹琼、宋玉波译，世纪出版集团、上海人民出版社2007年版，第28—29页。

④ ［德］奥特弗利德·赫费：《政治的正义性——法和国家的批判哲学之基础》，庞学铨、李张林译，上海世纪出版集团、上海译文出版社2005年版，第29页。

⑤ Gerald M. Pops and Thomas J. Pavlak, The Case for Justice: Strengthening Decision Making and Policy in Public Administration, San Francisco, California: Jossey - Bass Inc., 1991, p. 75.

⑥ ［美］彼得·S. 温茨：《环境正义论》，朱丹琼、宋玉波译，世纪出版集团、上海人民出版社2007年版，第26页。

市环境治理信息型政策工具的判断、评估需要公平、正义、公正这样的标准或尺度。政策评估不应当只是真实的，它更应当是正义的，目前的评估架构不论其真实价值如何，都应在不同程度上回应正义，更何况正义本身就是政策评估应该考虑的一项重要标准。[①]实际上，“社会公平已成为政策判断和公共行动的标准”[②]。同理，中国城市环境治理信息型政策工具的评估需要公平性标准。

4．政治可行性标准

政治可行性标准是从政治因素的角度来评估中国城市环境治理信息型政策工具选择、应用的可能性。其核心问题是：在中国城市环境治理中，一项或多项信息型政策工具是否会被，或者是否能使这些信息型政策工具被决策者、政府管理人员、公民和社会组织等所接受。如果一项或多项信息型政策工具得不到决策者、政府管理人员、公民和社会组织等的支持，那么信息型政策工具被选择、应用的可能性就很小，即使被选择、应用，也很难发挥应有的作用。因此，中国城市环境治理的信息型政策工具应服从于政治评估结果，即政治可行性标准应成为中国城市环境治理信息型政策工具评估的一个标准。

政治可行性标准应成为中国城市环境治理信息型政策工具评估的一个标准还有另外的理由。某些环境问题与其说是经济因素造成的，不如说是政治因素造成的。[③]用以解决环境问题的政策工具形成于政治舞台并必须经受政治考验。所以，中国城市环境治理信息型政策工具的评估应把政治可行性作为一个标准。不论何时，只要有可能，政治因素都应该作为问题界定、标准选择以及对抉择的取舍、评估和陈述的一个部分。[④]是为上述结论的佐证。

二　中国城市环境治理信息型政策工具评估的指标：体系框架的勾勒

中国城市环境治理信息型政策工具的评估需要合理地设定评估指标。

---

① E. R. House, Evaluating With Validity, Beverly Hills: Sage Publications Inc., 1980, p. 121.

② ［美］乔治·弗雷德里克森：《公共行政的精神》，张成福译，中国人民大学出版社2003年版，第119页。

③ ［美］汤姆·泰坦伯格：《环境与自然资源经济学》，严旭阳等译，经济科学出版社2003年版，第76—77页。

④ ［美］卡尔·帕顿、大卫·沙维奇：《政策分析和规划的初步方法》（第2版），孙兰芝等译，华夏出版社2001年版，第167页。

评估指标是绩效评估的工具，是反映评估对象属性的指示标志。基于中国城市环境治理信息型政策工具评估标准或评估维度的考虑，在设定评估指标时，要把政策工具服务的单位数量、政策工具的质量、环境信息公开指数、成本与收益的比值、符合帕累托标准、卡尔多—希克斯准则与罗尔斯原则的程度、中国共产党的执政理念、政治制度的容量、公众支持度等指标包括进来。同时，采取“一级指标——二级指标——三级指标”的模型结构，来勾勒中国城市环境治理信息型政策工具评估指标体系的总体框架。

（一）中国城市环境治理信息型政策工具效果评估的指标

效果是由某种或某些因素造成的结果。它与技术理性密切相关，与有效性紧密相连。一般而论，“业绩测评应当满足对有效性的合理测试”[①]。中国城市环境治理信息型政策工具的评估亦应当如此。在中国城市环境治理信息型政策工具的评估中，应当将效果定为一个评估标准或评估维度，对其进行合理的测评。为此，需要构建中国城市环境治理信息型政策工具效果评估的指标体系。

中国城市环境治理信息型政策工具效果评估的一级指标是政策工具服务的单位数量、政策工具的质量、环境信息公开指数。政策工具服务的单位数量的二级指标为环境信息收集的数量、环境信息公开的数量、GPS全球定位系统应用的数量。政策工具服务的单位数量的三级指标为不同层次的环境信息收集的数量、环境信息公开指南和目录的数量、主动公开环境信息的数量、依申请公开环境信息的数量、环境信息公开报告的数量、GPS全球定位系统在出租车、公交车和私家车上应用的数量。政策工具的质量的二级指标为环境信息的真实性、环境信息的明确性、环境信息的可靠性、环境信息的适时性、公众满意度。需要说明的是，信息产品无法像一般产品一样，用一个统一的规定来确定产品的质量，只能通过信息消费者的满意度，来确定信息产品与服务的质量[②]，因而应将公众满意度作为评估中国城市环境治理信息型政策工具质量的核心要素。政策工具的质量的三级指标为无被篡改的环境信息、无被隐匿的环境信息、无虚假的环境信息、环境信息一目了然、环

① ［美］凯瑟琳·纽科默等主编：《迎接业绩导向型政府的挑战》，张梦中、李文星等译，中山大学出版社2003年版，第17页。

② M. J. J. M. Candel, Consumers' Convenience Orientation towards Meal Preparation: Conceptualization and Measurement, Appetite, 2001 (1), pp. 15－28.

境信息准确、环境信息前后一致、及时公开环境信息、及时更新环境信息、公众参与度、公众认可度。环境信息公开指数的二级指标为城市污染源监管信息公开指数（PITI）、城市空气质量信息公开指数（AQTI）。环境信息公开指数的三级指标为日常监管信息公示、污染企业集中整治、清洁生产审核公示、企业环境行为整体评价、信访、投诉案件及其处理结果公示、环评及竣工验收结果公示、排污收费相关公示、依申请公开情况、可吸入颗粒物、细颗粒物、二氧化硫、二氧化氮、一氧化碳、臭氧、挥发性有机污染物、铅、苯并（a）芘、汞和二噁英。以上指标繁多而难以一一纳入中国城市环境治理信息型政策工具效果评估的实证研究中，其中的典型指标、核心指标或关键指标成为笔者的选择对象。

（二）中国城市环境治理信息型政策工具效率评估的指标

效率是指为产生特定水平的效益所要付出的努力的数量。它与经济理性同义，是指效益与努力之间的关系。效率的计量方法有单位产品和服务的成本，或者单位成本能提供的产品和服务的数量。①用最低的成本实现最大的效益或收益的政策工具是最有效率的政策工具。故而，中国城市环境治理信息型政策工具效率的评估需要围绕成本与收益来设计指标体系。

收益与成本的比值或产出与投入的比值是中国城市环境治理信息型政策工具效率评估的一级指标。收益与成本的比值这项一级指标包含收益指标和成本指标等两项二级指标。收益指标是政策工具的选择、应用所取得的政治效益、经济效益和社会效益的指标。成本指标是政策工具的选择、应用所耗费的一切支出的指标。收益与成本的比值的三级指标是政府因环境信息公开而赢得公众满意的程度、企业因环境标志而获得的利润、公众因便利获取环境信息而节省的费用、生态环境的改善、环境信息收集和公开的费用（包括软件开发与升级的费用、硬件配置与维护的费用）、GPS全球定位系统应用的费用等。

（三）中国城市环境治理信息型政策工具公平性评估的指标

公平性标准指效果与努力在社会中不同群体的分配，它与法律、社会理性密切相关。②政策工具的公平性指政策工具的效果（如服务的数量或货币化

---

① ［美］威廉·N·邓恩：《公共政策分析导论》（第二版），谢明等译，中国人民大学出版社2002年版，第306页。

② 同上书，第310页。

的收益）或者努力（如货币成本）被公平或公正地分配。不过，政策工具的成本和收益是否被公平或公正地分配，需要通过评估加以确认。考虑到“公正（impartiality）在社会判断和社会安排的评价中的地位已经在道德和政治哲学中得到了恰当的承认”[①]，在设定中国城市环境治理信息型政策工具公平性评估的指标时，要将帕累托标准、卡尔多—希克斯准则与罗尔斯原则作为指标。

中国城市环境治理信息型政策工具公平性评估的一级指标是符合帕累托标准、卡尔多—希克斯准则与罗尔斯原则的程度。根据帕累托标准，只有那些至少有益于一个人而无害于任何人的政策才是可以接受的。根据卡尔多—希克斯准则或原理，只要对于那些从某一政策中获利的人来说，充分赔偿那些遭受损失的人是可能的，那么该项将成本施加给某些人的政策就是可以接受的；由于存在净效益，因而充分赔偿是可能的，所以这个政策是公正的。[②]根据罗尔斯原则，正义优先于效率和福利[③]；在正义优先的前提下，再分配政策应当让“最少受惠者”的收益增加。这样，中国城市环境治理信息型政策工具公平性评估的二级指标是最低收益、净收益、正义优先、福利再分配。中国城市环境治理信息型政策工具公平性评估的三级指标是至少一人受益、其他人没有遭受损失、拥有净收益、赔偿受损者、公平分配成本与收益、增加“最少受惠者”的收益。

（四）中国城市环境治理信息型政策工具政治可行性评估的指标

政治可行性标准根据政策工具对决策者、政府管理人员、公民和社会组织等的影响来评估政策工具。政治洞察力、对组织和行政优先权以及程序的理解力、行为者具备的行动知识使政治可行性标准的运用成为可能。[④]对于决策者、政府管理人员、公民和社会组织等来说，政治可行性标准关系着政策工具的可接受性。具体而言，政治机会结构和公众支持关涉政策工具的可接受性。政治机会结构是社会行动的政治环境，它包含政党的执政理念、政治制度的容量或政治制度的开放性等。政治机会结构犹如政治系统中开放的大

① ［印］阿马蒂亚·森：《后果评价与实践理性》，应奇编，东方出版社2006年版，第434页。

② ［美］彼得·S. 温茨：《环境正义论》，朱丹琼、宋玉波译，世纪出版集团、上海人民出版社2007年版，第275—276页。

③ ［美］约翰·罗尔斯：《正义论》，何怀宏等译，中国社会科学出版社1988年版，第303页。

④ ［美］卡尔·帕顿、大卫·沙维奇：《政策分析和规划的初步方法》（第2版），孙兰芝等译，华夏出版社2001年版，第206页。

门，行动者通过这扇大门可以对政策工具进行选择、应用。公众支持是政策建议据以选择的标准之一。任何一个政策共同体中的专业人员都知道，他们的政策建议最终必须能够为公众所接受。[①]政策工具的选择、应用同样必须能够为公众所接受。基于此，应从政治机会结构和公众支持方面设定中国城市环境治理信息型政策工具政治可行性评估的指标。

中国城市环境治理信息型政策工具政治可行性评估的一级指标是政治机会结构和公众支持度。政治机会结构的二级指标是中国共产党的执政理念、政治制度的容量或政治制度的开放性。政治机会结构的三级指标是中国共产党的民主观、中国共产党的发展观、党和政府推进信息公开的政策、党和政府促进公众参与的政策、党和政府放松媒体管制的政策、党和政府放松环保非政府组织管理的政策。公众支持度的二级指标是公民的支持度、社会组织的支持度。公众支持度的三级指标是普通公民的支持度、专业化公民的支持度、环保非政府组织的支持度、其他社会组织的支持度。

三　中国城市环境治理信息型政策工具评估的实施:效果维度的实证研究

中国城市环境治理信息型政策工具效果的评估以政策工具服务的单位数量、政策工具的质量和环境信息公开指数为一级指标。出于这些指标涉及面广的缘故，中国城市环境治理信息型政策工具效果的评估将是一类大体性或非精准性的评估。中国城市环境治理信息型政策工具效果的评估采用百分制的形式。对于政策工具服务的单位数量，按企业环境信息披露指数（EDI）[②] 和政府环境信息依申请公开答复率或受理率取0—100中的某个值。对于政策工具的质量，按公众环保满意度取0—100中的某个值。对于环境信息公开指数，按城市污染源监管信息公开指数（PITI）、城市空气质量信息公开指数（AQTI）评价中被评城市的平均分取0—100中的

---

① ［美］约翰·W. 金登：《议程、备选方案与公共政策（第二版）》，丁煌、方兴译，中国人民大学出版社2004年版，第174页。

② 此处的环境信息披露指数（EDI）是定义环境信息披露水平的方法，与上文的环境信息公开指数不同。上文的环境信息公开指数特指城市污染源监管信息公开指数（PITI）、城市空气质量信息公开指数（AQTI）。

某个值。以上 3 项指标所得分之和除以 3 就是中国城市环境治理信息型政策工具的大体效果。

（一）政策工具服务的单位数量指标层面的实证研究

企业环境信息披露指数是衡量政策工具服务的单位数量状况的一个典型指标，为此，选取沪、深两市连续 5 年（2008—2012 年）披露环境信息的 180 家上市公司为样本，根据设定的环境信息披露条目指标进行统计，然后以环境信息披露指数为综合指标来对政策工具服务的单位数量进行取值。样本公司绝大部分来自于重污染行业，小部分来自于低污染行业。样本数据来源于巨潮资讯网、上海证券交易所网站、深圳证券交易所网站上的样本公司的年度报告、社会责任报告、可持续发展报告。笔者通过合并约 10 项细化指标将样本公司环境信息披露条目定为：环境保护方针政策、环境认证；环保投资、环保费用；政府环保补助；排污情况、废物处置与回收利用。[①]在合并后的 4 项指标中，每项指标的评分标准是 0、0.5、1，指标信息不披露评分为 0，指标信息披露但不充分评分为 0.5，指标信息充分披露评分为 1。[②]按照年度，将每个样本公司的 4 项指标的得分加在一起，得到各样本公司环境信息披露的实际得分，再将各样本公司环境信息披露的实际得分除以 4（各样本公司环境信息披露的最大可能得分均为 4），进而得到各样本公司的环境信息披露指数 EDI，用公式表示就是：$EDI=\sum EDI/\sum MEDI$；各样本公司的环境信息披露指数 EDI 的总和除以 180 即为样本公司环境信息披露指数 EDI 的年均值。最后将样本公司 5 年度环境信息披露指数 EDI 年均值的总和除以 5，得到样本公司环境信息披露指数 EDI 的总均值。通过统计运算，2008—2012 年样本公司环境信息披露指数 EDI 的年均值分别为 0.43、0.50、0.52、0.55、0.58，样本公司环境信息披露指数 EDI 的总均值为 0.516（见表 6—1）[③]。据此，按企业环境信息披露指数对政策工具服务的单位数量取 51.6 分。

---

① 样本公司环境信息披露条目的选定参考了郑春美、向淳的《我国上市公司环境信息披露影响因素研究——基于沪市 170 家上市公司的实证研究》《科技进步与对策》2013 年第 12 期，第 98—102 页和宋子义等的《环境会计信息披露研究》中国社会科学出版社 2012 年版，第 70 页。

② 李晚金、匡小兰、龚光明：《环境信息披露的影响因素研究——基于沪市 201 家上市公司的实证检验》，《财经理论与实践》2008 年第 3 期，第 47—51 页。

③ 各样本公司的股票代码、简称、各样本公司各年度的各项指标的得分和各样本公司各年度环境信息披露指数 EDI 参见附录一。

表6—1　**样本公司2008—2012年度环境信息披露指数**

年度＼数值	观察值	最小值	最大值	年均值	总均值
2008	180	0	0.875	0.43	0.516
2009	180	0	0.875	0.50	
2010	180	0	0.875	0.52	
2011	180	0	0.875	0.55	
2012	180	0	0.875	0.58	

环境信息依申请公开答复率或受理率是衡量政策工具服务的单位数量状况的另一典型指标，为此，选取连续3年（2010—2012年）进行环境信息依申请公开的60个地级市以上环境保护局为样本，以环境信息依申请公开答复率或受理率为核心指标来对政策工具服务的单位数量进行取值。样本从4个直辖市和286个地级市环境保护局中选出。样本数据来源于地级市以上环境保护局网站上的2010—2012年环境信息公开年度报告。通过统计运算，样本环境保护局在2010、2011、2012年环境信息依申请公开的平均答复率或受理率分别为34.1%、52.9%、59.9%，其环境信息依申请公开的总均答复率或受理率为49.0%（见表6—2）[①]。据此，按政府环境信息依申请公开答复率或受理率对政策工具服务的单位数量取49.0分。

表6—2　**样本环境保护局2010—2012年度环境信息依申请公开答复率或受理率**

年度＼数值	观察值	最小值	最大值	年均答复率或受理率	总均答复率或受理率
2010	60	0%	100%	34.1%	49.0%
2011	60	0%	100%	52.9%	
2012	60	0%	100%	59.9%	

① 各样本环境保护局的各年度环境信息依申请公开答复率或受理率参见附录二。

根据以上对实证对象的统计运算，按企业环境信息披露指数对政策工具服务的单位数量取51.6分；按政府环境信息依申请公开答复率或受理率对政策工具服务的单位数量取49.0分。总括起来，对于政策工具服务的单位数量，按企业环境信息披露指数和政府环境信息依申请公开答复率或受理率取50.3分。即在政策工具服务的单位数量指标层面上，中国城市环境治理信息型政策工具效果评估的得分为50.3分。

（二）政策工具的质量指标层面的实证研究

公众环保满意度是评估环境政策工具质量的核心指标。通过网络调查发现，中国环境文化促进会网站上的《中国公众环保民生指数（2006）》《中国公众环保民生指数（2007）》《中国公众环保民生指数（2008）》和其他网站上的《中国公众环保民生指数（2010）》包含反映公众环保满意度的数据。这些数据是政策工具的质量指标层面上中国城市环境治理信息型政策工具效果评估的具体指标。

《中国公众环保民生指数（2006）》显示，公众环保满意度得分为60.2分。《中国公众环保民生指数（2007）》显示，公众环保满意度得分为44.7分。《中国公众环保民生指数（2008）》显示，公众环保满意度得分为45.1分。考虑到市民环保满意度与公众环保满意度相差无几，根据三项数据对政策工具的质量大致取50.0分。公众环保参与度、公众环保认可度可以反映公众环保满意度。《中国公众环保民生指数（2006）》显示，对破坏环境的行为予以制止和劝阻，23%的被访者会向有关部门投诉。《中国公众环保民生指数（2008）》显示，47%的公众在日常生活中不会向有关部门举报环保违法行为。《中国公众环保民生指数（2010）》显示，54.6%的公众对政府工作表示认可。据此，对政策工具的质量大致取43.5分。总括起来，对政策工具的质量取46.8分。即在政策工具的质量指标层面上，中国城市环境治理信息型政策工具效果评估的得分为46.8分。

（三）环境信息公开指数指标层面的实证研究

城市污染源监管信息公开指数（PITI）、城市空气质量信息公开指数（AQTI）评价中被评城市的平均分是对环境信息公开指数进行取值的依据。2008—2012年度城市污染源监管信息公开指数（PITI）评价中被评城市的平均分数据可以通过网络调查获得，2010、2012年度城市空气质量信息公开指数（AQTI）评价中被评城市的平均分数据可以通过网络调查获得。这些平均分数据是环境信息公开指数指标层面上中国城市环境治理信息型政策工具效果评估的具体指标。

2008 年度 PITI 评价结果显示，113 个城市的平均得分为 31.06 分。在 2009—2010 年度 PITI 评价中，113 个城市的平均分达到 36.14 分。2011 年度 PITI 评价结果显示，113 个城市的平均分达到 40.14 分。在 2012 年度 PITI 评价中，113 个城市的平均分达到 42.73 分。根据四次 PITI 评价，被评城市的平均分为 37.5 分。2010 年度 AQTI 评价结果显示，20 个被评国内城市的平均得分为 22.65 分。2012 年 AQTI 评价结果显示，113 个城市的平均得分为 21.5 分。根据两次 AQTI 评价，被评城市的平均分为 22.1 分。总括起来，对环境信息公开指数取 29.8 分。即在环境信息公开指数指标层面上，中国城市环境治理信息型政策工具效果评估的得分为 29.8 分。

综上所述，对于政策工具服务的单位数量，按企业环境信息披露指数（EDI）和政府环境信息依申请公开答复率或受理率取 50.3 分。对于政策工具的质量，按公众环保满意度取 46.8 分。对于环境信息公开指数，按城市污染源监管信息公开指数（PITI）、城市空气质量信息公开指数（AQTI）评价中被评城市的平均分取 29.8 分。以上 3 项指标所得分之和除以 3 得 42.3 分，中国城市环境治理信息型政策工具的大体效果由此得到反映。

四　中国城市环境治理信息型政策工具评估的结论:基于实证研究的推导

（一）中国城市环境治理信息型政策工具的总体效果欠佳

中国城市环境治理信息型政策工具的总体效果和大体效果既有联系又有区别。一方面，中国城市环境治理信息型政策工具的总体效果可能是中国城市环境治理信息型政策工具的大体效果；另一方面，中国城市环境治理信息型政策工具的大体效果这一表述意指中国城市环境治理信息型政策工具效果的非绝对精确性，中国城市环境治理信息型政策工具的总体效果这一表述意指中国城市环境治理信息型政策工具效果的整体性或整合性。根据实证研究，在政策工具服务的单位数量指标层面上，中国城市环境治理信息型政策工具效果评估的得分为 50.3 分；在政策工具的质量指标层面上，中国城市环境治理信息型政策工具效果评估的得分为 46.8 分；在环境信息公开指数指标层面上，中国城市环境治理信息型政策工具效果评估的得分为 29.8 分。

通过整合这些数据，中国城市环境治理信息型政策工具效果评估的最终得分为42.3分。该分数既是中国城市环境治理信息型政策工具的大体效果，也是中国城市环境治理信息型政策工具的总体效果。一如前述，中国城市环境治理信息型政策工具效果的评估采用百分制的形式。按照百分制原理，中国城市环境治理信息型政策工具效果评估所得的42.3分并不高，因为42.3分离60的及格分数尚有一定差距。基于此可以推导出中国城市环境治理信息型政策工具的总体效果欠佳。

（二）中国城市环境治理信息型政策工具的年度效果呈上升趋势

中国城市环境治理信息型政策工具的年度（2008—2012年度）效果可以根据实证研究计算出来。为了使年度效果具有可比性，需要统一计算标准。从实证研究来看，只有环境信息披露指数EDI和城市污染源监管信息公开指数（PITI）等两项指标具有5年度的完整数据。于是，将环境信息披露指数和城市污染源监管信息公开指数作为衡量中国城市环境治理信息型政策工具年度（2008—2012年度）效果的指标。2008年度，按企业环境信息披露指数取43.0分；按城市污染源监管信息公开指数评价中被评城市的平均分取31.06分。综括起来，2008年度中国城市环境治理信息型政策工具效果的评估得37.0分。2009年度，按企业环境信息披露指数取50.0分；按城市污染源监管信息公开指数评价中被评城市的平均分取36.14分。综括起来，2009年度中国城市环境治理信息型政策工具效果的评估得43.1分。2010年度，按企业环境信息披露指数取52.0分；按城市污染源监管信息公开指数评价中被评城市的平均分取36.14分。综括起来，2010年度中国城市环境治理信息型政策工具效果的评估得44.1分。2011年度，按企业环境信息披露指数取55.0分；按城市污染源监管信息公开指数评价中被评城市的平均分取40.14分。综括起来，2011年度中国城市环境治理信息型政策工具效果的评估得47.6分。2012年度，按企业环境信息披露指数取58.0分；按城市污染源监管信息公开指数评价中被评城市的平均分取42.73分。综括起来，2012年度中国城市环境治理信息型政策工具效果的评估得50.4分。从以上数据变化来看，中国城市环境治理信息型政策工具的年度效果呈上升趋势（见图6—1）。

（三）中国城市企业环境信息披露获得进展但尚待加强

根据实证研究，样本公司2008—2012年度环境信息披露指数逐步提高，说明中国城市企业环境信息披露整体上获得一定的进展。就部分而言，中国

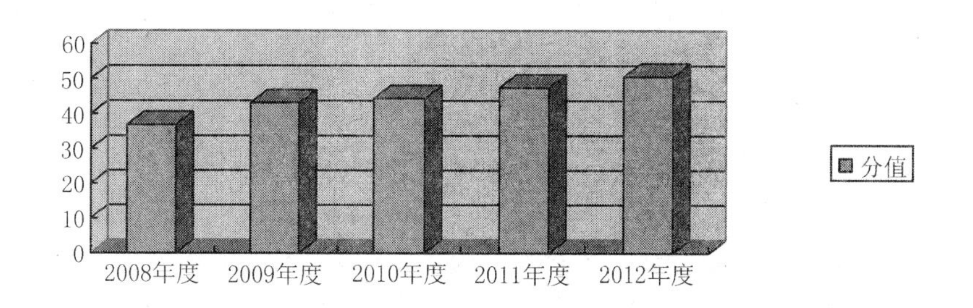

图 6—1　中国城市环境治理信息型政策工具的年度效果趋势图

城市企业环境信息披露也获得一定的进展。许多上市公司，如中国石油化工集团公司、中国神华能源股份有限公司、中国玻纤股份有限公司、唐山三友化工股份有限公司、宝钢集团有限公司、浙江巨化股份有限公司、安徽海螺水泥股份有限公司、湖南海利化工股份有限公司、焦作万方铝业股份有限公司、内蒙古包钢稀土（集团）高科技股份有限公司等较好地披露了环境信息。它们除了在巨潮资讯网、上海证券交易所网站或深圳证券交易所网站上发布了年度报告之外，还专门发布了社会责任报告或可持续发展报告。有些上市公司除了专门发布了一些年度的社会责任报告或可持续发展报告之外，还将另一些年度的社会责任报告或可持续发展报告纳入其年度报告中。

中国城市企业环境信息披露虽然获得一定的进展，但尚待加强。根据实证研究，中国城市企业环境信息披露的总体水平不高。通过网络调查发现，完整地发布社会责任报告或可持续发展报告的上市公司寥寥无几，环境信息披露上表现较差的上市公司基本上没有专门发布社会责任报告或可持续发展报告。重污染行业中的一些上市公司，如深圳市纺织（集团）股份有限公司、深圳中冠纺织印染股份有限公司、海南海药股份有限公司、中钨高新材料股份有限公司、物产中拓（南方建材）股份有限公司、湖南发展集团股份有限公司、湖南天一科技股份有限公司、宁波热电股份有限公司等在环境信息披露上表现差或较差。有些上市公司的环境信息披露处于不稳定状态，其下一年度的环境信息披露指数低于上一年度的。有些上市公司的环境信息披露不规范，它们的一些年度报告声明其社会责任报告或可持续发展报告参见巨潮资讯网、上海证券交易所网站或深圳证券交易所网站，但有的社会责任报告或可持续发展报告在网上查阅不到。比如，北京燕京啤酒股份有限公司2008、2009 年年度报告声明其在巨潮资讯网上发布了 2008、2009 年年度社会责任报告，但通过查寻未找到这两年度的社会责任报告；天津一汽夏利汽车股份有限公司、珠海格力电器股份有限公司、湖南辰州矿业股份有限公司各自的2012年年度报告声明其在巨潮资讯网上发布了2012年年度社会责任报告，但通过查寻未找到它们的2012年年度社会责任报告。

（四）中国城市政府环境信息公开获得进展但尚待加强

根据实证研究，样本环境保护局2010—2012年度环境信息依申请公开的平均答复率或受理率逐步提升，说明中国城市政府环境信息公开整体上获得一定的进展。就部分而言，中国城市政府环境信息公开也获得一定的进展。60个样本环境保护局中有17个环境保护局各年度环境信息依申请公开的平均答复率或受理率均为100%。城市污染源监管信息公开指数（PITI）、城市空气质量信息公开指数（AQTI）也可以反映中国城市政府环境信息公开的状况。从城市污染源监管信息公开指数评价来看，113个城市各年度的平均分不断提高，表明中国城市政府环境信息公开不断进步。从城市空气质量信息公开指数评价来看，被评城市都一定程度地公开了空气质量信息。

中国城市政府环境信息公开虽然获得一定的进展，但尚待加强。根据实证研究，样本环境保护局2010—2012年度环境信息依申请公开的平均答复率或受理率和5年度的总均答复率或受理率都不高。60个样本环境保护局中有19个环境保护局各年度环境信息依申请公开的平均答复率或受理率均为0%。城市污染源监管信息公开指数评价结果显示，多数城市的污染源监管信息公开不及格，中国城市污染源监管信息公开水平较低。城市空气质量信息公开指数评价结果显示，被评城市的平均分只有20多分，多数城市的空气质量信息公开非常有限。中国城市空气质量信息公开仍然处于初级水平，与发达国家（地区）的城市空气质量信息发布水平相比存在明显的差距。

此外，中国城市环境信访获得一定的进展，但有待加强。通过实证调查发现，对于环境破坏行为和环保违法行为，一部分公众通过一定的渠道向环境保护行政主管部门投诉、举报。但是，实践中向环境保护行政主管部门投诉、举报的公众在数量上偏少，前文的实证资料印证了这一点。因此，需要采取相应的举措加强中国城市环境信访制度建设，推动公众积极参与到环境保护中来。

第七章　国外城市环境治理信息型政策工具应用的经验

国外城市在环境治理中都应用了信息型政策工具，其中众多的城市在环境治理中广泛而有效地应用了信息型政策工具，有的城市堪称环境治理信息型政策工具应用的典范。它们在应用环境治理信息型政策工具的过程中积累了大量的经验。他山之石，可以攻玉。对中国城市环境治理信息型政策工具的优化来说，国外城市环境治理信息型政策工具应用的许多有益经验值得借鉴。

一　积极进行环境监测

美国很早就进行城市环境监测。19 世纪末至 20 世纪 40 年代，美国的环境监测多集中在一些大城市。20 世纪 40 年代的最后几年里，在底特律、辛辛那提和洛杉矶等几个大城市进行了 SO_2、CO 和 TSP（总悬浮颗粒物）跨年度的连续监测。同时，在这几个城市中还进行了对 O_3，NO_x，H_2S，HF 和 HCl 等项目的许多测定工作。20 世纪 50—60 年代，美国城市环境监测发展较快。1953 年以后，随着大流量空气采样器的应用，开展空气监测的地区与城市大幅度地增加，不少城市还划定了空气质量控制区并组建了一批空气监测站点，初步形成了空气监测网。在 20 世纪 50 年代部分大城市开展工作的基础上，20 世纪 60 年代在全国 189 个城市重点测定了空气颗粒物中的苯溶性有机物与十几个重金属的含量。在 20 世纪 50 年代的基础上，20 世纪 60 年代在全国 50 多个大中城市开展了对常规项目（SO_2、CO、NO_x、TSP 和 O_3

等）的长期监测。[1]自1950年开始，直至20世纪60年代末，美国城市水质监测取得了一些进展。20世纪70年代，美国的空气自动监测站由20世纪60年代的十几个，一下子猛增到2000多个，分布于美国各地，形成了一个完整的全天候的自动监测网络，能够及时地对各个主要城市主要地区的空气污染状况（SO_2、CO、NO_x、TSP、O_3和HC6个常规项目）进行现场实时报告。20世纪70年代以来，美国不仅建设了一大批州、市一级的超级试验室，还建设了一大批地区性的中小型实验室（以私人实验室为主）以及专门跟废水处理厂配套的专门化实验室。与自动监测网不同的非自动监测网由此形成。20世纪80年代，美国的空气监测逐步达到了标准化、规范化和法规化水平，并向车间、污染源、全球大环境、室内微环境各领域扩展；美国的水质监测全面达到了标准化、规范化和法规化水平，在城市排水、工业废水、地表水、饮用水、公共水域和地下水等多个领域全方位展开监测。[2]时至今日，美国构建了完善的城市环境监测体系。

环境监测是英国城市环境治理的一项信息型政策工具。英国饮用水监测委员会通过一定的途径对泰晤士自来水有限公司供应的饮用水进行监测。常规监测项目涵盖了病原体、杀虫剂、矿物和工业过程的副产品，以及影响消费者对水的满意程度的因素，如气味、口味和颜色等。英国苏塞克斯郡的阿杜尔自治区于1998—1999年对空气质量进行监测。阿杜尔自治区主要记录二氧化硫、氮氧化物和臭氧浓度的月排放情况。虽然，阿杜尔的市政领导人必须在通常的来自上级政府的过多的规章、税收和预算压力下工作，但阿杜尔政府已经迈出了恢复城市空气质量和改善当地环境质量的重要第一步。[3]英国刘易斯市在市区设置了22个NO_2浓度监测点，在市区南部设置了一个不间断的空气悬浮物监控点来监测空气的质量。[4]

日本大气污染先是由烧煤造成的。自1935年起，大阪市立卫生研究所

① Elbert, C. Tabor, Results of Five Year Operation of the National Gas Sampling Network, Air Pollution Control Associate, 1965, 15 (1): 7-10.

② 王炳华、赵明《美国环境监测一百年历史回顾及其借鉴》中的一些观点在此处被引用，这些观点散见于《环境监测管理与技术》2000年第6期、2001年第1、2、3、4、5期，不便于一一注明出处，故作此注脚。

③ ［加］Rodney R. White:《生态城市的规划与建设》，沈清基、吴斐琼译，同济大学出版社2009年版，第65—138页。

④ 郝韦霞：《英国刘易斯市实施生态预算的经验借鉴》，《理论与改革》2010年第2期，第68—70页。

应用煤尘沉降器经常对沉降的不溶性煤尘进行测定。随后，在东京市、神户市、四日市、尼崎市、川崎市、北九州市和大牟田市等地区，对沉降的煤尘进行监测或测定。为了解决煤烟问题，日本采取了改善燃烧设备、选择煤炭、采用粉煤、普及除尘装置等措施。当时，灰粉、碳黑、烟尘的问题趋于解决，但粒状浮游物质的二氧化硫增加了。大气污染造成的影响，已经可以明显看出是在1950年前后。从此以后，对粒状浮游物质浓度以及二氧化硫浓度，在一部分城市开始了日常监测工作。亦即已经应用滤纸法测定粒状浮游物质，应用导电率法测定二氧化硫每小时的浓度变化。20世纪60年代后半期，日本的二氧化氮浓度越来越高。于是在东京、札幌、川崎、大阪、尼崎、宇部和北九州等城市，对氮氧化物浓度进行测定。1970年左右，东京、札幌、川崎、大阪、尼崎、宇部和北九州等城市的监测所对固体粒状浮游物质的化学成分进行测定。[①]经过几十年的发展，目前日本各城市已把进行环境监测或进行环境测定作为日常的一项业务。

意大利米兰自治市政府围绕环境控制措施组织了一些监测活动。米兰自治市城中地方环境保护部管理的八个大气质量监测站负责大气污染的监测。不仅如此，米兰自治市的交通、环境和国土资源部管理和控制着一个先进的气象站，目的是对造成米兰空气污染的因素进行监控。这个气象站的装备包括常规传感器（测量气温、湿度、降水量、太阳辐射等）、可测量垂直高度40—400米的风力SODAR（声波侦查与搜索）机以及一架3D的超声波风速器。通过这种方式，监测那些对高污染物的出现有重要影响的气象因素。[②]

环境监测在巴西城市环境治理中得到了应用。巴西阿雷格里波尔图市的做法是一个例子。阿雷格里波尔图市发布了本市的环境地图。这个地图运用通俗易懂的语言，从岩石圈、水圈、生物圈以及受技术和城市影响的大气圈，介绍了地方、区域和地球环境的关系。它使人们打下了牢固的科学基础，用来拟定城市环境监测、立法和许可证制度的情景并对其经常预测。[③]

① ［日］铃木武夫：《大气污染》，载［日］馆稔、铃木武夫、音田正己编《环境的科学》，薛德榕、王岂文、郝水等译，科学出版社1978年版，第41—55页。

② ［意］Marco Bedogni，Bruno Villavecchia：《米兰可持续发展的交通系统及对湖南交通发展的建议》，载罗海藩主编《城市社会管理》，舒隽、曲婷译，社会科学文献出版社2012年版，第256页。

③ ［世界银行］Caroline Kende－Robb，Warren A. Van Wicklin III：《让弱势群体说话》，载［世界银行］库尔苏姆·艾哈迈德、埃内斯托·桑切斯·特里亚纳主编《政策战略环境评价：达至良好管治的工具》，林健枝等译，中国环境科学出版社2009年版，第141页。

二　广泛开展环境调查

20 世纪 40 年代末，美国在一些大城市开展对 SO_2、CO 和 TSP 等的调查。20 世纪 50 年代，美国在一些大城市先后组建了 15 个空气监测中心站。这些空气监测中心站为当时空气中颗粒物的调查发挥着骨干作用。1953 年以后，美国在洛杉矶、辛辛那提、堪萨斯、波特兰、纽约和费城等大城市开展了颗粒物的调查。20 世纪 60 年代，美国在全国 189 个城市进行了空气颗粒物调查。[①]目前美国城市广泛开展环境调查。比如，美国凤凰城在水资源的管理中应用了环境调查这一信息型政策工具。美国凤凰城水资源的管理主要分为地表水管理和地下水管理。地表水科学管理侧重的工作之一是污染调查，包括污染物质种类、污染程度、污染源、污染传播方法和污染速度等调查。地下水科学管理工作之一侧重的也是污染调查，包括背景值、污染现状、污染途径、污染范围调查和污染因素分析等。[②]污染调查为凤凰城水资源的管理提供了有关数据。

日本很早就通过环境调查了解到，从东京都排出的煤烟甚至到达大岛或静岗县地区。20 世纪 60 年代至 70 年代初期，大气污染对人体健康影响的调查在日本很多城市开展起来。为了弄清大气污染的呼吸生理学的影响而对学龄儿童的调查，为了弄清大气污染的慢性影响而对东京都 23 号特区 40 岁以上的全体职工的调查在东京都开展起来。大阪市对大气污染和过量死亡人数增加的关系进行了调查。对污染地区与非污染地区的慢性支气管炎致症率、大气污染程度与气喘发病的关系的调查在大阪市、四日市开展起来。对肺癌与大气污染的关系的随机抽样调查在尼崎市、西宫市开展起来。日本环境厅就持续性咳、痰与二氧化氮浓度的关系在市原、佐仓、福冈、布施、大牟田等城市开展了调查。[③] 20 世纪 60 年代，水质污浊状况的调查也在日本城市中开展起来。东京公害研究所对东京隅田川小台桥地区水质的 BOD（生物化学需氧量）进行了调查。日本经济计划厅对大阪、名古屋、福冈等城市内河流

---

① 王炳华、赵明：《美国环境监测一百年历史回顾及其借鉴（续一）》，《环境监测管理与技术》2001 年第 1 期，第 14—19 页。

② 唐华：《美国城市管理：以凤凰城为例》，中国人民大学出版社 2006 年版，第 207—208 页。

③ ［日］铃木武夫：《大气污染》，载［日］馆稔、铃木武夫、音田正己编《环境的科学》，薛德榕、王岂文、郝水等译，科学出版社 1978 年版，第 71—86 页。

的BOD进行了调查。[①]20世纪60年代中期，日本农林省就城市污水对土壤的污染进行了调查。20世纪70年代初期，日本厚生省就宫古、大牟田、磐梯等地区镉对土壤的污染进行了调查。[②]日本厚生省于1968年对大阪府制造业及建筑业的废弃物进行了调查统计，于1969年对东京都、兵库县7城市、千叶县7市2镇等制造业及建筑业的废弃物进行了调查统计。[③]这些实例业已表明日本广泛开展环境调查。随着时间的推移，目前日本更为广泛地开展环境调查。

新加坡是一个城市国家，其游人众多，当地也有很多风味小吃，小商小贩曾是其卫生的一个难题。针对这一症状，新加坡推行了小贩中心的做法，即把这些商贩集中起来，定点管理。新加坡共有113个小贩中心，每个小贩中心有上百个铺位，共约15000个铺位，由政府投资兴建，归环境公共卫生署的小贩处管理。[④]小贩中心的就餐区是公共的，餐桌的清理由各小贩中心统一对外承包，小贩中心的执法人员负责不定期检查。对于各个店铺，小贩处给予ABCD四个等级，不定期检查。小贩处没有足够的人员去查每一间店铺，环境局有邮件、电话、咨询服务处等接受投诉的渠道，接诉后即有流动稽查员拿着掌上电脑上门调查。[⑤]

20世纪90年代末，阿根廷政府请求世界银行协助其进行水务与卫生部门的改革。阿根廷政府希望在中等城市进行政策改革。世界银行要求阿根廷政府开展一项名为“阿根廷水务部门改革项目”的环境评价。阿根廷政府委托咨询顾问来进行战略环境评价，该战略环境评价的重点是与阿根廷水务与卫生部门相关的环保法规及其执行情况。在战略环境评价工作初期，政府官员、世界银行项目组成员和战略环境评价咨询顾问一起走访[⑥]了几个城市，并向当地的水务部门和其他利益相关方索取了相关资料。这些访问和一些小

① ［日］南部祥一：《水质污染》，载［日］馆稔、铃木武夫、音田正己编《环境的科学》，薛德榕、王岂文、郝水等译，科学出版社1978年版，第147—148页。

② ［日］立川凉：《土壤污染》，载［日］馆稔、铃木武夫、音田正己编《环境的科学》，薛德榕、王岂文、郝水等译，科学出版社1978年版，第180—198页。

③ ［日］岩井重久、片山彻：《废弃物的污染》，载［日］馆稔、铃木武夫、音田正己编《环境的科学》，薛德榕、王岂文、郝水等译，科学出版社1978年版，第280页。

④ 李伟、邱从乾、高惠君等：《街头食品的现状分析和监管对策研究》，《上海食品药品监管情报研究》2010年第1期，第11—22页。

⑤ 黄文芳等：《城市环境：治理与执法》，复旦大学出版社2010年版，第135—136页。

⑥ “走访”含有“实地调查”之意，参见走访—百度百科http：//baike. baidu. com/view/1017393. htm 。

型研讨会有助于识别一些规章制度方面的问题，正是这些问题阻碍了水务服务的扩展和私人水务公司的参与。①

早在20世纪80年代，印度就已经出台了控制大气污染物的相关法律，但像许多发展中国家一样，执法行为根本不存在。新千年伊始，这种状况已有所改善。从某种意义上说，公民社会组织对这种状况的改善起了重要作用。在新德里市，公民社会组织的调查自由得到了保证。公民社会组织可以对渎职行为进行调查，公开调查结果，并要求政府执行环境法规。②

三　大力推行环境信息公开

美国1986年发布的《紧急计划和社区知情权法》建立了一个强制报告制度——有毒物质释放清单（TRI）制度，要求使用特定有毒有害化学物质的人每年向政府提交有毒化学存货表和有害化学品排放表，其中包含了设施的名称和所在地，所拥有的有毒有害化学品的名称和数量，有毒化学物质处置的方法以及排放进入各种环境中的数量。③根据该法的规定，美国城市政府和城市企业公布了有毒物质释放方面的信息。例如，美国纽约州纽约市布鲁克林区、加利福尼亚州圣何塞市、北卡罗来纳州阿什维尔市、加利福尼亚州圣迭戈市、俄亥俄州利马市和俄亥俄州阿克伦市等披露了有关有毒有害化学物质的信息。利用《有毒物质释放清单》，俄亥俄州阿克伦市的“公民行动”团体于1989年发表一份报告，确定“BF古德里奇”为头号有毒化学品污染公司。“BF古德里奇”随后邀请市议员、记者、消防部门的官员、社区活动家参观工厂，并宣布在3年内，减少70%以上的有毒物质排放。④

美国凤凰城市政府对水环境保护问题极为重视，无论是水体的开发还是管理和利用都遵循“环保第一、合理调控”的原则。自1982年起，凤凰城

① ［美］Leonard Ortolano：《政策层面的战略环境评价：过程融合与激励机制》，载［世界银行］库尔苏姆·艾哈迈德、埃内斯托·桑切斯·特里亚纳主编《政策战略环境评价：达至良好管治的工具》，林健枝等译，中国环境科学出版社2009年版，第15—16页。

② ［美］Harry Blair：《强化社会问责 促进环境管治》，载［世界银行］库尔苏姆·艾哈迈德、埃内斯托·桑切斯·特里亚纳主编《政策战略环境评价：达至良好管治的工具》，林健枝等译，中国环境科学出版社2009年版，第178页。

③ 李挚萍：《环境法的新发展——管制与民主之互动》，人民法院出版社2006年版，第270页。

④ 胡静、傅学良主编：《环境信息公开立法的理论与实践》，中国法制出版社2011年版，第172页。

就开始实施水资源保护项目。1986 年市议会正式通过了水资源保护规划，对水资源的开发、管理及利用作出了明确、细致的规定。1988 年修订、完善了该规划，新的规划包括教育与公共宣传、技术辅助、规章制度、规划与研究以及水资源协调等方面，它是指导城市水资源保护的纲领性文件。具体实践中，凤凰城市政府通过广播、电视等新闻媒体，通过印制、散发各种宣传品、通俗读物，宣传水体保护的重要性。[①]

美国城市在产品管理上应用了环境标志或标签。美国的一些城市在垃圾处理上使用了环境标志或标签。美国凤凰城市政府对垃圾的分类回收有详细的规定，每个家庭都有两个不同颜色的大垃圾桶，一蓝一绿，蓝色的垃圾桶外表有一个明显的垃圾回收标志，用来装可以回收的垃圾，绿色的垃圾桶用来装不能回收的垃圾。[②]美国宾夕法尼亚州卡西市采用了口袋和标签方法收集垃圾，在这个计划实施的第一年，搜集的固体垃圾总量下降了 60%，全部垃圾收集费和处理费减少了 40%。[③]

英国刘易斯市通过应用生态管理和审计体系（Eco - Management and Audit Scheme，简称为 EMAS）来公开环境信息。EMAS 于 1995 年 4 月在欧盟颁布。1998 年 EMAS 扩展到服务行业后，欧洲的地方当局认可了这一体系。2001 年 2 月，第十四次欧洲成员国大会核准了 EMASII，将 ISO14001 体系的内容作为 EMAS 的重要组成部分，使 EMAS 在诸多方面已经走在 ISO14001 体系的前面。[④]在 EMAS 应用方面，英国刘易斯市提供了有益经验。为了提高环境管理绩效，刘易斯市于 1994 年申请了 EMAS 认证。1998 年刘易斯市以其健全的环境管理系统获得了欧盟 EMAS 证书，成为了英国注册 EMAS 并被鉴定为合格的仅有的四个当局之一。通过 EMAS 认证后，刘易斯市议会不断减少政府举措所产生的负面环境影响，不断寻求方法增强决策的正面环境影响。[⑤]

德国罗斯托克市以环境警告的形式公开环境信息。环境警告是一种非常

---

① 唐华：《美国城市管理：以凤凰城为例》，中国人民大学出版社 2006 年版，第 211 页。

② 同上书，第 213 页。

③ 毛寿龙、李梅、陈幽泓：《西方政府的治道变革》，中国人民大学出版社 1998 年版，第 108 页。

④ 郝韦霞：《英国刘易斯市实施生态预算的经验借鉴》，《理论与改革》2010 年第 2 期，第 68—70 页。

⑤ 郝韦霞：《城市环境管理的生态预算模式研究》，大连理工大学 2006 年博士学位论文，第 58 页。

态的环境信息主动公开。[①]在环境警告的使用上，德国罗斯托克市提供了有益的经验。自2006年10月起，德国罗斯托克市市长派出市府人员，定期检验垃圾分类回收桶。若有不符合规定的情况出现，就贴上红色封条禁止收取这里的垃圾，红色封条上还会注明不符垃圾分类的事项，给使用者一个重新分类的机会。但若在5个工作日内分类情况还未得到改善，垃圾主人就会收到第二张红色封条，然后市政府会派人收走垃圾，不过垃圾主人要缴纳一笔高额罚款。嗣后，德国其他地区纷纷效仿。下巴伐利亚地区政府派出了专门检查垃圾桶的“探员”，法兰克福附近的哈瑙市也出动了“垃圾警察”。[②]

意大利费拉拉市实行生态预算。为了方便生态预算指标相关内容的查阅，减少重复工作，费拉拉市的生态预算小组把总预算表中的各项指标的相关信息做成了档案，为审计、社会公众或者技术人员提供生态预算指标的背景资料，在人员变动的时候帮助新员工熟悉工作，方便地获取生态预算指标的信息资料。[③]这类环境信息公开有助于费拉拉市的环境得到改善。

日本沼津市提出“混在一起就是垃圾，分开来就是资源”的口号，并率先在全国开展垃圾的分类回收运动。日本长井市实施厨房垃圾再利用计划(彩虹计划)。这些自治体行政目光长远，懂得致力于环境保护的重要性。这个时候，行政并不是承认一切或者反过来让居民或环境NGO包揽一切，而是从市民的角度出发去重视与事业者（企业）、居民、环境NGO的伙伴关系以及为此的双向环境交流，积极公开环境信息，致力于开展民主讨论。[④]在日本，还有许多城市每年都动员市民开展公共垃圾收集活动，并向每户家庭发放介绍垃圾处理知识与再生利用的宣传小册子。在名古屋市，垃圾分类种类接近十种。日本爱知县名古屋市春日井南部地区《垃圾投放规则一览表》，由名古屋市政府生活环境部统一印制并发放。日本横滨市将生活垃圾按等级分为十类。为此，横滨市政府特别发送给市民一本长达二十七页的手册，指导他们如何对垃圾进行正确分类。[⑤]

---

① 张建伟：《政府环境责任论》，中国环境科学出版社2008年版，第136页。

② 刘云：《“垃圾警察”与垃圾分类监督员的比较与选择》，《资源与人居环境》2008年第17期，第66—68页。

③ 郝韦霞：《城市环境管理的生态预算模式研究》，大连理工大学2006年博士学位论文，第67页。

④ ［日］岩佐茂：《环境的思想与伦理》，冯雷、李欣荣、尤维芬译，中央编译出版社2011年版，第163页。

⑤ 黄文芳等：《城市环境：治理与执法》，复旦大学出版社2010年版，第83—250页。

澳大利亚哈利法克斯生态城创立了“社区驱动”模式。“社区驱动”即社区的开发由社区控制，社区的规划、设计、建设、管理与维护全过程由社区居民参与。社区开发管理机构是通过邀请个人与重要组织的代表加入而组建的。每个社区居民都可以参加到生态城市“赤脚建筑师计划”队伍中去。在来自股权登记与居民会议反馈的基础上，一系列赤脚建筑师计划评议会和设计讨论会传递计划、开发与设计方方面面的信息。[①]建筑师、城市生态学家在居民参与过程中起咨询和教育的作用。社区还设立了城市生态中心作为公共教育场所，公众在这里通过图书馆、展览、咨询和报告可以方便地知晓城市生态的有关知识，了解生态城市规划、设计和建设进展。[②]

巴西阿雷格里波尔图市重视弱势群体的参与，让其参与预算编制过程。一旦公众参与到市政预算的决策过程，就意味着城市规划与管理需要进行根本的改变，尤其是环境管理。当规划机构与其他政府机构、其他制度以及民众的利益相关时，他们需要采纳民主的决策过程。因此，必须建立一个关于城市和自然环境的知识和资讯体系，以供包括规划师、公务员、机构和公民在内的全体利益相关者使用。就公民而言，他们要更加有效地参与城市和环境管理，就需要了解更多的自然环境及人工环境信息和知识。在阿雷格里波尔图市，主要通过该市的环境地图来传播信息。随着阿雷格里波尔图市环境地图的发布，该市已经制定了一个环境教育项目。[③]

巴西库里蒂巴市广泛地推进生态事业。无论采取什么手段——有时通过电视发出个人呼吁，有时让学校的孩子就环境事务去说服他们的父母——库里蒂巴市政当局解决了交通阻塞，极大地减少了居民的在途时间，建设了300英里的公交系统、125英里的自行车和步行道路系统。库里蒂巴市的燃油消耗与巴西其他类似规模的城市相比降低了20%。人均交通事故死亡率是全国最低的，空气污染也非常低。为了让平民都加入到废物循环中去，前市长勒纳通过电视提出一个口号：“废物不再是废物”，说服居民把垃圾作为有废物和无机废物单独分拣。他把公共关系的智慧和小精灵的精神结合起来，

---

① 侯爱敏、袁中金：《国外生态城市建设成功经验》，《城市发展研究》2006年第3期，第1—5页。

② 王潜：《县域生态市治理与建设中的政府行为研究》，东北大学出版社2011年版，第103—104页。

③ ［世界银行］Caroline Kende - Robb, Warren A. Van Wicklin III：《让弱势群体说话》，载［世界银行］库尔苏姆·艾哈迈德、埃内斯托·桑切斯·特里亚纳主编《政策战略环境评价：达至良好管治的工具》，林健枝等译，中国环境科学出版社2009年版，第138—141页。

将垃圾车漆成了绿色。他穿上工作服，做了一天可循环废物收集，等于为这场运动剪了彩。之后，库里蒂巴市又招募四名男演员，穿上树叶装，搬上电视，称他们为“树叶之家”，再让他们到城市的各个学校进行生态学巡回讲演，以该市著名的连环图画杂志里英雄形象画片换取不可降解的垃圾，如电池和牙膏管等。孩子们看到他们特别兴奋，仔细聆听讲演——这在很大程度上是因为他们在电视上看过树叶之家。电视人物参观他们的学校并与他们谈论生态学——这是令人兴奋的。①

与美国、德国、巴西等国家的一些城市将环境标志或环境标签应用于垃圾处理中不同，瑞典的哥德堡市和墨西哥的墨西哥市在运输服务中使用了信息策略，即使用了环境标志或环境标签。瑞典的哥德堡市的电车上贴有环境标签，因为它们是“绿色”环保型电车。同样，墨西哥市使用无铅汽油的公共汽车和出租车被漆成了绿色，而不是传统的黄色，以供消费者选择。②哥德堡市和墨西哥市的做法在其环境可持续发展中起了积极作用。

印度新德里市是20世纪90年代中期世界上污染最严重的城市之一。公民社会组织在该城市环境状况的改善中发挥着关键作用。言论自由和调查自由必须取得合法地位，这些公民社会组织才能正常运作。在新德里，透明度得到了法治环境的认可，这就保证了言论自由和调查自由。这些公民社会组织能够在政府干预的情况下自由运转，以保证它们进行实际调查并公开信息。阿尼尔·阿加瓦尔在1980年建立印度科学与环境中心；到20世纪90年代该机构拥有了调查污染程度的技术专长，并建立了有效传播信息的渠道。③1996年科学与环境中心出版《慢性谋杀：印度汽车污染的致死故事》，用大量的图片向人们展示了印度城市中的交通污染，从而引起了一场全国关于城市空气污染的大讨论，也促使高等法院和新德里政府制定行动计划来降低城市的空气污染。1997年他们用数据告诉公民城市空气污染的致死统计。在新德里，1995年每四个小时有一个人死于空气污染。从1991年到1995年，新

① ［美］理查德·瑞吉斯特：《生态城市：重建与自然平衡的城市》（修订版），王如松、于占杰译，社会科学文献出版社2010年版，第152—153页。

② ［瑞典］托马斯·思德纳：《环境与自然资源管理的政策工具》，张蔚文、黄祖辉译，上海三联书店、上海人民出版社2005年版，第405—431页。

③ ［美］Harry Blair：《强化社会问责 促进环境管治》，载［世界银行］库尔苏姆·艾哈迈德、埃内斯托·桑切斯·特里亚纳主编《政策战略环境评价：达至良好管治的工具》，林健枝等译，中国环境科学出版社2009年版，第163—178页。

德里的死亡率翻倍，从 5726 人上升到 10647 人。[①]

印度尼西亚的 PRORER 信息公开策略取得成功后，有几个国家也采用了类似的计划，比较成功的是菲律宾的生态观察计划。菲律宾的生态观察计划与印度尼西亚的 PRORER 计划有许多相似的地方。生态观察计划中，最初接受评估的是马尼拉地区的 52 家工厂，结果发现有 48 家工厂没有达标（为红色等级或黑色等级）。由于通常的规制不起作用，因而采用了贴标签计划。仅一年多时间，蓝色等级的工厂数量就由 8% 上升为 1998 年的 58%。[②]

国外的城市中，发达国家的城市空气质量信息发布达到了较高水平。其中，巴黎市开展监测并发布信息的污染物种类全面，统计数据详尽，检索方便；伦敦市开通了 Twitter 与 Facebook，并开发了 iPhone 应用软件为市民报告不同监测点的 API 数值；维也纳市环境保护局通过 Flash 动画向社会公众介绍空气质量相关信息。洛杉矶市、纽约市在空气质量信息发布方面也有一些好的做法。发展中国家的墨西哥城和新德里虽然公开信息程度相对有限，但近期的一些良好实践值得中国城市借鉴。[③]

此外，国外还有一些城市以环境宣传教育的形式公开环境信息。英国刘易斯市对提高自然资源的使用效率并减少垃圾的产生量倾注了大量精力。为了提高自然资源的使用效率并减少垃圾的产生量，刘易斯市在学校开展循环利用教育，增强公众的循环利用意识。[④]加拿大蒙特利尔市利用广告衫、日历卡、笔记本和公交车等各式各样的载体，号召市民参与废弃物回收再利用活动。[⑤]意大利博洛尼亚市通过新的能源和环境机构对商业企业和市民开展教育。[⑥]南非的约翰内斯堡从 2001 年开始在供水和水网改造方面投入巨资，

---

① 张淑兰：《印度的环境政治》，山东大学出版社 2010 年版，第 140 页。

② ［瑞典］托马斯·思德纳：《环境与自然资源管理的政策工具》，张蔚文、黄祖辉译，上海三联书店、上海人民出版社 2005 年版，第 535 页。

③ 中国人民大学法学院：《竺效副教授主持的项目在京首发 AQTI 报告》，http：//www. law. ruc. edu. cn/research/ShowArticle. asp？ArticleID = 30214，发布时间：2011 年 1 月 23 日。

④ 郝韦霞：《城市环境管理的生态预算模式研究》，大连理工大学 2006 年博士学位论文，第 58 页。

⑤ 王潜：《县域生态市治理与建设中的政府行为研究》，东北大学出版社 2011 年版，第103 页。

⑥ ［加］Rodney R. White：《生态城市的规划与建设》，沈清基、吴斐琼译，同济大学出版社 2009 年版，第 193 页。

2009年该市发起了一场名为“水战士”的大规模水资源保护宣传教育活动。[①]

四 努力构建环境听证制度

美国纽约市应用环境听证实施涂鸦治理。纽约市出台有关规定，追究涂鸦者的责任。除了追究涂鸦者的责任之外，有关条例还特别强调了商业建筑及居住楼的业主清除涂鸦的责任。发现涂鸦之后，将由指定机构向业主（建筑产权所有人）发出清除涂鸦的通知，即业主消除公共妨害的通知。接到通知后，业主可以同当地的社区协助机构联系，这些机构由市政府专项拨款，向社区提供免费的涂鸦清除服务，但需要业主签署一项协议（一种授权）。如果在接到通知的60天后，仍未能清除涂鸦，业主将被处以150—300美元的罚款，除非业主能够证明之前已经向有关部门申请清除服务，并已经签订协议予以授权。业主在接到通知的30天内可以请求听证复议，否则逾期将视为允许有关部门进行强制清除，执行范围严格限制在出现涂鸦的区域。[②]美国的社区经常举行社区听证会。在美国纽约市曼哈顿社区，每个月都要举行社区会议和社区听证会。社区委员会通过报纸、电视、布告栏向居民公布社区会议和社区听证会讨论的具体内容、开会时间和地点。社区听证会的一个重要议题得讨论环境保护。[③]由此看来，美国城市社区经常应用环境听证来开展环境治理。

美国芝加哥市应用环境听证实施固体废弃物治理。美国芝加哥环境署依据《芝加哥城市环境保护条例》，委托固体废弃物管理评价委员会代理部分固体废弃物管理职责。该委员会由21人组成，包括环境署成员、街镇环卫代表、社区委员、市政委员会主席、居民、环卫作业公司和NGO代表等组成。委员会负责评价固体废弃物收集、处置现状，依据城市固体废弃物产生情况制定芝加哥城市固体废弃物综合管理规划。同时，在州固体废弃物规划

---

① ［西］伊丽莎白·加托：《城市网络：表达需求，强化职能》，载［法］皮埃尔·雅克、［印度］拉金德拉·K. 帕乔里、［法］劳伦斯·图比娅娜主编《城市：发展改变轨迹（看地球2010）》，潘革平译，社会科学文献出版社2010年版，第204页。

② 黄文芳等：《城市环境：治理与执法》，复旦大学出版社2010年版，第39页。

③ 谢芳：《西方社区公民参与：以美国社区听证为例》，中国社会出版社2009年版，第103—104页。

与循环法案下提供可行的改进建议，在城市不同地区召开听证会以便了解社区居民对法律实施的反映，并在听取公众意见下对需要改进的收运、处置装置开具许可证。[①]

在德国的城市规划和城市建设中，根据《环境适宜性审查法》第九条第一款的规定，主管的机构就一个项目的环境影响进行听证。这一公众参与的形式遵照行政程序法的一般规定。首先要按照建筑主导规划过程的公众参与第二阶段的模式，对该项目进行公告。随后，与有权提出异议的人，也就是与该项目相关的人进行讨论。在地方日常实践中，这些程序在公共意识中的重要性要比建筑主导规划程序小得多。因此，它们旨在让城市自我表现的公开展示，也明显少得多。但是，对这些参与可能性的法律规定仍然提供了非正式沟通的重要契机，尤其在环境与景观规划领域被专业协会、环境协会和机构充分利用了，并由此视具体情况还取得了较大的公众关注度。[②]

澳大利亚《新南威尔士州环境规划和评价法》包含了关于城市环境规划的公共听证的内容。这是澳大利亚城市环境治理信息型政策工具应用的重要经验。澳大利亚地方规划委员会经过详细的环境研究与必要的咨询，着手起草地方环境规划。若对地方环境规划草案感到满意，地方议会就会进一步将其提交给城市事务和规划部。城市事务和规划部给地方议会提出修改建议或者采取其他的方式进行指导，地方议会务必接受城市事务和规划部的指导。城市事务和规划部同意进行公共展示以后，环境研究与地方环境规划务必接受公众评议。在评议期间，任何人都可以就环境规划草案提出书面评论。如果有人提出举行公众听证的要求，并且议会认为提出的问题具有典型性，有正当理由要求在议会就环境规划草案作出决定前进行公众听证，议会可以就这些提请举行公众听证。在公众评议期间、听证期间和公共展示期间，议会继续开展环境规划草案的工作，继续修改环境规划草案，为了反映公众的意见或公共听证的事项，议会尽可能地予以修改；或为了公众进一步给予评价，提请进一步的修改。当地方议会对地方环境规划草案感到满意时，其向城市事务和规划部提交文件，附带所有的详细意见、公众听证报告与对所有涉及同一地区的地方规划草案跟州环境规划或地区环境规划的矛盾所指出的

---

① 黄文芳等：《城市环境：治理与执法》，复旦大学出版社 2010 年版，第 46—47 页。

② ［德］弗兰克·尤斯特：《德国城市规划和城市建设中的公众参与》，载刘平、［德］鲁道夫·特劳普-梅茨主编《地方决策中的公众参与：中国和德国》，上海社会科学院出版社 2009 年版，第 53 页。

解释说明。[1]澳大利亚城市环境治理信息型政策工具应用的这种经验对中国城市环境治理的听证制度来说具有借鉴价值。

五　着力畅通环境举报投诉渠道

美国为了治理涂鸦，除了组织专门的监察队伍之外，许多城市还设立了24小时的涂鸦举报热线或举报中心。美国纽约市通过设立举报奖励来鼓励市民对于涂鸦行为的举报。美国凤凰城通过开通举报电话或热线电话来实施涂鸦治理。美国凤凰城市政府规定零售商不能将涂料、油漆等涂鸦原料出售给未满18岁的未成年人，倡导每一位居民都肩负起维护环境、美化社区的责任，只要发现有涂鸦者，居民可随时拨打电话向警察局举报，举报人可获得240美元的奖金。对于城市公共区域已经存在的乱涂乱画，发现一处，清除一处，社区服务局设有24小时热线电话，任何居民只要提出请求，社区服务局就会在48小时内安排人员免费清除涂鸦物，或者免费提供工具由市民自行清洗。[2]

美国弗吉尼亚州朴茨茅斯市的Pneumo Abex公司从事铁路设备的回收加工业务。由于其中的金属含有铅，所以被撤离了工作场所，以保护工人的健康。但是，几十年来，公司只是简单地把那些含铅过滤器堆放在工厂附近没设围墙的地方。20世纪60年代，这些地方盖起了低收入居民住房。虽然没有使用含铅油漆，但潜在的铅中毒危险早已经存在了。最终，含铅的污泥从学校操场渗漏出来。居民户中有10多个小孩染上了严重的铅中毒疾病，还有更多的小孩受到轻微的影响。随后，这些居民对Pneumo Abex公司工作中的过失提起了诉讼，称铅导致了中毒，影响了智力，进而减少了未来的收入。尽管公司最后在法庭外私下与居民户和解了，但对法院来说，给这种类型的诉讼案受害者判决几十至上百万美元已经是司空见惯的事了。[3]美国纽约市的两个最大垃圾填埋场——富莱雪基尔斯和爱基米尔都不符合美国环境署颁布的“资源保护和恢复法案”中要求的有关有害物质渗入地下水的标准。

① 朱春玉：《魅力城市：生态城市理念与城市规划法律制度的变革》，法律出版社2009年版，第80—81页。

② 唐华：《美国城市管理：以凤凰城为例》，中国人民大学出版社2006年版，第175页。

③ ［瑞典］托马斯·思德纳：《环境与自然资源管理的政策工具》，张蔚文、黄祖辉译，上海三联书店、上海人民出版社2005年版，第478页。

拿富莱雪基尔斯垃圾填埋场来说，每天接收纽约市的垃圾1.4万吨，约占全市垃圾总量的75%。这个垃圾填埋场的地下水已经遭到铅和其他有害物质的污染。自1983年以来，纽约市政府多次收到美国联邦法院的传票，控告富莱雪基尔斯垃圾填埋场的地下污水污染了新泽西的海滩。1989年纽约州政府颁布新的行政命令，要求尽早关闭该垃圾填埋场。纽约市政府也计划在不久的将来关闭这个垃圾填埋场。[①]美国城市着力畅通控告类环境投诉渠道的做法由此略见一斑。美国城市还逐步畅通了一般性环境投诉渠道。比如，美国纽约州纽约市布鲁克林社区居民对一个图形艺术供电设备所产生的有毒气体进行投诉，长达12年未得到任何解答。然而1990年，《有毒物质释放清单》披露，该设施的所有者，Ulano公司，是纽约最大的有毒空气污染单位。围绕这一披露公众哗然，最终迫使纽约州政府规定Ulano减少其排放量。[②]

日本的许多城市也畅通了控告类环境投诉渠道。在东京、大阪、名古屋和川崎等人口集中的大都市，经常出现因交通流量过大或者堵车产生污染，道路附近的居民团体向国家或者地方自治体提出诉讼的情况。与控告类环境投诉渠道比较，日本城市中的一般性环境投诉渠道更为畅通。一般性的环境投诉在日本城市中相当普遍，市民对于任何环境污染和环境破坏行为，会积极予以举报和投诉，政府对市民的投诉会认真加以处理。

印度新德里市允许提起有关公益的诉讼。M. C. 梅赫塔领导的印度环保法律诉讼理事会和阿尼尔·阿加瓦尔领导的印度科学与环境中心两个公民社会组织提出公益诉讼制度，为减少新德里市的大气污染作出了贡献。对这些公民社会组织来说，它们需要具有奉献精神、毅力和财力的领导者，才能使得相关组织长时间活跃在防止大气污染的阵线上。M. C. 梅赫塔的首要目标是禁止排放侵蚀泰姬陵软大理石的工业废水，经过十年的努力，于1993年在最高法院得以实现。他在20世纪90年代早期就起诉大气污染问题，到1998年最高法院颁布了第一个要求全面削减污染物的指令。[③]

新加坡的市民可以就环境问题向有关部门进行投诉。夜市卖臭豆腐引来

① 谢芳：《西方社区公民参与：以美国社区听证为例》，中国社会出版社2009年版，第122—123页。

② 胡静、傅学良主编：《环境信息公开立法的理论与实践》，中国法制出版社2011年版，第171—172页。

③ [美] Harry Blair：《强化社会问责 促进环境管治》，载 [世界银行] 库尔苏姆·艾哈迈德、埃内斯托·桑切斯·特里亚纳主编《政策战略环境评价：达至良好管治的工具》，林健枝等译，中国环境科学出版社2009年版，第163—164页。

投诉就是一例。自2011年5月28日起，有居民发现，高文心邻坊外频频传出臭味。原来，夜市出现一个摊位售卖臭豆腐。居民投诉，臭豆腐的气味太臭，让人难以忍受。新加坡环境局对投诉作出了回应。新加坡环境局有邮件、电话和咨询服务处等接受投诉的渠道，此类渠道为新加坡治理城市环境提供了便利。

六　大量应用智能交通系统

智能交通系统（Intelligent Transport System，简称为ITS）是将先进的信息技术、通讯技术、传感技术、监控技术与计算机技术等有效地集成并运用于整个交通运输管理中而建立起来的一种在大范围内、全方位发挥作用的、实时的、准确的、高效的综合的运输与管理系统。GPS车载导航仪器、GPS导航手机和GIS应用系统是智能交通系统的重要组成部分。智能交通系统能够提供出行者信息服务，缓解交通拥堵，降低能源消耗，减轻环境污染。①如今美国、欧洲国家和日本等的城市大量应用了智能交通系统。

美国是最早研究并应用智能交通系统的国家之一。截至2005年，美国已有75个大都市地区联合使用了智能交通系统及其技术，凤凰城就属于这方面的例子。在凤凰城，市交通局内设有城市交通指挥控制中心。控制中心通过先进的设备对高速公路和市内交通状况进行电视监控、信号控制、违章抓拍、流量统计和交通分析等，实时发布城市道路交通信息，并及时进行事故报警。凤凰城的交通信号管理系统全部实行区域控制，每个路口的交通流量都由计算机自动统计，并自动调整路口时段信号周期，确保最大限度地方便车辆通行。凤凰城的公共交通也已经采用了计算机卫星通信调度，并且实现了电子支付，能够提供更有效、更便捷、更安全的公交服务，同时能够为出行者提供准确的公交车辆出行信息，以便他们作出更合理的出行方式选择，最大限度满足他们的需要。②现在美国城市普遍使用了智能交通系统。

英国城市目前大量应用了智能交通系统。伦敦运用了智能道路收费系统。伦敦的Countdown是为方便公交车乘客而设计的一种公交车站实时信息系统。现今该系统在伦敦全市范围内得到应用。苏格兰政府国立道路委员会

---

① 百度百科：《智能交通系统》，http：//baike. baidu. com/view/1488750. htm 。

② 唐华：《美国城市管理：以凤凰城为例》，中国人民大学出版社2006年版，第236—238页。

业已建立了“国家司机信息和管理系统”（NADICS）。国家司机信息和管理系统包括一个可变情报板（VMS）系统。可变情报板系统位于苏格兰中心地区的主要城市间的道路上，它显示各种不同的信息。在英国南部的汉普郡，人们能够通过 TRIPlanner 公共交通信息系统终端机来合理地安排其旅游行程。这些终端机通常被安装在一些重要的位置上，允许人们访问最新的公共交通信息和乘车的最佳路线。①

法国城市拥有 Mobiloc、SMARTBUS、Surf 2000、Visionaute 和基于 VMS 的显示行程时间系统等智能交通系统。Mobiloc 是一个基于无线网络与内陆定位系统的无线定位服务系统，它专注于实时的市区车队管理。Mobiloc 系统最早于 1995 年 5 月在法国巴黎地区率先得到应用。现在多家公司应用了该系统。法国里昂已经通过组建 Théatre des Arts 控制中心应用了 SMARTBUS 系统。控制中心提供司机系统之间的对话接口，一个专门的 AVM 中央处理器与显示面板（公交汽车用）或者声音合成设备（地铁用）为车上的乘客提供相关信息。巴黎应用了 Surf 2000——城市交通控制系统。此系统的应用已经产生了许多的益处。中途停车等待和交通堵塞的情况大为减少，这样就保持了整个路网的持续通畅并使耗油量降低。Visionaute 是一个基于 RDS 的交通信息和引导系统。1999 年底前它被推广到了法国全境。巴黎还应用了基于 VMS 的显示行程时间系统。②

德国城市建成了严密的智能交通网络，其拥有 PASSO、TEGARON、VSO 和停车引导系统等智能交通系统。PASSO 是一个基于 GSM/GPS 的 ITS，它可以让司机查看通往目的地路线上的交通情况和德国 10 个城市的交通信息。TEGARON 也是一个基于 GSM/GPS 的 ITS，它为城市司机提供综合信息和紧急救援服务。VSO 是一个基于 Internet 的交通信息系统，它为驾车或者乘坐公共交通工具的出行者提供交通预报和出行计划服务。VSO 交通预报已经从 1997 年开始在整个德国提供服务了。为了方便司机找到停车位，1986 年科隆市政府引入了一个停车引导系统。③该停车引导系统使得在科隆市中心寻找

① 倪秉书：《欧洲智能交通系统成功案例（六）——英国》，《中国交通信息产业》2004 年第 12 期，第 77—80 页。

② 倪秉书：《欧洲智能交通系统成功案例（二）——法国》，《中国交通信息产业》2004 年第 6 期，第 129—132 页。

③ 倪秉书：《欧洲智能交通系统成功案例（四）——德国》，《中国交通信息产业》2004 年第 9 期，第 123—126 页。

可用停车位的车辆大为减少。

意大利城市也大量应用了智能交通系统。意大利罗马运用了智能道路收费系统。在意大利博洛尼亚市已经安装了一个能够监视公交车辆的行驶、选择最优的停车位置以及为司机指引路线并管理着汽车的加油补给的系统。首个固定路线上公交车的即时服务在意大利伊莫拉市的城市交通网上实现。后来新的固定路线上公交车的即时服务在博洛尼亚市的San Lazarro实现。意大利都灵市已经应用了一种被称为5T（Telematics Technologies for Transports and Traffic in Turin）的系统。此系统集成了9个ITS子系统。其中，公共交通车辆定位（AVL）与城市内交通控制（UTC）子系统在交通信号方面为公共交通运输车辆提供优先权，特别是适用于那些因故晚点的车辆。[①]

欧洲其他国家的城市在大量应用智能交通系统中有许多成功事例。奥地利萨尔茨堡市采用了一个城市间交通管理系统。奥地利林茨城安装了智能交通信息控制系统。比利时利用人性化智能信号来解决城市交通拥挤问题，其首都布鲁塞尔使用了公交车停靠站乘客信息系统。瑞典斯德哥尔摩运用了智能道路收费系统。芬兰瓦萨市使用了多功能智能卡，这种卡被用于饮食业、运动设施、出租车与停车费的支付等方面。芬兰坦佩雷市自1995年起就应用了城市公共交通服务智能卡系统。芬兰图尔库市的公共交通智能卡系统自1996年起逐步引入。公共交通智能卡系统在芬兰大城市地区，如赫尔辛基、Espoo、Vantaa和Kauniainen的引入大约是在1998年末。希腊雅典城应用了降低污染的交通控制系统。挪威奥斯陆采用了电子收费系统来减少交通拥堵。荷兰鹿特丹使用了公共交通智能卡。荷兰阿姆斯特丹应用了区域性不停车收费系统。

日本是当今世界上最普遍地应用智能交通系统的国家。东京于1996年4月在全球首次应用道路交通信息通信系统（VICS），后来该系统的应用范围逐步扩大，现已覆盖日本全国。日本“ITS站点”系统于2011年8月正式开始为用户提供服务。在全日本高速公路上设置了大约1600个“ITS站点”系统，城市内高速公路每隔4公里、城市间高速公路每隔10—15公里就有一个。在日本高速公路交叉路口前面也设置了大约90个这样的系统。“ITS站点”系统服务的最大特点在于“动态导航”。驾驶员可以通过这种系统在多

---

① 倪秉书：《欧洲智能交通系统成功案例（五）——意大利》，《中国交通信息产业》2004年第11期，第41—44页。

条道路中选择一条避开城市中心交通堵塞的路线。[①]日本城市还应用了智能交通管理系统、不停车收费系统和交通诱导系统等。

除了上述国家之外，澳大利亚、新加坡和韩国等国家的城市也大量应用了智能交通系统。澳大利亚几乎所有的城市都使用了最优自动适应交通控制系统（SCATS）。新加坡通过不断推进智能交通系统建设来加强交通的精细化管理。其智能交通系统建设集中在先进的城市交通管理系统上，该系统不仅具有传统功能，如信号控制、交通检测和交通诱导，还包括用电子计费卡控制车流量。[②]韩国的城市中首尔是广泛运用智能交通系统的典范。目前韩国的城市高速公路应用了最现代的交通管理系统。

① 彭永清：《世界瞩目的日本智能交通系统》，《汽车维修》2012年第8期，第5—6页。

② 陈桂香：《国外智能交通系统的发展情况》，《中国安防》2012年第6期，第103—108页。

第八章　中国城市环境治理信息型政策工具的优化

任何一项环境政策工具都有一定的优越性与局限性。中国城市环境治理的信息型政策工具在实践中已经发挥了重要功能，但其不可避免地存在一些问题或缺陷，需要对其进行优化。从定性的角度来看，中国城市环境治理信息型政策工具的优化具有公共行政改革或公共管理改革的本质属性。这一定性贯穿于中国城市环境治理信息型政策工具优化的解释框架中。

一　中国城市环境治理信息型政策工具优化的解释框架

框架就是一种视角，或者说是眼界。①从方法论的角度来看，中国城市环境治理信息型政策工具优化的解释框架包含属性论、动因论、逻辑论和路径论四种视角。属性论视角，即从事物性质的角度来描述中国城市环境治理信息型政策工具优化的本质属性。动因论视角，即从事物发展的角度来探究中国城市环境治理信息型政策工具优化的内在动因。逻辑论视角，即从事物发展的角度来揭示中国城市环境治理信息型政策工具优化的价值逻辑。路径论视角，即从事物发展的角度来探寻中国城市环境治理信息型政策工具优化的现实进路。四种解释框架中，属性论解释框架居于统领地位，它是动因论解释框架、逻辑论解释框架和路径论解释框架的基础。

（一）属性论解释框架

治理是各主体在公共事务上协作的过程。不过，为了规避治理失败的风险，政府应当承担“元治理”（Meta – governance），即“自组织的组织”的

① ［美］弗兰克·费希尔：《公共政策评估》，吴爱明等译，中国人民大学出版社 2003 年版，第 178 页。

角色。元治理角色不是一个拥有最高权威的、控制一切的角色，而是一个为各种自组织设计制度、提出远景设想的角色。设计制度的角色是制度层面的角色，提出远景设想的角色是战略层面的角色。制度上元治理要提供各种机制，促使有关各方集体学会不同地点、行动领域之间的功能联系和物质上的相互依存关系。战略上元治理促进建立共同的愿景，从而鼓励新的制度安排和/或新的活动，以便补充和/或充实现有治理模式的不足。[①]一言以蔽之，在治理中政府应当负责制定和完善规章制度。

制度是一系列被制定出来的规则、守法程序与行为的道德伦理规范，它旨在约束追求主体福利或者效用最大化利益的个人行为。[②]在制度和规则大致相同的意义上，文森特・奥斯特罗姆持与上文相似的观点。按照他的说法，人类社会的治理模式靠的是一组共同规则，这些规则能够使许多人在共同理解的基础上行动。正是共同的规则，把许多人变成了一个有着有序关系的社群。然而，规则并非是自动设计、自动实施或者自动变更的。相反，如果人类社会的关系是有序的，这些规则是人为的创造物，取决于人去设计、实施和变更。这一复杂的设计、实施和变更规则的任务，正是政府的基本职能。[③]

综括而言，在治理过程中政府要担当制定、实施、变更或完善制度的角色。如前所述，政策工具包括制度或规则。据此得知，在治理过程中政府要承当选择、设计、应用和优化政策工具的角色。对于政策工具的优化，它是政府的一项治理职能。政策工具的优化是政府为实现政策目标而采取的手段、方式或途径的改进、改善和革新。该概念表明，政府行为是优化的对象。由于政策工具优化的主体和客体都是政府，所以政策工具的优化具有公共行政改革的属性。由此推论，中国城市环境治理信息型政策工具的优化具有公共行政改革的属性。这一论断为探讨中国城市环境治理信息型政策工具的优化提供统领性解释框架。

（二）动因论解释框架

中国城市环境治理信息型政策工具优化的动因论解释框架植根于其属性

---

① ［英］鲍勃・杰索普：《治理的兴起及其失败的风险：以经济发展为例的论述》，漆芜译，《国际社会科学杂志（中文版）》1999 年第 1 期，第 31—48 页。

② ［美］道格拉斯・C. 诺思：《经济史中的结构与变迁》，陈郁等译，上海三联书店、上海人民出版社 1994 年版，第 225—226 页。

③ ［美］文森特・奥斯特罗姆：《隐性帝国主义：掠夺性国家与自主治理》，载迈克尔・麦金尼斯主编《多中心治道与发展》，毛寿龙译，上海三联书店 2000 年版，第 222 页。

论解释框架之上。中国城市环境治理信息型政策工具的优化具有公共行政改革的属性。公共行政改革一般有内在动因和外在动因。内在动因在公共行政改革中起着决定作用，故笔者以属性论为基点，以内在动因为着眼点来确立中国城市环境治理信息型政策工具优化的动因论解释框架。

政策工具的优化虽说是由政府及其成员来进行的，但政策工具的优化并不是政府及其成员主观上一厢情愿的事，其优化的内在根据在于政策工具本身，在于政策工具存在的问题或缺陷。当前，中国城市环境治理的信息型政策工具已经发挥着重要功能，但其仍存在着一些问题或缺陷。这些问题或缺陷使其功能得不到更有效的发挥，"正是获利能力无法在现存的安排结构内实现，才导致了一种新的制度安排（或变更旧的制度安排）的形成"①。易言之，中国城市环境治理的信息型政策工具存在的问题或缺陷是其优化的内在动因。此论断为中国城市环境治理信息型政策工具的优化提供动因论解释框架。

中国城市环境治理信息型政策工具优化的动因论解释框架有其特定指向。正因如此，在动因论解释框架下，中国城市环境治理的信息型政策工具存在的问题或缺陷成为关注的焦点。必须弄清楚中国城市环境治理的信息型政策工具存在哪些具体的问题或缺陷。只有这样，我们才能洞悉中国城市环境治理信息型政策工具的优化有哪些具体的内在动因。

（三）逻辑论解释框架

中国城市环境治理信息型政策工具优化的逻辑论解释框架建基于其属性论解释框架之上。中国城市环境治理信息型政策工具的优化属于公共行政改革。需要以此为基础来确立中国城市环境治理信息型政策工具优化的逻辑论解释框架。这里，中国城市环境治理信息型政策工具优化的是价值逻辑的具体层面，即存在层面、内容层面和行为层面构成其逻辑论解释框架。

价值是一个错综复杂的、歧义丛生的概念。按照马克思的观点，"价值这个普遍的概念是从人们对待满足他们需要的外界物的关系中产生的"②。马克思对"价值"概念的界定表明价值本质上是一个关系范畴：价值形成源自

① ［美］L. E. 戴维斯、D. C. 诺斯：《制度创新的理论：描述、类推与说明》，载［美］R. 科斯、A. 阿尔钦、D. 诺斯等：《财产权利与制度变迁——产权学派与新制度学派译文集》，刘守英等译，上海三联书店、上海人民出版社1994年版，第296页。

② ［德］马克思、恩格斯：《马克思恩格斯全集》（第十九卷），中共中央马克思恩格斯列宁斯大林著作编译局编译，人民出版社1963年版，第406页。

于主体需要；价值形成的条件是客体具有满足主体需要的属性和功能；价值形成的实质是主客体之间需要与满足关系的不断生成。日本学者牧口常三郎也持主客体关系论：“价值是客体与人之间的感情关系，它意味着在客体和评价它的主体之间产生的量的合宜。”“价值是权衡主客体关系的结果，是根据客体影响主体的作用范围和程度进行判断的结果。”[①]这些看法具有合理性。的确，价值是客体的属性和主体需要之间的相互依赖关系。更确切地说，价值是客体满足主体需要的关系。

以上是从哲学角度对价值所进行的考察。对价值的哲学考察，厘清了价值的本质。对于价值问题，除了有哲学的考察方式外，还有逻辑学的考察方式。对价值问题的逻辑学考察，导致价值逻辑的产生。价值逻辑既是有关价值的，又是有关逻辑的，它是有关价值思维的逻辑学。价值逻辑研究注意的是人类价值思维中的逻辑现象，它力图说明人们价值思维与非价值思维的异同，揭示人类价值思维中最一般的规则和原理。[②]长期以来，很多学者一直把价值命题排斥在逻辑学的大门之外，而事实上，在人们的思维中存在着价值推理。[③]这给中国城市环境治理信息型政策工具优化价值逻辑的提出以有益启示。

中国城市环境治理信息型政策工具优化的价值是中国城市环境治理信息型政策工具的优化本身满足人们需要的关系。中国城市环境治理信息型政策工具优化的价值为何能够存在，中国城市环境治理信息型政策工具优化的价值内涵是什么，中国政府运用何种方式优化城市环境治理的信息型政策工具，其间的判断和推理就是中国城市环境治理信息型政策工具优化的价值逻辑。任何改革价值的存在都需要一定的条件；中国城市环境治理信息型政策工具优化价值的存在有了一定的条件；据此推出：中国城市环境治理信息型政策工具优化的价值能够存在。由于上述推理的前提是关于“存在条件”的，所以从“存在条件”着手得出“中国城市环境治理信息型政策工具优化的价值能够存在”的推理就是中国城市环境治理信息型政策工具优化价值

① ［日］牧口常三郎：《价值哲学》，马俊峰、江畅译，中国人民大学出版社1989年版，第7—8页。

② 周农建、余跃进：《价值理论的演变与价值逻辑的提出》，《求索》1995年第5期，第54—58页。

③ 朱怡：《思想道德教育价值及其价值逻辑》，《南通师范学院学报（哲学社会科学版）》2004年第4期，第132—135页。

的存在逻辑或条件逻辑。公共行政改革一般应以公共利益和行政效率为价值内涵；中国城市环境治理信息型政策工具的优化属于公共行政改革；由此推知：中国城市环境治理信息型政策工具的优化应以公共利益和行政效率为价值内涵。这一推理就是中国城市环境治理信息型政策工具优化价值的内容逻辑。中国城市环境治理信息型政策工具优化的事实是实然的，中国城市环境治理信息型政策工具优化的目标是应然的，实然与应然之间的关系是“在中国城市环境治理信息型政策工具的优化中运用适当的方式有利于达成目标”。在此关系下，城市治理主体应该运用何种适当的方式进行优化，这就是中国城市环境治理信息型政策工具优化价值的行为逻辑。以上三种逻辑为在属性论解释框架下深入探讨中国城市环境治理信息型政策工具优化的价值逻辑确立了解释框架。

（四）路径论解释框架

中国城市环境治理信息型政策工具优化的路径论解释框架同样建基于其属性论解释框架之上。中国城市环境治理信息型政策工具的优化具有公共行政改革的属性。需要以此为基础，通过在政策工具优化的两条不同路径中进行取舍来确立中国城市环境治理信息型政策工具优化的路径论解释框架，为探索中国城市环境治理信息型政策工具优化的现实进路提供明确的指向。

一般说来，政策工具的优化主要遵循两条不同的路径。一条路径是各项政策工具的改进和革新，它是政策工具纵向发展的路径；另一条路径是不同政策工具的搭配和组合，它是政策工具横向整合的路径。各项政策工具的改进和革新需要对政策工具机制进行演绎。通过对政策工具机制的演绎来改进原有的政策工具和创造全新的政策工具。得到改进的政策工具和全新的政策工具可以说是对原有政策工具的延伸和发展。在优化政策工具时，还需要对不同政策工具进行搭配和组合。“在许多情况下，需要同时追求几个目标，为了实现最佳效果，就需要把一系列政策工具结合起来使用。”[①]换句话讲，“在变化的环境条件下，制定切合实际的政策是一门艺术，需要适时组合和排列有关工具，以实现多重目标”[②]。

应该说，政策工具优化的两条不同路径均可构成中国城市环境治理信息

① ［瑞典］托马斯·思德纳：《环境与自然资源管理的政策工具》，张蔚文、黄祖辉译，上海三联书店、上海人民出版社 2005 年版，第 310 页。

② 同上书，第 339 页。

型政策工具优化的路径论解释框架。一则中国城市环境治理的各项信息型政策工具需要加以改进和革新，二则中国城市环境治理的不同信息型政策工具需要更好地发挥组合效应。中国城市环境治理的各项信息型政策工具存在缺陷，所以需要对其进行改进和革新。中国城市环境治理的不同信息型政策工具存在组合应用的情况，如城市治理主体把环境监测、环境听证、环境信访等分别与环境信息公开结合起来使用。为了更好地发挥组合效应，需要恰当地组合中国城市环境治理的不同信息型政策工具。不过，本文着重探究中国城市环境治理的各项信息型政策工具的改进和革新，因而在属性论解释框架下，“各项政策工具的改进和革新”这一路径成为中国城市环境治理信息型政策工具优化的路径论解释框架。在此路径论解释框架里，政府是中国城市环境治理信息型政策工具优化的现实进路的抉择者，其采取一种增量改革或渐进改革的形式对中国城市环境治理的信息型政策工具进行改进、改善和革新。

二　中国城市环境治理信息型政策工具优化的内在动因

根据动因论解释框架，中国城市环境治理的各项信息型政策工具存在的一些问题或缺陷是中国城市环境治理信息型政策工具优化的内在动因。具体而言，中国城市环境治理信息型政策工具优化的内在动因是当前中国城市的环境监测、环境统计、环境信息公开、环境认证、环境听证、环境信访和GPS全球定位系统的发展及应用等存在的一些问题或缺陷。

当前中国许多城市的环境监测站的实力较弱，存在环境监测设备落后、现代化环境监测仪器数量不足、环境监测人员数量不足和高素质技术人才缺乏的状况。它们在环境监测设备和环境监测队伍方面与环境监测站建设标准有较大的差距。它们的环境监测现代化和标准化建设有待加强。城市环境监测站之间的信息交流和协作有限，有待于从组织、资源和技术等方面保障、整合区域监测力量，形成监测网络和联动机制。现行的环境监测制度不完善。统一的、专门的环境监测法律法规缺乏，环境监测管理体制存在缺陷，统一的、完整的且具有操作性的环境监测标准、技术规范与方法缺乏。这些影响了城市环境监测工作的开展。

环境统计数据质量不高是中国许多城市的环境统计工作现存的主要问题。一是环境统计数据失真。环境统计年报数据基本上来源于企业自行填报，某些企业为了自身利益，不愿意提供真实数据，错报、瞒报甚至不报统计数据，而且针对不同的用途，用不同的数据敷衍城市环境保护行政主管部门。二是自上而下的各类责任制考核太多，部分城市环境保护行政主管部门在达标的压力之下，对环境统计数据进行人为的调整，同时准备了几套数据应付各类考核。三是一些城市政府部门基于政绩的考虑，在统计排放量时围绕总量控制计划徘徊。四是现行的环境统计制度中没有有效的审核办法校验数据的准确性。环境统计数据的质量由此受到影响。

当前中国城市的污染源监管信息公开存在三大缺陷：其一，多数城市对企业日常监管记录的公开数量有限，且公开的信息不完整；其二，依申请公开不能满足公众维护环境权益的需要；其三，企业污染物排放公开制度至今尚未确立。[①]这之中，企业污染物排放公开制度缺失是一个最显著的缺陷。目前，中国城市的环境标志或标签建设有待加强。与 ISO14000 标准相结合的产品环境信息公开制度还不完善。《中国环境标志使用管理办法》中没有对产品环境信息公开制度作出规定。近些年来，中国的大中城市均发布了空气质量信息，但发布水平跟发达国家（地区）的城市相比存在明显差距。

中国城市环境听证利害关系人代表选择的实践中，采取了环境听证组织机关指定或选定、利害关系人自主推举和根据利害关系人报名先后自动产生等方式。这些方式存在缺乏公开性、参与性和有效操作性等问题。环境听证组织机关指定或选定代表的方式存在缺乏公开性和参与性的问题。且无论是采取实质上依靠听证组织机关指定的方式，还是采取实质上依靠利害关系人自主推举的方式，或以形式上的程序正义“掩盖”实质上可能导致的利害关系人代表不具有代表性的“根据利害关系人报名先后自动产生”的方式，都无法以明示的法律制度确保利害关系人代表最终得以有效地产生。[②]中国城市环境听证的程序和适用范围等也存在一些问题。

当前中国城市的环境信访存在一定的问题。各城市的环境信访工作制度仍显不足。同样适用于城市地区的《环境信访办法》的某些规定与其上位法《信访条例》有出入。跟《信访条例》相比，对于“（授意他人）隐瞒、谎报、缓报”的情形，《环境信访办法》漏掉了追究法律责任的规定。这有悖

① 马军：《三大缺陷阻碍环境信息公开》，《环境保护》2011 年第 11 期，第 24 页。

② 竺效：《论环境行政许可听证利害关系人代表的选择机制》，《法商研究》2005 年第 5 期，第 135—140 页。

于其上位法《信访条例》的规定与立法精神。通过文本解读可知，《环境信访办法》没有充分考虑到环境信访人的利益，理由是它只对行政处分责任和刑事责任作了规定，而没有对国家赔偿责任、行政赔偿责任作出规定。[①]再则，部分城市的环境信访队伍建设仍存不足。

GPS 全球定位系统的发展与应用中存在一些缺陷也是当前中国城市环境治理的信息型政策工具面临的一个问题。中国现有的 GPS 技术有待改进。目前，中国许多城市在交通工具上应用 GPS 全球定位系统的程度不高。像武汉城市圈内的部分城市、株洲市和湘潭市等就面临这种问题。而且，GPS 全球定位系统大多应用于城市出租汽车上，较少应用于城市公交车、长途客运车和私家车上。包含 GPS 全球定位系统的智能交通系统在中国城市应用的状况不佳。中国城市智能交通系统发展中存在统一协调力度差的问题。一些城市在进行规划时还没有明确地把智能交通系统作为规划的一部分。

三　中国城市环境治理信息型政策工具优化的价值逻辑

（一）中国城市环境治理信息型政策工具优化价值的存在逻辑

任何事物的存在都是有条件的。“一切以条件、地点和时间为转移。”[②]因此，公共行政改革价值的产生、存在都要服从一定的条件。中国城市环境治理信息型政策工具优化的价值逻辑的一个层面是其优化价值存在的条件，即存在逻辑。也可以说，中国城市环境治理信息型政策工具优化价值的产生、存在有其条件逻辑。中国城市环境治理信息型政策工具优化价值存在的条件主要有社会条件和问题条件。

1. 社会条件

当代政府管理要具有合法性，其实质是要获得社会的认可。“权力的合法性只不过是由于本集体的成员或至少是多数成员承认它为权力。”[③]为此，当代政府在其管理改革中必须回应社会对它提出的各方面的要求。[④]“公共管

① 黄殷：《论环境信访制度的完善》，中南林业科技大学 2011 年硕士学位论文，第 24—25 页。

② ［前苏联］斯大林：《斯大林选集》（下卷），中共中央马克思恩格斯列宁斯大林著作编译局编译，人民出版社 1979 年版，第 430 页。

③ ［法］莫里斯·迪韦尔热：《政治社会学——政治学要素》，杨祖功、王大东译，华夏出版社 1987 年版，第 117 页。

④ 范炜烽：《公共管理还是市场操作——当代政府管理改革的价值问题研究》，《南京社会科学》2008 年第 11 期，第 62—67 页。

理的责任的基本理念之一就是回应。回应意味着政府对民众对于政策变革的接纳和对民众要求做出的反应，并采取积极措施解决问题。"[①]中国政府在城市环境治理中自然必须回应社会的要求或诉求。为了更好地回应社会的要求或诉求，需要对中国城市环境治理的信息型政策工具进行优化。

近些年来，中国市民、社会组织不断要求政府部门按照法规、规章规定公开环境信息。2008 年 11 月，广东省珠海市民孙农从当地环境保护局网站上，查询到了珠海市 26 个废旧电池回收点。但是当孙农携废旧电池找到设置在其居住小区内的一个废旧电池回收桶时，却发现回收桶里的废电池并没有得到及时的回收处置。该回收桶自两年前设置后，仅开始时有人回收过一次，以后再也没有人进行回收。孙农担心长时间没有经过回收处置的废旧电池会造成新的污染，因此以特快专递形式向珠海市环保局发出《关于要求提供废旧电池回收处理相关信息的函》，希望获取有关废旧电池回收处置和相关环保知识普及等方面的信息，并希望环保局于 30 日内给予答复。2009 年 2 月，发出函已有三个月的孙农仍未收到答复，遂以普通公民的身份，以珠海市环保局为被告，以珠海市环保局行政机关不作为和公民知情权受侵犯为由起诉到珠海市香洲区人民法院，请求人民法院裁定珠海市环保局不履行法定职责，同时判令珠海市环保局以多种方式公开废旧电池回收处置方面的环境信息。[②] 2011 年 10 月 28 日，中华环保联合会通过特快专递的方式（经公证部门公证）向贵州省修文县环境保护局提交了政府信息公开申请，请求该县环保局公开贵州好一多乳业股份有限公司的相关环境信息。修文县环保局收到申请以后，认为申请公开的信息内容不明确、信息形式要求不具体，便一直未给予答复。2011 年 11 月 24 日，中华环保联合会向贵州省贵阳市环保局发函，建议其督促修文县环保局公开环境信息，但仍然没有收到任何答复。中华环保联合会认为，修文县环保局明显地违反了《政府信息公开条例》和《环境信息公开办法（试行）》的规定。2011 年 12 月 12 日，中华环保联合会向贵州省清镇市人民法院环保法庭提起环境信息公开公益诉讼，请求判令修文县环保局在三日内对中华环保联合会的政府信息公开申请予以答复，请求判令修文县环保局在十日内按照中华环保联合会政府信息公开申请

---

① ［美］格罗弗·斯塔林：《公共部门管理》，陈尧等译，上海译文出版社 2003 年版，第 132 页。

② 胡静、傅学良主编：《环境信息公开立法的理论与实践》，中国法制出版社 2011 年版，第 228 页。

书的要求提供相应信息。[①]正因为有这类现象的发生，中国城市环境治理的信息型政策工具才需要加以优化，以更好地回应社会对公开环境信息的要求。这种社会要求或诉求就是中国城市环境治理信息型政策工具优化价值存在的社会条件。

2. 问题条件

中国城市环境治理信息型政策工具优化价值的存在逻辑的第二个内涵是价值存在的问题条件。中国城市环境治理的信息型政策工具面临一些问题，解决这些问题使优化措施有了存在的价值。换言之，中国城市环境治理的信息型政策工具面临的问题是其优化价值存在的问题条件。目前中国城市环境治理的信息型政策工具面临的问题是环境监测、环境统计、环境信息公开、环境认证、环境听证、环境信访和 GPS 全球定位系统的发展及应用等存在一定的缺陷。

如前所述，当前中国城市环境治理的信息型政策工具存在以下具体问题：第一，中国许多城市的环境监测站的实力较弱，它们在环境监测设备和环境监测队伍方面与环境监测站建设标准有较大的差距。各城市的环境监测制度不完善；第二，环境统计数据质量不高是中国许多城市的环境统计工作现存的主要问题；第三，中国城市的污染源监管信息公开存在一些问题，中国城市的环境标志或标签建设有待加强，中国的大中城市空气质量信息发布水平有待提高；第四，中国城市环境听证利害关系人代表选择的方式存在缺乏公开性、参与性和有效操作性等问题，中国城市环境听证的程序和适用范围等存在一些问题；第五，各城市的环境信访工作制度仍显不足，部分城市的环境信访队伍建设仍存不足；第六，中国现有的 GPS 技术有待改进，中国许多城市在交通方面应用 GPS 全球定位系统的程度不高，内含 GPS 全球定位系统的智能交通系统在中国城市应用的状况不佳。这些具体问题是中国城市环境治理信息型政策工具优化价值的条件逻辑之一。

（二）中国城市环境治理信息型政策工具优化价值的内容逻辑

1. 公共利益

在对国家事务、社会事务和行政事务等进行管理的过程中，政府的基本任务就是处理个人与集体、不同社会集团、不同社会阶层之间的关系，寻找

① 刘晓星：《首例环境信息公开公益诉讼立案》，http://www.cenews.com.cn/xwzx/hjyw/201112/t20111227_711004.html，发布时间：2011 年 12 月 27 日。

在多元的利益冲突中的共同基点——公共利益。[①]对公共利益的追求，使公共行政获得了公共性，也使政府获得了存在的合法性或正当性。“凡照顾到公共利益的各种政体就都是正当或正宗的政体。”[②]治理出现后，政府的基本任务没有发生变化。治理是一种以公共利益为目标的社会合作过程。[③]作为起关键作用和担当调整治理机制职责的主体，政府在治理过程中应以增进公共利益为目标。中国城市环境治理信息型政策工具的优化是环境治理链的一个环节，其价值在于更好地实现公共利益。

从公共行政改革的角度看，中国城市环境治理信息型政策工具优化价值的一个内容逻辑是公共利益。公共行政改革以公共利益为价值内涵之一。或者说，公共行政改革价值逻辑的内容层面的一个内涵是公共利益。肇始于20世纪70年代末期的西方发达国家进行的公共行政改革体现了重构公共利益实现机制的努力。各国针对官僚制的固有弊端进行了诸多方面的改革，种种改革措施都可以视为对公共利益的另一种认识或公共利益实现机制的一种转变。[④]尽管对公共利益的认识或公共利益实现机制发生变化，但公共行政改革对公共利益本身的追求没有改变。作为公共行政改革的一部分，中国城市环境治理信息型政策工具优化价值的内容逻辑之一无疑是公共利益。

从公共行政责任的角度看，中国城市环境治理信息型政策工具优化价值的一个内容逻辑是公共利益。维护和增进公共利益是政府的基本责任。[⑤]公共行政人员要对公民负责，洞察、理解和权衡公民的要求和其他利益虽然是最不直接的责任，但却是最为根本的责任，因为公民是主权者，公共行政人员只是他们的委托人。“无论是按照正式的就职宣誓、政治伦理法规，还是法令，最终，所有的公共行政人员的行为都要以是否符合公众的利益为标准来衡量是否是负责的行为。”[⑥]这对中国城市环境治理信息型政策工具的优化尤

---

① 陶国根：《公共利益——医疗卫生体制改革的价值取向》，《江西行政学院学报》2008年第4期，第21—24页。

② ［古希腊］亚里士多德：《政治学》，吴寿彭译，商务印书馆1965年版，第132页。

③ ［英］托尼·麦克格鲁：《走向真正的全球治理》，陈家刚编译，《马克思主义与现实》2002年第1期，第33—42页。

④ 麻宝斌：《公共利益与政府职能》，《公共管理学报》2004年第1期，第86—92页。

⑤ 王乐夫、蒲蕊：《教育体制改革的公共利益取向》，《中山大学学报（社会科学版）》2007年第6期，第125—129页。

⑥ ［美］特里·L. 库珀：《行政伦理学——实现行政责任的途径》（第四版），张秀琴译，中国人民大学出版社2001年版，第71页。

为重要。在中国，人民是国家的主人，公共行政人员有责任维护人民的公共利益。当前，中国城市环境治理的信息型政策工具存在着一些问题，问题的存在给公共利益的维护造成不良影响，因而公共行政人员有责任采取措施对其进行优化以维护公共利益。公共利益得到维护使中国城市环境治理信息型政策工具的优化具有价值。从这个意义上说，中国城市环境治理信息型政策工具的优化以公共利益为其价值的内容逻辑。

在中国城市环境治理信息型政策工具的优化中，既要明确公共利益的核心地位，又要明确公共利益的表达和实现途径。由于关注环境不仅是工业界与政府的事情，也是民众的分内之事[①]；且“在加强公民向政府表达需求的权力过程中就会体现出公共利益”[②]，因而在中国城市环境治理信息型政策工具优化过程中，要通过培育公民的公共精神、鼓励公民参与来表达和实现公共利益。特别是环境听证、环境信访和 GPS 全球定位系统等信息型政策工具的发展及应用需要公民参与。在公民的积极参与过程中，中国城市环境治理信息型政策工具优化价值的利益逻辑就会得以演绎。

2. 行政效率

中国城市环境治理信息型政策工具优化价值的内容逻辑的第二个内涵是行政效率。行政效率是公共组织和行政工作人员从事行政管理活动所获得的效益同所消耗的人力、物力和财力的比例关系。提高行政效率是公共行政的一种价值诉求。公共行政改革自然追求行政效率的提高。像一些学者所指出的那样，政府和国家的自身改革需要满足效率的目标[③]；“公共部门改革的一个主要目标，是提高产品和服务提供的效率”[④]。20 世纪 80 年代起，西方国家掀起了一场以追求“3E”，即“经济（Economy）、效率（Efficiency）和效益（Effectiveness）”为目标的政府改革运动。新中国成立以来，特别是党的十一届三中全会以来，中国多次的行政改革都把解决行政效率问题作为一个基本目标或核心目标。中国城市环境治理信息型政策工具的优化需要在追求公共利益、社会正义的同时，把行政效率作为其价值逻辑的内容层面的一个

① ［美］蕾切尔·卡逊：《寂静的春天》，吕瑞兰、李长生译，吉林人民出版社 1997 年版，第 19 页。

② ［美］B. 盖伊·彼得斯：《政府未来的治理模式》，吴爱明等译，中国人民大学出版社 2001 年版，第 82 页。

③ ［英］安东尼·吉登斯：《第三条道路及其批评》，孙相东译，中共中央党校出版社 2002 年版，第 61 页。

④ ［英］简·莱恩：《新公共管理》，赵成根等译，中国青年出版社 2004 年版，第 68 页。

内涵。

其实，中国城市环境治理信息型政策工具优化价值的效率逻辑源于公共行政的效率逻辑。“公共行政的目标是最有效地利用行政人员可以支配的资源。”[①]按照这一理路，中国城市环境治理的信息型政策工具有其效率逻辑。可是，中国城市环境治理信息型政策工具的现存问题使其效率逻辑难以有效地展开。然则就有必要对中国城市环境治理的信息型政策工具进行优化，旨在使其效率逻辑得到有效的展开。这样，以公共行政的效率逻辑为起点，行政效率成为中国城市环境治理信息型政策工具优化价值的一个内容逻辑。

行政效率是中国城市环境治理信息型政策工具优化价值的内容逻辑之一。遵循这一内容逻辑，在中国城市环境治理信息型政策工具的优化中，要从行政成本的角度着眼，探索既能使各项政策工具低成本运行，又能使各项政策工具有效发挥作用的新路子，做到正确地处理政策工具应用的结果与资金、资源的使用之间的关系，以较少的投入获得最大的产出。

（三）中国城市环境治理信息型政策工具优化价值的行为逻辑

1. 遵循制度变迁规律

中国城市环境治理信息型政策工具优化价值逻辑的行为层面的一个内涵是变迁的逻辑。中国城市环境治理信息型政策工具的优化具有制度变迁的属性，因而应当遵循制度变迁规律。社会制度变迁的“合规律性”与“合目的性”相统一的规律，社会制度变迁的自然演进与理性建构相统一的规律，是适用于任何社会制度变迁的普遍规律。[②]毋庸置疑，中国城市环境治理信息型政策工具的优化需要遵循上述规律。

社会制度变迁总是建立在一定的客观规律之上的，有其不以人的意志为转移的内在规律性，总是表现出一定的稳定性和渐进性。由于制度框架总受制于报酬递增条件，因此，调整的过程是渐进的，并且这种调整是由正式的与非正式的约束以及实施的变动的缓慢演化构成的。[③]组织和它们的政治或经济的企业家们作出的无数个决策逐步改变着制度框架。这就要求中国城市环境治理信息型政策工具的优化遵循渐进变迁规律，即通过渐进调整逐步改进

---

① L. D. White. The Federalist. New York: Macmillan, 1948. p. 2.

② 崔希福：《社会制度变迁规律新论——唯物史观的视野》，《江西社会科学》2006 年第 2 期，第 108—112 页。

③ ［美］道格拉斯·C. 诺思：《制度、制度变迁与经济绩效》，杭行译，格致出版社、上海三联书店、上海人民出版社 2008 年版，第 132 页。

中国城市环境治理的信息型政策工具，通过渐进改革逐步革新中国城市环境治理的信息型政策工具。社会制度变迁又是一个“合目的性”的过程，所以，在中国城市环境治理信息型政策工具的优化中，要把满足公众的环境知情权和环境参与权作为重要目的。绿色和平申请公开巴斯夫企业排污信息案反映的是应当让公众的环境知情权得到满足。2008 年 4 月 30 日，绿色和平向上海浦东区环境保护局提出申请，要求其公开巴斯夫应用化工有限公司的企业环境信息。浦东区环保局的答复是，巴斯夫企业的环境信息属于公司内部信息。绿色和平在 2008 年 5 月 12 日、6 月 19 日两次要求巴斯夫立即停止不公平待遇，对中国的环境和公众一视同仁，全面公开其污染物排放等环境信息，接受公众监督。2008 年 7 月，绿色和平向上海市环境保护局申请行政复议，要求浦东区环保局其公开巴斯夫应用化工有限公司的排污信息。[①]对于此类情况，必须采取有力措施促使政府和企业履行公开环境信息的义务以满足公众的环境知情权。环境听证制度和环境信访制度变迁的目的是让公众的环境参与权得到满足。中国城市环境听证制度和环境信访制度的完善要遵照制度变迁的“合目的性”原理，以满足公众的环境参与权为依归。

社会制度变迁不仅是合规律性与合目的性的统一，还是自然演进与理性建构的统一。社会制度变迁一方面是随着历史过程自然演化、自发完成的，另一方面是人的有意识活动的结果。“看不见的手与设计过程会在制度的历史中相互影响并发挥某种作用。”[②]职是之故，中国城市环境治理信息型政策工具的优化还要遵循制度变迁的自然演进与理性建构相统一的规律。中国政府在对城市环境治理的信息型政策工具进行优化时，应当关注公民社会中自发形成的一些新事物。前述的孙农诉珠海市环保局信息不公开案、绿色和平申请公开巴斯夫企业排污信息案，折射出公民权利意识的萌发与增强。中国政府应该因势利导，建立与健全环境信息公开公益诉讼制度。同时，在中国城市环境治理信息型政策工具的优化中，要通过理性设计改进已有的政策工具，推出新的政策工具。

2. 把握好行为的目与手段的关系

中国城市环境治理信息型政策工具优化价值逻辑的行为层面的另一个内

---

① 胡静、傅学良主编《环境信息公开立法的理论与实践》，中国法制出版社 2011 年版，第 232—233 页。

② ［英］马尔科姆·卢瑟福：《经济学中的制度——老制度主义和新制度主义》，陈建波、郁仲莉译，中国社会科学出版社 1999 年版，第 107 页。

涵是行为的目的与手段的逻辑。目的是主体依据外界情况和主观需要提出的行动目标；手段是为达到或实现目的主体所用的工具、操作方式、方法。一般来说，目的与手段之间的基本关系是：目的统率手段，手段为目的服务；目的与手段非一一对应，同一目的可以有多种手段以供选择，同一手段也可以服务不同的目的。[①]这种关系体现在中国城市环境治理信息型政策工具的优化中，把握好行为的目的与手段的关系是中国城市环境治理信息型政策工具优化价值的一种行为逻辑。

人类的行为在其本质上是有目的的，[②]中国城市环境治理信息型政策工具的优化也不例外。中国城市环境治理信息型政策工具优化的两大基本目标或目的是维护公共利益和提高行政效率。要达到这些目的，需要采取一定的手段。于是，把握好行为的目的与手段的关系成为一个现实命题。首先，中国城市环境治理信息型政策工具优化的一个目的是维护公共利益，为达到此目的而选择的手段应当接受法律的约束。这就是说，需要运用法治手段来实现中国城市环境治理信息型政策工具优化的目的。因为现代社会的公共利益，首先就是社会正义本身；而现代法治背后的正义理念意味着，“每个人都拥有一种基于正义的不可侵犯性，这种不可侵犯性即使以社会整体利益之名也不能逾越”[③]。其次，需要运用民主手段来达到中国城市环境治理信息型政策工具优化的目的。让公众参与到环境管理中来是环境领域里的民主手段。参与式环境管理是“政府中心过程”或称为“命令—控制”政策的转变，政府授权给市民和利益相关者，使其在计划和政策的决策过程中扮演一个重要角色。[④]在中国，应当让公众参与到城市环境治理信息型政策工具的优化中来，为维护和实现公共利益出谋划策。最后，需要运用科学手段来达到中国城市环境治理信息型政策工具优化的目的。中国城市环境治理信息型政策工具优化的另一目的是提高行政效率，为实现此目的而选择的手段是否科学，关系到目的能否达成。为此，应当进行科学的设计、建立科学的标准、寻求

① 范炜烽：《公共管理还是市场操作——当代政府管理改革的价值问题研究》，《南京社会科学》2008 年第 11 期，第 62—67 页。

② R. J. Sullivan, Immanuel Kant' s Moral Theory, Cambridge, UK: Cambridge University Press, 1991. p. 184.

③ ［美］约翰·罗尔斯：《正义论》，何怀宏、何包钢、廖申白译，中国社会科学出版社 1988 年版，第 3 页。

④ Tomas M. Koontz, Collaboration for Sustainability? A Framework for Analyzing Government Impacts in Collaborative - environmental Sustainability, Science, Practice, & Policy. 2006, (2): 15 - 24.

科学的方法来优化中国城市环境治理的信息型政策工具。

四　中国城市环境治理信息型政策工具优化的现实进路

正确使用工具取决于对它们功能和局限性的了解。[①]只有了解工具的局限性，才能有的放矢地去优化它，进而才能正确地使用它。通过前文阐述，我们了解了中国城市环境治理信息型政策工具的局限性。由于中国城市环境治理的信息型政策工具存在局限性，所以需要从中国国情出发，并借鉴国外经验，对其进行优化。而且，我们了解中国城市环境治理的信息型政策工具存在何种局限性，这能使我们有针对性地选择其优化的现实进路。

（一）加强环境监测建设

1. 加强环境监测制度建设

加强环境监测制度建设是针对中国城市环境监测制度的局限性而采取的举措。国务院环境保护行政主管部门应当出台环境监测的专门法律、法规，以提高环境监测的立法层次与法律地位。要改革环境监测管理体制，因为"一个健全有力的体制乃是人们所必须追求的第一件事"[②]。改革当前环境监测管理体制条条下任务，块块管理人、财和物的行政区划分级管理模式，对省（市）以下环境监测机构或市以下环境监测机构实行垂直管理。改革当前环境监测站的政事合一模式，建立独立的和专门的环境管理机构以便对环境监测进行统一的、系统的管理与指导，使环境监测获得最大程度的独立。加快制定统一的和具有操作性的环境监测标准、技术规范和方法。[③]

2. 加强环境监测站标准化建设

随着经济和社会的发展，环保管理工作逐渐由定性化管理转向定量化管理，环保管理对环境监测工作和环境监测数据的时效性、准确性、完整性、针对性与代表性提出了更高的要求。然而，目前中国城市环境监测站标准化建设的现状难以满足上述要求。因此，需要加强中国城市环境监测站标准化建设。要按照《全国环境监测站建设标准》中一级站建设标准，逐步推进省

---

① ［美］文森特·奥斯特罗姆：《工艺与人工制品》，载迈克尔·麦金尼斯主编《多中心治道与发展》，毛寿龙译，上海三联书店2000年版，第502页。

② ［法］卢梭：《社会契约论》，何兆武译，商务印书馆2003年版，第61页。

③ 蔡素丽、陈晓燕：《环境监测制度存在的问题与对策思考》，《汕头科技》2011年第3期，第29—33页。

（市）级环境监测中心站标准化建设。要按照《全国环境监测站建设标准》中二级站建设标准，逐步推进市级环境监测（中心）站标准化建设。要按照《全国环境监测站建设标准》中三级站建设标准，遵循“分步骤、分年限”的原则，逐步推进县级环境监测站标准化建设。各级环境监测站要在环境监测设备、环境监测队伍和物资保障等方面达到建设标准。

3. 加强环境监测网络建设

由于“网络组织的主要目标是共享信息与关系”[①]，中国各城市的环境监测必须实现网络链接。建设和完善中国各城市环境监测的纵向网络、横向网络和区域网络，有利于实现优势互补，发挥协调功能，顺应时代要求，推进城市生态文明建设。要以省（市）级、市级环境监测站为主干，以县级环境监测站为支干，形成环保系统内的纵向监测网络；以省（市）级、市级和县级环境监测站为主干，以企业站和行业站为支干，形成部门间跨行业的横向监测网络；以省（市）级、市级和县级环境监测站为主干，以中国环境监测总站在各地的布点为支干，形成区域监测网络。

4. 加强环境监测队伍建设

要充实中国现有的环境监测机构，尤其要增加市级、县级环境监测站技术人员和工作人员的数量。要采取专家授课和自学相结合的方式，组织环境监测站的技术人员学习城市环境监测、实验室分析、“三同时”验收监测和应急监测等相关知识、技能，不定期地进行理论和操作考试，提高环境监测站技术人员的业务水平。要鼓励环境监测站工作人员参加在职学历教育，提升环境监测站工作人员的学历层次，优化环境监测站工作人员的知识结构。要加强环境监测站工作人员的业务培训，组织其参加国家、各省举办的各类培训，提高其适应新形势变化以及经济社会发展需要的能力。[②]

（二）推进环境统计工作

1. 完善环境统计管理制度

推进中国城市的环境统计工作需要完善环境统计管理制度。要根据《中华人民共和国统计法》和其他环境保护法律、法规，修订《环境统计管理办法》，对环境统计的各项工作内容作出明确规定。要制定或修订相关环境保

---

① ［美］约翰·奈斯比特：《大趋势——改变我们生活的十个新方向》，梅艳译，中国社会科学出版社1984年版，第200页。

② 刘爱萍：《关于构建宜春生态宜居城市相应的环境监测体系的思考》，《江西化工》2012年第1期，第172—173页。

护法律、法规和实施细则，增加明确企业如实报告和公开环境信息的责任与义务的内容，加大环境统计执法的力度，保证源头数据的准确性。要制定《环境统计技术导则》和《环境统计数据审核办法》，规范环境统计工作的程序和标准。①要改革城市环境保护局隶属于本级城市政府的管理制度，对城市环境保护局实行垂直管理，使其环境统计工作不受到本级城市政府的干预。

2. 完善环境统计工作体制

完善环境统计工作体制是推进中国城市环境统计工作的重要一环。要调整环境统计工作的职能分工，组建负责具体开展专业统计工作的专业部门。要认真贯彻执行环境统计报表制度，结合城市政府和各职能部门签订的主要污染物总量减排目标责任书，由城市政府出面，召开各职能部门的联席会议，将年度环境统计报表分解到各职能部门，落实到具体责任人，明确报送要求。要排除城市中各类考核的干扰，解决环境统计数据失真问题。对于城市环境综合整治定量考核、国家环境保护模范城市考核和生态城市考评等各种考核、评比活动，应当以广大市民感受到的环境治理效果和环境质量的改善程度为主要指标。

3. 完善环境统计数据质量控制体系

环境统计数据质量是环境统计工作的生命。目前环境统计数据失真问题在中国的部分城市较为严重。为了提高环境统计数据的真实性，需要完善环境统计数据质量控制体系。要对环境统计数据进行现场核查，切实加强环境统计数据源头把关。②要建立与健全联合核查制度，联合统计、监察、污控和监测等部门，对企业申报的环境统计数据进行核查。要加强统计报表的各级核查，采取多种手段核实环境统计数据的真实性和合理性。③主要污染源企业应当建立环境统计台账，以便有关部门开展核查工作。借由这些措施逐步做到从环境统计数据产生到环境统计数据传输，再到环境统计数据汇总进行全流程审核把关和质量控制。

① 李志坚、王凯武：《浅论当前我国环境管理工作中的环境统计》，《绿色科技》2012年第8期，第158—160页。

② 钟丹：《现行体制下环境统计工作存在的问题及建议》，《九江学院学报（自然科学版）》2012年第1期，第16—18页。

③ 李志坚、王凯武：《浅论当前我国环境管理工作中的环境统计》，《绿色科技》2012年第8期，第158—160页。

（三）促进环境信息公开

1. 强化污染源监管信息公开

强化中国城市的污染源监管信息公开要从三个方面着手。其一，推进污染源日常监管记录公开。对于许多城市来说，要增加污染源日常监管记录公开的数量。各城市在公布污染企业名单时，既要公布企业的名称，又要公布具体的违法事实、违法时间、所违反法规标准和处罚措施等。其二，完善依申请公开制度。创设依申请公开制度是一个很大的进步，但这一制度还不够完善。需要通过完善相关法规将这一制度真正建立在“公开是原则、不公开是例外”的基础上。其三，确立企业污染物排放公开制度。一如前述，20世纪80年代末期，美国在世界上率先确立了TRI制度（有毒物质释放清单制度），要求企业必须定期地公布有毒有害化学物质。鉴于该制度对推动企业主动减排具有良好效果，欧盟于2000年建立了更为全面的PRTR制度（污染物排放与转移登记制度），随后日本、韩国等国家也相继确立了类似制度。[①]目前，还有加拿大、菲律宾、澳大利亚和俄罗斯等国家建立了类似制度。国外的这些有益经验值得中国借鉴。中国是全球污染物排放量最大的国家，解决污染物排放问题义不容辞。要真正激发自主减排的潜力，需要在信息公开中融入一种更为有力的信息手段，[②]即企业污染物排放公开制度。

2. 完善产品环境信息公开制度

针对与ISO14000标准相结合的产品环境信息公开制度不完善的状况，我们要借鉴美国《紧急计划和社区知情权法》的做法，对产品环境信息公开的各事项作出明确规定，并不断完善产品环境信息公开制度，旨在通过借用环境标志或标签等方法将环境信息传递给消费者，从而影响消费者的购买决定。消费者基于环境信息而作出的购买决定促使企业生产环保型产品，这对中国的城市环境治理有利。要不断加强环境标志或标签建设，通过相应的立法确定发放环境标志或标签的组织与评定的标准，并且结合ISO14000系列标准对产品的来源、材料生产与销售全过程进行规范并进行跟踪调查。国家环境保护部颁布的《中国环境标志使用管理办法》为确保中国环境标志的正确使用、倡导可持续生产与消费、促进环境友好型社会建设提供了法律保障。应该将产品环境信息公开制度的基本内容列入《中国环境标志使用管理

---

① 马军：《三大缺陷阻碍环境信息公开》，《环境保护》2011年第11期，第24页。

② 杨东平主编：《中国环境发展报告（2012）》，社会科学文献出版社2012年版，第265页。

办法》中，使之相互衔接，上下一体。[①]

3. 提高城市空气质量信息发布水平

中国国内城市空气质量信息的监测、采集和公开还不能适应社会公众保护自身健康的需要，应当尽快借鉴国外城市和国内部分城市的先进经验提高城市空气质量信息发布水平。中国应当尽快在城市中开展 PM2.5（环境空气中空气动力学当量直径≤2.5μm 的颗粒物）指标的监测发布；发布具体监测指标的具体浓度值信息；增加环境监测点，注意科学布点，并根据对居住在特定的污染源附近的人群进行保护的需要，有针对性地设置代表人群暴露水平的环境监测点。[②]中国还应当发布具体监测点的城市空气质量信息与空气污染物实时监测数据；运用地图等更为直观的形式发布城市空气质量信息。

（四）健全环境听证制度

1. 健全环境听证利害关系人代表选择机制

健全中国城市环境听证利害关系人代表选择机制的现实进路是采取“环境听证组织机关合理划分利益群体、利害关系人推举或者抽签决定出席代表”的方式。首先，由环境听证组织机关依据利害关系的“亲疏”、利害关系人的地域分布和利害关系人的年龄层次及职业特征等情况，将利害关系人合理地划分为若干利益群体。其次，由环境听证组织机关依据已经确定的听证会席位数量和利益群体的规模与数量，合理地确定每个利益群体可以参加听证会的具体代表数量。再次，由各个利益群体自主地进行民主推举。最后，若经过推举无法确定利害关系人代表，则由环境听证组织机关抽签确定出席听证会的利害关系人代表。[③]

2. 完善环境听证程序

一个主要依靠社会相互作用的社会里，某些程序比任何一个目的或目标要更加受到高度重视。[④]个中原因在于一种程序，特别是一种正确的或公平的程序具有十分重要的功能。一种正确的或公平的程序若被人们恰当地遵守，

---

① 陈书全：《论我国环境信息公开制度的完善》，《东岳论丛》2011 年第 12 期，第 158—162 页。

② 中国人民大学法学院：《竺效副教授主持的项目在京首发 AQTI 报告》，http：//www. law. ruc. edu. cn/research/ShowArticle. asp? ArticleID = 30214，发布时间：2011 年 1 月 23 日。

③ 竺效：《论环境行政许可听证利害关系人代表的选择机制》，《法商研究》2005 年第 5 期，第 135—140 页。

④ ［美］查尔斯·E. 林德布洛姆：《计划的社会学：思想和社会相互作用》，载［美］莫里斯·博恩斯坦编《东西方的经济计划》，朱泱等译，商务印书馆 1980 年版，第 46 页。

其结果也会是正确的或公平的。[①]这适用于环境听证。正确、公平的环境听证程序有利于促进环境决策科学化，有利于实现环境正义。目前中国城市环境听证的程序存在一些问题，为了促进环境决策科学化，为了实现环境正义，需要对其进行完善。一是完善环境听证的公告程序。既要增加环境听证公告的内容，又要增加向社会发出环境听证公告的途径。二是完善环境听证的通知利益相关人程序。在先前规定的基础上，环境听证的通知书还应当载明听证的主要程序及不到场或中途退场的法律后果。三是完善环境听证的论证程序。合理地规范进行陈述与申辩、提出证据、进行质证、进行辩论和做最后陈述等程序。四是完善环境听证的说明情况程序。完善有关规章，对环境听证的说明情况程序作出明确规定。

3．扩大环境听证范围

就中国城市环境治理而言，要扩大环境听证范围，就应当将抽象的环境行政行为纳入环境听证的范围。抽象的环境行政行为是环境行政主体针对不特定的环境行政相对人作出的环境行政行为。由于抽象的环境行政行为无具体明确的环境行政相对人，在环境行政行为作出以后有可能对公民或者法人的权益造成不良影响时，环境行政相对人并没有确切的证据和理由提出救济请求，往往在抽象的环境行政行为中缺乏维护自身权益的主动性。[②]所以，中国的各级环境保护行政主管部门，包括各城市的环境保护局应当构建能够促使其自我约束的制度，将抽象的环境行政行为纳入环境听证的范围。

（五）完善环境信访制度

1．健全环境信访工作制度

制度能够向组织成员提供一般性的刺激因素和注意导向器，引导成员的行为[③]，因而要把健全环境信访工作制度放在突出的位置上。中国的各级环境保护行政主管部门要建立与健全环境信访工作领导责任制。领导要通过接访倾听民声、了解民意、化解民怨、满足民愿。对于重办率较高、久拖不决的环境信访案件和重点环境信访案件，要实行领导包案，从根本上加以解

① ［美］约翰·罗尔斯：《正义论》，何怀宏、何包钢、廖申白译，中国社会科学出版社1988年版，第86页。

② 刘铮、孟颖华：《我国环境行政听证制度存在的问题及完善对策》，《水利发展研究》2012年第2期，第32—36页。

③ ［美］赫伯特·西蒙：《管理行为——管理组织决策过程的研究》，杨砾、韩春立、徐立译，北京经济学院出版社1988年版，第98页。

决，防止重复上访和越级上访。要健全环境信访案件的登记制度、是否受理书面告知制度、转交及交办制度、督查督办制度和处理结果书面告知制度等，规范环境信访工作人员的行为。各城市的环境保护局要建立与健全环保牵头、部门合作、分级负责和属地处理的环境信访工作体系，将环保服务系统延伸到街道环保所，建立市、区和街道三级环境信访工作网络，做到重心下移和关口前移，就地快速有效解决环境信访问题。①

2. 推进环境信访法治化建设

要推进环境信访法治化建设，让中国市民在法治轨道上表达自身诉求。从长远看，推进环境信访法治化建设的重要举措是制定《信访法》，当下则主要是修订《环境信访办法》。对《环境信访办法》中的某些规定进行修订，使之与其上位法《信访条例》相一致。在《环境信访办法》中增加"国家赔偿责任、行政赔偿责任"的内容。还要严格环境信访执法。"如果法律不能被执行，那就等于没有法律。"②故要严格执行国家环境保护部的《环境信访办法》以及省（市、区）的相关规定，并做到环境信访跟日常监理工作相结合，对在环境执法检查中发现有污染隐患的单位及时采取相应措施，消除有可能发生的污染扰民因素。

3. 加强环境信访队伍建设

根据中国城市环境信访工作的现实情况，各级环境保护行政主管部门要切实加强环境信访机构建设，尤其是环境信访任务重的，要根据工作的需要建立专门的环境信访机构或者内设相对独立的机构。各级环境保护行政主管部门要落实专兼职信访工作人员的津贴和工作经费，赋予环境信访机构工作人员综合协调职能和对重要信访案件的督查督办职能。要加强对环境信访工作人员的业务知识和法律知识培训，特别是要加强对县（市）、区环境信访工作人员的培训工作，使环境信访工作人员在工作中能够熟练应用业务知识和正确运用法律武器处理信访案件，从而培养出一批业务精、素质高的环境信访工作人员。

（六）发展智能交通系统

发展包含GPS全球定位系统的智能交通系统也是中国城市环境治理信息

---

① 赵志凌：《新形势下如何提高环境信访满意率》，《环境保护》2012年第13期，第56—58页。

② ［英］洛克：《政府论》（下篇），叶启芳、瞿菊农译，商务印书馆1964年版，第138页。

型政策工具优化的现实进路。这方面，国外的大量经验可资借鉴。从中国国情出发，同时借鉴国外经验，在各城市采用分期实施模式发展智能交通系统。针对城市交通管理系统建设和营运管理权责属公安交管部门或城建部门，公共交通属市政管理部门或建委，高速公路交通管理系统营运管理属收费道路公司和交通路政部门，商用车管理属交通运管部门，水运属交通港航部门，机场属民航部门，铁路属铁道部门的状况，需要建构合适的法规和制度，建立跨部门协调机构，规定各部门管辖权责，为中国城市智能交通系统的发展提供条件。制订城市智能交通系统发展规划，统筹协调城市智能交通系统的发展。①在规划中对城市智能交通系统的功能进行明确的定位，确定各子系统结构及其相互关系，建立综合性和多元化的城市智能交通系统。

GPS 全球定位系统是智能交通系统的一部分，改进 GPS 技术和推广使用 GPS 全球定位系统是发展智能交通系统的应有之义。中国要立足于自主研发，辅之以向别国学习，改进 GPS 技术。GPS 全球定位系统在中国城市得到了一定程度的应用，并发挥了积极作用，当务之急是要在各城市逐步推广使用 GPS 全球定位系统。不仅要在城市出租汽车上逐步推广使用 GPS 全球定位系统，还要在城市公交车、长途客运车和私家车上逐步推广使用 GPS 全球定位系统。

① 杨飞：《浅析我国智能交通系统的发展对策》，《才智》2010 年第 21 期，第 67—68 页。

结　语

城市是人类文明的伟大创造物，城市的发展是社会进步的重要标志。与任何事物都有两面性这一辩证法相符，城市既具有优势又存在危机。一方面，城市被认为是人民的集合，其团结起来以在丰裕和繁荣中悠闲地共度更好的生活①；城市放大了人类的力量，让我们更加成其为人②；城市使得思想、资源和工具快速交换成为可能，并可随时补充劳动力。另一方面，人类的城市设计、建设和管理活动对自然有着巨大的破坏性。“城市聚集了我们的废弃物，从而产生出巨量的垃圾堆、污染的空气和水。”③于是，“自城市出现以来，对城市与自然平衡的追求就成为人类自我完善的一部分”④。随着城市环境问题的凸现和治理理论与实践的兴起，这种追求衍生出城市环境治理。有效地治理城市环境需要选择、设计和应用信息型政策工具，因为“信息的结构、质量和公众的获得对于治理来说具有决定性的意义”⑤。中国的城市环境治理自然需要选择、设计和应用信息型政策工具。在城市环境治理的实践中，中国政府确实选择、设计和应用了多项信息型政策工具，中国企业、公众确实选择和应用了一些信息型政策工具。

---

① ［意］G. 波特岩：《论城市伟大至尊之因由》，刘晨光译，华东师范大学出版社 2006 年版，第 3 页。

② ［美］爱德华·格莱泽：《城市的胜利：城市如何让我们变得更加富有、智慧、绿色、健康和幸福》，刘润泉译，上海社会科学院出版社 2012 年版，第 228—230 页。

③ ［加］Rodney R. White：《生态城市的规划与建设》，沈清基、吴斐琼译，同济大学出版社 2009 年版，第 8 页。

④ ［美］理查德·瑞吉斯特：《生态城市：重建与自然平衡的城市》（修订版），王如松、于占杰译，社会科学文献出版社 2010 年版，第 91 页。

⑤ ［法］皮埃尔·卡蓝默：《破碎的民主——试论治理的革命》，高凌瀚译，生活·读书·新知三联书店 2005 年版，第 197 页。

作为环境政策制定的“第三波”（在法律规制和基于市场的工具之后）[①]，信息型政策工具为中国的城市环境治理贡献颇多。当然，目前中国城市环境治理的信息型政策工具还存在一些问题或缺陷，需要加以改进、改善和革新，即优化。政策工具动力学告诉我们，政策工具的应用不是一劳永逸的。相反，出于社会需要以及政策工具变革效果的考虑，政策工具需要不断地加以调整和替代。[②]由于“生态革新无一例外地需要政治支持”[③]，由于政府在城市环境治理中充当元治理的角色：“为治理和监管制度提供基本原则”[④]，因而中国政府应在城市环境治理信息型政策工具的改进、改善和革新中担当重任。

相比于其他的城市环境治理主体，中国政府在城市环境治理信息型政策工具的优化中是一个关键性角色，具有更加重要的作用。中国政府要积极地推进城市环境治理信息型政策工具的优化，为建设美丽中国，实现中华民族永续发展尽职尽责。同时，中国政府要采取适当的策略推进城市环境治理信息型政策工具的优化。社会改革难免会触犯到既得利益者和既得利益集团，有些人会受益，受益者满怀欣喜，而受损者则必然要诅咒那些改革的发起者和支持者，[⑤]所以中国政府要从实际出发，谨慎地推进城市环境治理信息型政策工具的优化。“谨慎乃是一种高尚的畏惧。”[⑥]“审慎（Prudence），在所有事物中都堪称美德，在政治领域中则是首要的美德。”[⑦]只有谨慎或审慎行事，才有可能不犯错误或少犯错误。中国政府还要渐进地推进城市环境治理信息

① ［瑞典］托马斯·思德纳：《环境与自然资源管理的政策工具》，张蔚文、黄祖辉译，上海三联书店、上海人民出版社2005年版，第193页。

② ［荷］R. J. 英特威尔德：《政策工具动力学》，载［美］B. 盖伊·彼得斯、［荷］弗兰斯·K. M. 冯尼斯潘编《公共政策工具：对公共管理工具的评价》，顾建光译，中国人民大学出版社2007年版，第151页。

③ ［德］马丁·耶内克：《生态现代化：新视点》，载［德］马丁·耶内克、克劳斯·雅各布主编《全球视野下的环境管治：生态与政治现代化的新方法》，李慧明、李昕蕾译，山东大学出版社2012年版，第13页。

④ ［英］鲍勃·杰索普：《治理与元治理：必要的反思性、必要的多样性和必要的反讽性》，程浩译，《国外理论动态》2014年第5期，第14—22页。

⑤ ［英］弗兰西斯·培根：《培根论人生》，龙婧译，哈尔滨出版社2004年版，第102页。

⑥ ［美］列奥·施特劳斯：《自然权利与历史》，彭刚译，生活·读书·新知三联书店2005年版，第211页。

⑦ ［英］埃德蒙·柏克：《自由与传统：柏克政治论文选》，蒋庆、王瑞昌、王天成译，商务印书馆2001年版，第304页。

型政策工具的优化，理由是“习惯于变化需要时间”[①]。我们必须遵守伟大的变化规律，它是大自然最具威力的律则。我们所能做的，人类智慧所能做的，只是确保变化以不知不觉的进度前进。这样，我们能得到变化带来的一切好处，免遭突变带来的一切不便，一切都是水到渠成。[②]

① ［英］A. J. M. 米尔恩：《人的权利与人的多样性——人权哲学》，夏勇、张志铭译，中国大百科全书出版社 1995 年版，第 139 页。

② ［英］埃德蒙·柏克：《自由与传统：柏克政治论文选》，蒋庆、王瑞昌、王天成译，商务印书馆 2001 年版，第 144 页。

附　　录

附录一：各样本公司 2008—2012 年度环境信息披露指数

股票代码	公司简称	年度	环保方针政策、环境认证	环保投资、环保费用	政府环保补助	排污情况、废物处置与回收利用	EDI
600390	金瑞科技	2008	0	0.5	1	0.5	0.5
		2009	0.5	0.5	0	0.5	0.375
		2010	0.5	0.5	1	0.5	0.625
		2011	0.5	0.5	1	0.5	0.625
		2012	0.5	0.5	1	0.5	0.625
600731	湖南海利	2008	0.5	1	0	0	0.375
		2009	1	1	1	0	0.75
		2010	1	1	1	0	0.75
		2011	1	1	1	0	0.75
		2012	1	1	1	0.5	0.875
600156	华升股份	2008	0.5	1	0	0.5	0.5
		2009	0.5	1	1	0.5	0.75
		2010	0.5	1	1	0	0.625
		2011	0.5	1	1	0	0.625
		2012	1	1	1	0.5	0.875
600478	科力远	2008	0	0	0	0.5	0.125
		2009	0.5	0	0	0.5	0.25
		2010	0	0	0	0	0
		2011	0	0	0	0	0
		2012	0.5	1	0	0	0.375

续表

股票代码	公司简称	年度	环保方针政策、环境认证	环保投资、环保费用	政府环保补助	排污情况、废物处置与回收利用	EDI
600744	华银电力	2008	0.5	0.5	1	0	0.5
		2009	0.5	0.5	1	0	0.5
		2010	0.5	0.5	1	0	0.5
		2011	0.5	0.5	1	0	0.5
		2012	0.5	0.5	1	0.5	0.625
000157	中联重科	2008	0.5	0	0	0	0.125
		2009	1	0.5	0	0.5	0.5
		2010	0.5	0	0	0	0.125
		2011	0.5	1	0	0.5	0.5
		2012	0.5	1	0	0.58	0.5
000548	湖南投资	2008	0	0	0	0	0
		2009	0	0	1	0	0.25
		2010	0	0	1	0	0.25
		2011	0	0	0	0	0
		2012	0	0	0	0	0
000722	湖南发展（*ST金果）	2008	0	0	0	0	0
		2009	0	0	0	0	0
		2010	0.5	0	0	0	0.125
		2011	0.5	0	0	0	0.125
		2012	0.5	0	0	0	0.125
000906	物产中拓（南方建材）	2008	0	0.5	0	0	0.125
		2009	0	0	0	0	0
		2010	0	0	1	0	0.25
		2011	0	0	1	0	0.25
		2012	0	0	1	0	0.25

续表

股票代码	公司简称	年度	环保方针政策、环境认证	环保投资、环保费用	政府环保补助	排污情况、废物处置与回收利用	EDI
000932	华菱钢铁	2008	0	1	1	1	0.75
		2009	0.5	1	0	1	0.625
		2010	0.5	1	0	1	0.625
		2011	0.5	1	1	1	0.875
		2012	0.5	1	0	1	0.625
000908	ST天一（天一科技）	2008	0	0.5	0	0	0.125
		2009	0	0	0	0	0
		2010	0.5	0	0	0	0.125
		2011	0	0.5	0	0	0.125
		2012	0.5	0	0	0	0.125
600599	熊猫烟花	2008	0	1	0	0	0.25
		2009	0	1	0	0	0.25
		2010	0	1	0	0	0.25
		2011	0	1	0	0	0.25
		2012	0.5	1	0	0	0.375
000989	九芝堂	2008	0	0	0	0	0
		2009	0	0	0	0	0
		2010	0	0	1	0	0.25
		2011	0	0	1	0	0.25
		2012	0.5	1	1	0.5	0.75
002097	山河智能	2008	0	0	0	0	0
		2009	1	0	0	0	0.25
		2010	0	1	0	0	0.25
		2011	0	1	0	0	0.25
		2012	1	1	0	0.5	0.625

续表

股票代码	公司简称	年度	环保方针政策、环境认证	环保投资、环保费用	政府环保补助	排污情况、废物处置与回收利用	EDI
600031	三一重工	2008	0. 5	0. 5	0	0. 5	0. 375
		2009	0. 5	0	0	0. 5	0. 25
		2010	0. 5	0	0	0. 5	0. 25
		2011	0. 5	0	0	0. 5	0. 25
		2012	0. 5	0	0	0. 5	0. 25
000748	长城信息	2008	0	0	0	0	0
		2009	0	0	0	0	0
		2010	0	0	0	0	0
		2011	0	0	0	0	0
		2012	0. 5	0. 5	0	0. 5	0. 375
000419	通程控股	2008	0. 5	0	0	0	0. 125
		2009	0	0	0	0	0
		2010	0	0	0	0	0
		2011	0	0	0	0	0
		2012	0. 5	0. 5	0	0. 5	0. 375
600975	新五丰	2008	0. 5	0. 5	0	0	0. 25
		2009	0. 5	0. 5	0	0	0. 25
		2010	0. 5	0. 5	0	0	0. 25
		2011	0. 5	1	1	0	0. 625
		2012	0. 5	1	1	0. 5	0. 75
000900	现代投资	2008	0. 5	0. 5	0	0. 5	0. 375
		2009	0. 5	0. 5	0	0. 5	0. 375
		2010	0. 5	0. 5	1	0. 5	0. 625
		2011	0. 5	0. 5	1	0. 5	0. 625
		2012	0. 5	0	1	0	0. 375

续表

股票代码	公司简称	年度	环保方针政策、环境认证	环保投资、环保费用	政府环保补助	排污情况、废物处置与回收利用	EDI
000428	华天酒店	2008	0	0	0	0	0
		2009	0	1	0	0	0. 25
		2010	0		0	0	0. 25
		2011	0	1	0	0	0. 25
		2012	0	1	0	0	0. 25
600416	湘电股份	2008	0	1	0	0. 5	0. 375
		2009	0	1	0	0. 5	0. 375
		2010	0	1	0	0. 5	0. 375
		2011	0	1	0	0. 5	0. 375
		2012	0	1	0	0	0. 25
000738	中航动控	2008	0	0	0	0	0
		2009	0	0	0	0	0
		2010	0	0	0	0	0
		2011	0	0	0	0	0
		2012	0. 5	0. 5	0	0. 5	0. 375
000639	西王食品（金德发展）	2008	0	1	0	0	0. 25
		2009	0	0. 5	0	0	0. 125
		2010	0	1	0	0. 5	0. 375
		2011	0	1	0	0. 5	0. 375
		2012	0. 5	1	0	0. 50. 5	0. 5
600458	时代新材	2008	1	0. 5	0	0	0. 5
		2009	1	1	0	0. 5	0. 5
		2010	0. 5	1	0	0. 5	0. 5
		2011	0. 5	1	0	0. 5	0. 5
		2012	1	1	0	0	0. 625

续表

股票代码	公司简称	年度	环保方针政策、环境认证	环保投资、环保费用	政府环保补助	排污情况、废物处置与回收利用	EDI
600479	千金药业	2008	0	0	0	0	0
		2009	0.5	0	0	0	0.125
		2010	0.5	0	0	0	0.125
		2011	0.5	0	0	0	0.125
		2012	0.5	0.5	0	0	0.25
600961	株冶集团	2008	0.5	1	1	1	0.875
		2009	0.5	1	0	0.5	0.5
		2010	0.5	1	0	1	0.625
		2011	0.5	1	0	1	0.625
		2012	1	1	0	1	0.75
002125	湘潭电化	2008	0.5	1	1	0	0.625
		2009	0.5	1	1	0	0.625
		2010	0.5	1	1	0	0.625
		2011	0.5	1	1	0	0.625
		2012	0.5	1	1	0	0.625
002155	辰州矿业	2008	0.5	1	1	0	0.625
		2009	0.5	1	1	0	0.625
		2010	0.5	1	1	0	0.625
		2011	1	1	1	0.5	0.875
		2012	0.5	1	1	0	0.625
000702	正虹科技	2008	0	1	0	0	0.25
		2009	0	0	0	0	0
		2010	0	0	1	0	0.25
		2011	0	1	1	0	0.5
		2012	0	1	1	0	0.5

续表

股票代码	公司简称	年度	环保方针政策、环境认证	环保投资、环保费用	政府环保补助	排污情况、废物处置与回收利用	EDI
000819	岳阳光长	2008	0	0	0	0.5	0.125
		2009	0.5	0	0	0.5	0.25
		2010	0.5	0	0	0.5	0.25
		2011	0.5	0	0.5	0.5	0.375
		2012	0.5	0	0	0.5	0.25
600127	金健米业	2008	0.5	0.5	0	0	0.25
		2009	0.5	0	0	0	0.125
		2010	0.5	0	0	0	0.125
		2011	0.5	0.5	0	0.5	0.375
		2012	0.5	0	0	0	0.125
600969	郴电国际	2008	0	0	0	0.5	0.125
		2009	0	0	0	0	0
		2010	0	0.5	0	0	0.125
		2011	0	0.5	0	0	0.125
		2012	0	0.5	0	0	0.125
600257	大湖股份（洞庭水殖）	2008	0.5	0	0	0	0.125
		2009	0.5	0	0	0	0.125
		2010	0.5	0	0.5	0	0.25
		2011	0.5	0	0	0	0.125
		2012	1	0	0	0	0.25
600963	岳阳林纸（岳阳纸业）	2008	0	1	0	0.5	0.375
		2009	0	1	1	0.5	0.625
		2010	1	0.5	1	0	0.625
		2011	0.5	1	1	0	0.625
		2012	0.5	1	1	0.5	0.75

续表

股票代码	公司简称	年度	环保方针政策、环境认证	环保投资、环保费用	政府环保补助	排污情况、废物处置与回收利用	EDI
002096	南岭民爆	2008	0	0.5	0	0	0.125
		2009	0	0.5	0	0	0.125
		2010	0.5	0.5	0	0	0.25
		2011	0	0.5	0	0	0.125
		2012	0	0.5	0	0	0.125
002113	ST 天润（天润发展）	2008	0.5	1	1	0.5	0.75
		2009	0.5	1	1	0.5	0.75
		2010	0.5	1	1	0	0.625
		2011	0.5	0	1	0	0.375
		2012	0.5	0	1	0	0.375
000918	嘉凯城（S*ST 亚华）	2008	0	0	0	0.5	0.125
		2009	0.5	0	0	0	0.125
		2010	0.5	0	0	0	0.125
		2011	0.5	0	0.5	0	0.25
		2012	0.5	0	0.5	0	0.25
000799	酒鬼酒	2008	0	0	0	0	0
		2009	0	0	0	0	0
		2010	0	1	0	0	0.25
		2011	0.5	1	0	0	0.375
		2012	0.5	1	0	0	0.375
000590	紫光古汉	2008	0	0	1	0	0.25
		2009	0	0	1	0	0.25
		2010	0	1	1	0	0.5
		2011	0	0	1	0	0.25
		2012	0	0	1	0	0.25

续表

股票代码	公司简称	年度	环保方针政策、环境认证	环保投资、环保费用	政府环保补助	排污情况、废物处置与回收利用	EDI
000657	＊ST 中钨	2008	0	0	0	0	0
		2009	0	0	0	0	0
		2010	0	1	0	0	0. 25
		2011	0	1	0	0	0. 25
		2012	0	1	0	0	0. 25
600161	天坛生物	2008	0. 5	0. 5	0	0. 5	0. 375
		2009	0. 5	0. 5	0	0. 5	0. 375
		2010	0. 5	0. 5	0	0. 5	0. 375
		2011	0. 5	0. 5	0	1	0. 5
		2012	0. 5	1	1	0. 5	0. 75
600166	福田汽车	2008	0. 5	1	0. 5	0. 5	0. 625
		2009	0. 5	1	0. 5	0. 5	0. 625
		2010	0. 5	1	0. 5	0. 5	0. 625
		2011	0. 5	1	0. 5	0. 5	0. 625
		2012	1	0. 5	0. 5	1	0. 75
600176	中国玻纤	2008	0. 5	0. 5	0. 5	1	0. 625
		2009	0. 5	1	0. 5	1	0. 75
		2010	0. 5	1	0. 5	1	0. 75
		2011	1	1	0. 5	1	0. 875
		2012	1	1	0. 5	1	0. 875
600206	有研硅股	2008	0. 5	0	0	0. 5	0. 25
		2009	1	0	0	0. 5	0. 375
		2010	1	0	0	0. 5	0. 375
		2011	1	0. 5	0	0. 5	0. 5
		2012	1	0. 5	0	0. 5	0. 5

续表

股票代码	公司简称	年度	环保方针政策、环境认证	环保投资、环保费用	政府环保补助	排污情况、废物处置与回收利用	EDI
600299	蓝星新材	2008	0.5	1	0	0.5	0.5
		2009	0.5	1	0	0.5	0.5
		2010	0.5	1	0	0.5	0.5
		2011	0.5	1	0	0.5	0.5
		2012	0.5	1	0	0.5	0.5
600511	国药股份	2008	0.5	0.5	0	0.5	0.375
		2009	0.5	0.5	0	0.5	0.375
		2010	0.5	0.5	0	0.5	0.375
		2011	1	0.5	0	0.5	0.5
		2012	1	1	0	1	0.75
600860	北人股份（ST北人）	2008	0.5	0	0	0.5	0.25
		2009	0.5	0.5	1	0.5	0.625
		2010	0.5	0.5	1	0.5	0.625
		2011	0.5	0.5	1	0	0.5
		2012	0.5	0.5	0	0	0.25
600980	北矿磁材	2008	0.5	1	0	1	0.625
		2009	0.5	0.5	0	0.5	0.375
		2010	0.5	0.5	0	0.5	0.375
		2011	0.5	0.5	0	0.5	0.375
		2012	0.5	0.5	1	0.5	0.625
000666	经纬纺机	2008	0.5	0.5	0	0	0.25
		2009	0	0.5	0	0	0.125
		2010	0.5	0.5	0	0	0.25
		2011	0.5	1	0	0	0.375
		2012	0.5	1	0	1	0.625

续表

股票代码	公司简称	年度	环保方针政策、环境认证	环保投资、环保费用	政府环保补助	排污情况、废物处置与回收利用	EDI
000729	燕京啤酒	2008	0	1	0	0	0.25
		2009	1	1	1	0.5	0.875
		2010	0.5	0	1	0	0.375
		2011	1	1	1	0.5	0.875
		2012	1	1	1	0.5	0.875
000959	首钢股份	2008	0.5	0.5	1	0	0.5
		2009	0.5	0.5	1	1	0.75
		2010	0.5	0.5	0	0	0.25
		2011	0.5	0.5	1	0	0.5
		2012	0.5	0	1	0	0.375
600028	中国石化	2008	1	1	0	1	0.75
		2009	0.5	1	0	1	0.625
		2010	0.5	1	0	1	0.625
		2011	0.5	1	0	1	0.625
		2012	0.5	1	0	1	0.625
600005	武钢股份	2008	0.5	0	1	0.5	0.5
		2009	0.5	0.5	0	1	0.5
		2010	0.5	1	0	1	0.625
		2011	1	1	0	0.5	0.625
		2012	1	1	0	0.5	0.625
600006	东风汽车	2008	0.5	1	0	0.5	0.5
		2009	1	1	0	0.5	0.625
		2010	1	1	1	0.5	0.875
		2011	1	1	1	0.5	0.875
		2012	1	1	1	1.5	0.875

续表

股票代码	公司简称	年度	环保方针政策、环境认证	环保投资、环保费用	政府环保补助	排污情况、废物处置与回收利用	EDI
600429	三元股份	2008	0.5	1	1	0.5	0.75
		2009	0.5	1	1	0.5	0.75
		2010	0.5	1	1	0.5	0.75
		2011	0.5	1	1	0.5	0.75
		2012	0.5	1	1	0.5	0.625
600085	同仁堂	2008	0.5	1	1	0.5	0.75
		2009	0.5	1	1	0.5	0.75
		2010	0.5	1	1	0.5	0.75
		2011	0.5	1	1	0.5	0.75
		2012	0.5	1	1	0.5	0.75
600100	同方股份	2008	0.5	0	0	0	0.125
		2009	0.5	0	0	0	0.125
		2010	1	0	0	0	0.25
		2011	0.5	0	0	0	0.125
		2012	0.5	0	0	0	0.125
600062	华润双鹤（双鹤药业）	2008	0.5	1	1	1	0.875
		2009	1	0	1	1	0.75
		2010	1	0.5	1	0.5	0.75
		2011	1	0.5	1	0.5	0.75
		2012	1	0.5	1	0.5	0.75
600019	宝钢股份	2008	0.5	0.5	0	0.5	0.375
		2009	1	1	0	1	0.75
		2010	1	1	0	1	0.75
		2011	1	1	0	1	0.75
		2012	1	1	0	1	0.75

续表

股票代码	公司简称	年度	环保方针政策、环境认证	环保投资、环保费用	政府环保补助	排污情况、废物处置与回收利用	EDI
000957	中通客车	2008	0.5	0.5	0	0	0.25
		2009	0	0	0	0	0
		2010	0	0	0	0	0
		2011	0	0	1	0	0.25
		2012	0.5	1	0	0	0.375
000927	一汽夏利	2008	0.5	1	1	0	0.625
		2009	0.5	1	1	0	0.625
		2010	0.5	1	1	0.5	0.75
		2011	0.5	1	1	0.5	0.75
		2012	0	1	1	0	0.5
600535	天士力	2008	1	0	0	0.5	0.375
		2009	1	0	1	0.5	0.625
		2010	0.5	0	0	1	0.375
		2011	1	0.5	0	0.5	0.5
		2012	1	0.5	0	0.5	0.5
600583	海油工程	2008	1	0.5	0	1	0.625
		2009	1	0.5	0	1	0.625
		2010	0.5	1	0	1	0.625
		2011	1	1	0	1	0.75
		2012	1	1	0	1	0.75
600489	中金黄金	2008	0.5	1	0	1	0.625
		2009	0.5	1	0	1	0.625
		2010	0.5	1	0	1	0.625
		2011	0.5	1	0	1	0.625
		2012	0.5	0.5	0	1	0.5

续表

股票代码	公司简称	年度	环保方针政策、环境认证	环保投资、环保费用	政府环保补助	排污情况、废物处置与回收利用	EDI
000536	华映科技（SST闽东）	2008	0.5	0	0	0	0.125
		2009	0.5	0.5	0	0	0.25
		2010	0.5	0	0	0.5	0.25
		2011	0.5	1	1	0.5	0.75
		2012	1	1	1	0	0.75
600483	福建南纺	2008	1	1	1	0.5	0.875
		2009	1	1	1	0.5	0.875
		2010	1	1	1	0.5	0.875
		2011	1	1	0.5	1	0.875
		2012	1	1	0.5	1	0.875
600103	青山纸业	2008	0.5	11	1	1	0.875
		2009	0.5	1	1	1	0.875
		2010	1	1	1	0.5	0.875
		2011	1	1	1	0.5	0.875
		2012	1	1	1	0.5	0.875
600802	福建水泥	2008	1	1	0	1	0.75
		2009	1	0.5	0	1	0.625
		2010	1	0.58	1	1	0.875
		2011	1	0.5	1	1	0.875
		2012	1	1	0.5	1	0.875
000018	*ST中冠A	2008	0	0	0	0	0
		2009	0	0	0	0	0
		2010	0	1	0	0	0.25
		2011	0	1	0	0	0.25
		2012	0	1	0	0	0.25

续表

股票代码	公司简称	年度	环保方针政策、环境认证	环保投资、环保费用	政府环保补助	排污情况、废物处置与回收利用	EDI
000028	国药一致（一致药业）	2008	0.5	0	0	0.5	0.25
		2009	0	0	0	0	0
		2010	0	1	0	0	0.25
		2011	0.5	1	0	1	0.625
		2012	1	1	0	1	0.75
000012	南玻 A	2008	0.5	0	0	0	0.125
		2009	0.5	1	1	0.5	0.75
		2010	0.5	1	1	0	0.625
		2011	0.5	1	1	0.5	0.75
		2012	0.5	1	1	0.5	0.75
000539	粤电力 A	2008	0	1	0	0.5	0.375
		2009	0	1	0.5	0	0.375
		2010	0.5	1	0.5	1	0.75
		2011	1	1	0.5	1	0.875
		2012	0.5	1	1	0.5	0.75
000637	茂化实华	2008	0.5	1	1	0	0.625
		2009	0.5	1	1	1	0.625
		2010	0.5	1	1	0	0.625
		2011	0.5	1	1	0	0.625
		2012	0.5	1	1	0	0.625
000651	格力电器	2008	0.5	0.5	0	0.5	0.375
		2009	0.5	1	0	1	0.625
		2010	1	1	1	0.5	0.875
		2011	0.5	1	1	1	0.875
		2012	0.5	1	1	0	0.625

续表

股票代码	公司简称	年度	环保方针政策、环境认证	环保投资、环保费用	政府环保补助	排污情况、废物处置与回收利用	EDI
000999	华润三九（三九药业）	2008	0	1	0	0	0.25
		2009	0.5	1	0	0.5	0.5
		2010	0.5	1	0	0.5	0.5
		2011	0.5	1	0	1	0.625
		2012	0.5	1	0	0.5	0.5
000045	深纺织 A	2008	0	0	0	0	0
		2009	0	0	0	0	0
		2010	0	0	0	0	0
		2011	0	0	0	0	0
		2012	1	0	1	0	0.5
600894	广日股份（广钢股份）	2008	0.5	1	1	0.5	0.75
		2009	0.5	1	1	0.5	0.75
		2010	0.5	1	1	0.5	0.75
		2011	0.5	1	0	0.5	0.5
		2012	1	1	1	0	0.75
001696	宗申动力	2008	0	1	0	0	0.25
		2009	0.5	1	0	0	0.375
		2010	0.5	1	1	0	0.625
		2011	0	1	1	0	0.5
		2012	0	1	0	0	0.25
000565	渝三峡 A	2008	0	0		0	0
		2009	0.5	1	1	0.5	0.75
		2010	1	1	1	0	0.75
		2011	1	1	1	0.5	0.875
		2012	1	1	1	0.5	0.875

续表

股票代码	公司简称	年度	环保方针政策、环境认证	环保投资、环保费用	政府环保补助	排污情况、废物处置与回收利用	EDI
000807	云铝股份	2008	1	1	0	1	0.75
		2009	0.5	1	1	0.5	0.75
		2010	0.5	1	1	0.5	0.75
		2011	0.5	1	1	0.5	0.75
		2012	1	1	1	0	0.75
000960	锡业股份	2008	0.5	0	0	0	0.125
		2009	0.5	0	1	0	0.375
		2010	0.5	1	1	0	0.625
		2011	0.5	1	1	1	0.875
		2012	0.5	1	1	0	0.625
600519	贵州茅台	2008	0.5	0.5	0	0.5	0.375
		2009	0.5	1	0	0.5	0.5
		2010	0.5	1	0	0.5	0.5
		2011	0.5	1	0	0	0.375
		2012	0.5	1	0	0	0.375
600395	盘江股份	2008	0.5	1	0	0	0.375
		2009	0.5	1	0	0	0.375
		2010	0.5	1	1	0	0.625
		2011	0.5	1	1	0	0.625
		2012	0.5	1	1	0	0.625
000762	西藏矿业	2008	0	0	0	0	0
		2009	0	1	1	0	0.5
		2010	0	1	1	0	1.5
		2011	1	1	1	0.5	0.875
		2012	0.5	1	1	0.5	0.75

续表

股票代码	公司简称	年度	环保方针政策、环境认证	环保投资、环保费用	政府环保补助	排污情况、废物处置与回收利用	EDI
600211	西藏药业	2008	0	0. 5	0	0	0. 125
		2009	0	0. 5	0	0	0. 125
		2010	0	0. 5	0	0	0. 125
		2011	0	0. 5	0	0	0. 125
		2012	0. 5	0. 5	0	0	0. 25
600714	金瑞矿业（ST金瑞）	2008	0	0. 5	1	0	0. 375
		2009	0	1	1	0	0. 5
		2010	0	1	1	0	0. 5
		2011	0	1	1	0	0. 5
		2012	0. 5	1	1	0	0. 625
000792	盐湖股份	2008	0. 5	0	0	0. 5	0. 25
		2009	0. 5	1	0	0. 5	0. 5
		2010	0. 5	1	0. 5	0. 5	0. 625
		2011	0. 5	0	1	0. 5	0. 5
		2012	0. 5	1	1	0. 5	0. 75
600423	柳化股份	2008	0. 5	1	1	0. 5	0. 75
		2009	0. 5	1	1	0. 5	0. 75
		2010	0. 5	1	1	0. 5	0. 75
		2011	0. 5	1	1	0. 5	0. 75
		2012	0. 5	1	1	0. 5	0. 75
600538	北海国发（ST国发）	2008	0	1	0	0	0. 25
		2009	0	1	0	0	0. 25
		2010	0	1	0	0	0. 25
		2011	0. 5	1	0	0. 5	0. 5
		2012	0. 5	1	0	0. 5	0. 5

续表

股票代码	公司简称	年度	环保方针政策、环境认证	环保投资、环保费用	政府环保补助	排污情况、废物处置与回收利用	EDI
000566	海南海药	2008	0	0	0	0	0
		2009	0	1	0	0	0. 25
		2010	0	1	0	0	0. 25
		2011	0	0	0	0	0
		2012	0	0	0	0	0
600238	海南椰岛	2008	0	1	0	0	0. 25
		2009	0	1	1	0	0. 5
		2010	0. 5	1	1	0	0. 625
		2011	0	1	0	0	0. 25
		2012	0. 5	0	1	0	0. 375
000612	焦作万方	2008	0. 5	1	1	0. 5	0. 75
		2009	0. 5	1	1	0. 5	0. 75
		2010	1	1	1	0. 5	0. 875
		2011	1	0. 5	1	1	0. 875
		2012	1	0. 5	1	1	0. 875
600121	郑州煤电	2008	0	0	0	0	0
		2009	0. 5	0	0	0	0. 125
		2010	0. 5	1	0	0	0. 375
		2011	0	1	0	0	0. 25
		2012	0. 5	1	0	0	0. 375
000420	吉林化纤	2008	1	1	0	0	0. 5
		2009	0. 5	1	1	0	0. 625
		2010	0. 5	1	1	0	0. 625
		2011	0. 5	1	1	0	0. 625
		2012	0. 5	1	1	0	0. 625

续表

股票代码	公司简称	年度	环保方针政策、环境认证	环保投资、环保费用	政府环保补助	排污情况、废物处置与回收利用	EDI
600148	长春一东	2008	0. 5	0	0	0	0. 125
		2009	0. 5	0	0	0	0. 125
		2010	1	0	0	0	0. 25
		2011	0	1	0	0	0. 25
		2012	0. 5	0. 5	0	0	0. 258
000623	吉林敖东	2008	0	0	1	0	0. 25
		2009	0. 5	0	1	0	0. 375
		2010	0	1	0	0	0. 25
		2011	0. 5	1	0	0. 5	0. 5
		2012	0. 5	1	1	0	0. 625
600720	祁连山	2008	0. 5	1	1	0. 5	0. 75
		2009	0. 5	1	1	0. 5	0. 75
		2010	0. 5	1	1	0. 5	0. 75
		2011	0	1	1	0	0. 5
		2012	0. 5	1	1	0	0. 625
600307	酒钢宏兴	2008	0. 5	1	1	0. 5	0. 75
		2009	0. 5	1	1	0. 5	0. 75
		2010	0. 5	1	1	0. 5	0. 75
		2011	0. 5	1	1	0	0. 625
		2012	1	1	1	0. 5	0. 875
600217	秦岭水泥（ST秦岭）	2008	0. 5	1	0	0	0. 375
		2009	0. 5	0	1	0	0. 375
		2010	0. 5	1	1	0	0. 625
		2011	0. 5	1	1	0	0. 625
		2012	0. 5	1	1	0	0. 625

续表

股票代码	公司简称	年度	环保方针政策、环境认证	环保投资、环保费用	政府环保补助	排污情况、废物处置与回收利用	EDI
600111	包钢稀土	2008	0.5	1	1	0.5	0.75
		2009	0.5	1	1	0.5	0.75
		2010	1	1	0.5	0.5	0.75
		2011	0.5	1	0.5	1	0.75
		2012	0.5	1	0.5	1	0.75
601088	中国神华	2008	0.5	1	0	0	0.375
		2009	0.5	1	0	0.5	0.5
		2010	0.5	1	0	0.5	0.5
		2011	1	1	0	1	0.75
		2012	1	1	0	1	0.75
600585	海螺水泥	2008	0.5	1	0	1	0.625
		2009	0.5	1	0	1	0.625
		2010	0.5	1	1	0.5	0.75
		2011	0.5	1	1	0	0.625
		2012	1	1	1	0.5	0.875
000858	五粮液	2008	0.5	1	0	0.5	0.5
		2009	0.5	1	0	1	0.625
		2010	0.5	1	1	0.5	0.75
		2011	0	1	1	0	0.5
		2012	0	1	1	0	0.5
600982	宁波热电	2008	0	1	0.5	0	0.375
		2009	0.5	1	0.5	0	0.5
		2010	0.5	0	0.5	0	0.25
		2011	0.5	0	0.5	0	0.25
		2012	0.5	0	0.5	0	0.25

续表

股票代码	公司简称	年度	环保方针政策、环境认证	环保投资、环保费用	政府环保补助	排污情况、废物处置与回收利用	EDI
600298	安琪酵母	2008	0.5	1	0	0.5	0.5
		2009	0.5	1	0	0.5	0.5
		2010	0.5	1	0	0.5	0.5
		2011	1	1	0	1	0.75
		2012	1	1	0	0.5	0.625
600746	江苏索普	2008	0.5	1	0	0.5	0.5
		2009	0.5	1	0	0.5	0.5
		2010	0.5	1	0	0.5	0.5
		2011	0.5	1	0	0.5	0.5
		2012	0.5	1	0	0.5	0.5
600725	云维股份	2008	1	0.5	0.5	0.5	0.625
		2009	1	0.5	1	0.5	0.75
		2010	0.5	0.5	1	0.5	0.625
		2011	0.5	0.5	1	0.5	0.625
		2012	0.5	0.5	1	0.5	0.625
600623	双钱股份	2008	0.5	0	1	0.5	0.5
		2009	0.5	1	1	0.5	0.75
		2010	0.5	0	0	0.5	0.25
		2011	0.5	1	0	0.5	0.5
		2012	0.5	1	0	0.5	0.5
600985	雷鸣科化	2008	0	1	1	0.5	0.625
		2009	0	1	1	0.5	0.625
		2010	0	1	1	0.5	0.625
		2011	0.5	1	1	0.5	0.75
		2012	0	1	1	0.5	0.625

续表

股票代码	公司简称	年度	环保方针政策、环境认证	环保投资、环保费用	政府环保补助	排污情况、废物处置与回收利用	EDI
600470	六国化工	2008	0.5	1	1	1	0.875
		2009	0.5	1	1	1	0.875
		2010	0.5	1	0	1	0.625
		2011	0.5	1	0	0.5	0.5
		2012	0.5	1	1	1	0.875
600409	三友化工	2008	0.5	1	1	1	0.875
		2009	0.5	1	1	1	0.875
		2010	0.5	1	1	1	0.875
		2011	0.5	1	1	1	0.875
		2012	0.5	1	1	1	0.875
600426	华鲁恒升	2008	0.5	0	1	0.5	0.5
		2009	0.5	1	1	0.5	0.75
		2010	0.5	1	1	0.5	0.75
		2011	0.5	0	1	0.5	0.5
		2012	1	1	1	0.5	0.875
600703	三安光电	2008	0.5	0	0	0.5	0.25
		2009	0.5	0	0	0.5	0.25
		2010	0.5	0	0	1	0.375
		2011	0.5	0	0	1	0.375
		2012	0.5	0	1	1	0.625
600352	浙江龙盛	2008	1	1	1	0.5	0.875
		2009	1	1	1	0.5	0.875
		2010	0.5	1	1	0.5	0.75
		2011	0.5	1	1	1	0.875
		2012	0.5	1	1	1	0.875

续表

股票代码	公司简称	年度	环保方针政策、环境认证	环保投资、环保费用	政府环保补助	排污情况、废物处置与回收利用	EDI
600228	昌九生化	2008	0.5	1	1	0.5	0.75
		2009	0.5	1	1	0.5	0.75
		2010	0	1	1	0.5	0.625
		2011	0.5	1	1	0.5	0.75
		2012	0.5	1	1	0.5	0.75
600889	南京化纤	2008	0.5	1	1	0.5	0.75
		2009	0.5	1	1	0.5	0.75
		2010	1	1	1	0.5	0.875
		2011	1	1	1	0.5	0.875
		2012	1	1	1	0.5	0.875
600722	金牛化工	2008	0.5	0	0	0.5	0.25
		2009	0.5	1	0	0.5	0.5
		2010	0.5	1	0	0.5	0.5
		2011	0.5	1	0	0.5	0.5
		2012	0.5	1	0	0	0.375
600230	沧州大化	2008	0	0	1	0.5	0.375
		2009	0	1	1	0.5	0.625
		2010	0	1	1	0.5	0.625
		2011	0	1	1	0.5	0.625
		2012	0.5	1	1	0.5	0.75
600803	威远生化	2008	0.5	1	1	0	0.625
		2009	0.5	1	1	0	0.625
		2010	0.5	1	1	0	0.625
		2011	0.5	1	1	0	0.625
		2012	0.5	1	1	0.5	0.75

续表

股票代码	公司简称	年度	环保方针政策、环境认证	环保投资、环保费用	政府环保补助	排污情况、废物处置与回收利用	EDI
600182	S佳通	2008	0	0	0	0	0
		2009	0	0	0	0	0
		2010	0	0	0	0.5	0.125
		2011	0	0	1	0.5	0.375
		2012	1	0	1	0.5	0.625
600367	红星发展	2008	0.5	1	0.5	0.5	0.625
		2009	0.5	1	1	0.5	0.75
		2010	0.5	1	1	0.5	0.75
		2011	0.5	1	1	0.5	0.75
		2012	0.5	1	1	0.5	0.75
600179	黑化股份	2008	0	1	0	0	0.25
		2009	0	1	1	0	0.5
		2010	0.5	1	1	0.5	0.75
		2011	0.5	1	1	0.5	0.75
		2012	0.5	0	1	0	0.375
600389	江山股份	2008	0.5	1	1	1	0.875
		2009	0.5	1	1	1	0.875
		2010	0.5	1	1	0.5	0.75
		2011	0.5	1	1	0.5	0.75
		2012	0.5	1	1	0.5	0.75
600486	扬农化工	2008	1	1	0	1	0.75
		2009	0.5	1	1	1	0.875
		2010	0.5	1	1	1	0.875
		2011	0.5	1	1	1	0.875
		2012	0.5	1	1	0.5	0.75

续表

股票代码	公司简称	年度	环保方针政策、环境认证	环保投资、环保费用	政府环保补助	排污情况、废物处置与回收利用	EDI
600141	兴发集团	2008	0	0	1	0.5	0.375
		2009	0.5	1	1	1	0.875
		2010	0.5	1	0	0.5	0.5
		2011	0.5	1	1	0.5	0.75
		2012	0.5	1	1	0.5	0.75
600160	巨化股份	2008	0.5	1	1	1	0.875
		2009	0.5	1	1	1	0.875
		2010	0.5	1	1	1	0.875
		2011	0.5	1	1	1	0.875
		2012	0.5	1	1	1	0.875
600339	天利高新	2008	0.5	0	0.5	0.5	0.375
		2009	0.5	0	0.5	0.5	0.375
		2010	0.5	0	0.5	0.5	0.375
		2011	0	1	1	0.5	0.625
		2012	0.5	1	1	0.5	0.75
600617	*ST 联华	2008	0	0	0	0	0
		2009	0	0	0	0	0
		2010	0.5	0	0	0	0.125
		2011	0	0	0	0	0
		2012	0	0	0	0	0
600229	青岛碱业	2008	1	1	0	1	0.75
		2009	1	1	1	0.5	0.875
		2010	1	1	1	0	0.75
		2011	0.5	1	1	0	0.625
		2012	0.5	1	1	1	0.875

续表

股票代码	公司简称	年度	环保方针政策、环境认证	环保投资、环保费用	政府环保补助	排污情况、废物处置与回收利用	EDI
600740	山西焦化	2008	0.5	1	1	1	0.875
		2009	0.5	1	1	1	0.875
		2010	0.5	1	1	1	0.875
		2011	0.5	1	1	1	0.875
		2012	0.5	1	1	1	0.875
600309	万华化学	2008	1	1	0	0.5	0.625
		2009	1	1	0	0.5	0.625
		2010	0.5	0	1	0	0.375
		2011	0.5	0	1	0.5	0.5
		2012	0.5	0	1	0.5	0.5
600378	天科股份	2008	0.5	0	1	0.5	0.5
		2009	0.5	0	1	0.5	0.5
		2010	0.5	1	1	0.5	0.75
		2011	0.5	1	1	0.5	0.75
		2012	0.5	1	1	0.5	0.75
600227	赤天化	2008	0.5	1	0	0.5	0.5
		2009	0.5	1	1	0.5	0.75
		2010	0.5	0	0	0.5	0.25
		2011	0.5	1	1	0.5	0.75
		2012	0.5	1	1	0.5	0.75
600596	新安股份	2008	1	1	1	0.5	0.875
		2009	1	1	1	0.5	0.875
		2010	0.5	1	1	0.5	0.75
		2011	0.5	1	1	0.5	0.75
		2012	1	1	1	0.5	0.875

续表

股票代码	公司简称	年度	环保方针政策、环境认证	环保投资、环保费用	政府环保补助	排污情况、废物处置与回收利用	EDI
000401	冀东水泥	2008	0. 5	1	1	0. 5	0. 75
		2009	0. 5	1	1	1	0. 875
		2010	0. 5	1	1	1	0. 875
		2011	0. 5	1	1	1	0. 875
		2012	0. 5	1	1	0. 5	0. 75
000510	金路集团	2008	0. 5	1	1	1	0. 875
		2009	0. 5	1	1	0. 5	0. 75
		2010	0. 5	1	1	0	0. 625
		2011	0. 5	1	1	0	0. 625
		2012	0. 5	0	1	1	0. 625
000523	广州浪奇	2008	0. 5	1	1	0. 5	0. 75
		2009	0. 5	1	0	0. 5	0. 5
		2010	0. 5	1	0	0. 5	0. 5
		2011	0. 5	1	0	0. 5	0. 5
		2012	0. 5	1	1	0. 5	0. 75
000788	西南合成	2008	0. 5	0. 5	0	0. 5	0. 375
		2009	0. 5	1	0	0. 5	0. 5
		2010	0. 5	1	0. 5	0. 5	0. 625
		2011	0. 5	1	0	0	0. 375
		2012	0. 5	1	0	0	0. 375
600618	氯碱化工	2008	1	0	1	0. 5	0. 625
		2009	1	1	1	0. 5	0. 875
		2010	0. 5	0	0	0. 5	0. 25
		2011	0. 5	0	0	1	0. 375
		2012	0. 5	0	1	1	0. 625

续表

股票代码	公司简称	年度	环保方针政策、环境认证	环保投资、环保费用	政府环保补助	排污情况、废物处置与回收利用	EDI
600061	中纺投资	2008	0.5	0	0	0	0.125
		2009	0.5	0	1	0	0.375
		2010	0.5	0	1	0	0.375
		2011	0.5	0	1	0	0.375
		2012	0.5	0	0	0	0.125
000683	远兴能源	2008	0	1	1	0	0.5
		2009	0	1	1	0	0.5
		2010	0	1	1	0	0.5
		2011	0	1	1	0.5	0.625
		2012	0.5	1	1	1	0.875
600490	中科合臣（ST合臣）	2008	0.5	0	0	0.5	0.25
		2009	0.5	0	0	0	0.125
		2010	0.5	0	1	0	0.375
		2011	0.5	0	1	0	0.375
		2012	0.5	0	0	0	0.125
600146	大元股份	2008	0	1	1	0.5	0.625
		2009	0.5	1	1	0.5	0.75
		2010	0	0.5	0	0.5	0.25
		2011	0	0.5	0	0.5	0.25
		2012	0.5	0.5	0	0.5	0.375
600063	皖维高新	2008	0.5	0.5	1	0.5	0.625
		2009	0.5	0.5	1	0.5	0.625
		2010	0.5	1	1	0.5	0.75
		2011	0.5	1	1	0.5	0.75
		2012	0.5	1	1	0.5	0.75

续表

股票代码	公司简称	年度	环保方针政策、环境认证	环保投资、环保费用	政府环保补助	排污情况、废物处置与回收利用	EDI
000155	川化股份	2008	0.5	0.5	1	0.5	0.625
		2009	0.5	1	1	0.5	0.75
		2010	0.5	1	1	1	0.875
		2011	0.5	1	1	0.5	0.75
		2012	0.5	1	1	0.5	0.75
000635	英力特	2008	0.5	0	1	0.5	0.5
		2009	0.5	1	1	0.5	0.75
		2010	0.5	1	1	0.5	0.75
		2011	0.5	1	1	0.5	0.75
		2012	0.5	1	1	0.5	0.75
000627	天茂集团	2008	0.5	1	1	0.5	0.75
		2009	0.5	1	1	0.5	0.75
		2010	0.5	1	1	0.5	0.75
		2011	0.5	1	1	0.5	0.75
		2012	0.5	1	1	0.5	0.75
000698	沈阳化工	2008	0.5	1	0	0.5	0.5
		2009	0.5	1	0	0.5	0.5
		2010	0.5	0	0	0.5	0.25
		2011	0.5	0	0	0.5	0.25
		2012	0.5	0	0	0.5	0.25
000707	双环科技	2008	0.5	0.5	1	0.5	0.625
		2009	0.5	0.5	1	0.5	0.625
		2010	0.5	0	1	0.5	0.5
		2011	0.5	1	1	0.5	0.75
		2012	0.5	1	1	0.5	0.75

续表

股票代码	公司简称	年度	环保方针政策、环境认证	环保投资、环保费用	政府环保补助	排污情况、废物处置与回收利用	EDI
000755	山西三维	2008	0.5	1	1	0.5	0.75
		2009	1	1	1	0.5	0.875
		2010	1	1	1	0.5	0.875
		2011	1	1	1	0.5	0.875
		2012	0.5	1	1	0.5	0.75
000822	山东海化	2008	0.5	1	1	0.5	0.75
		2009	0.5	1	1	0.5	0.75
		2010	0.5	1	1	0.5	0.75
		2011	0.5	1	1	0.5	0.75
		2012	0.5	1	1	0.5	0.75
000985	大庆华科	2008	0.5	1	0	0.5	0.5
		2009	0.5	1	0	0.5	0.5
		2010	0.5	0.5	0	0.5	0.375
		2011	0.5	0	0	0.5	0.25
		2012	0.5	1	0	0.5	0.5
002001	新和成	2008	0	0	1	0.5	0.375
		2009	0	0	1	0.5	0.375
		2010	0.5	0	1	0.5	0.5
		2011	0.5	1	1	0.5	0.75
		2012	0.5	1	1	0.5	0.75
002010	传化股份	2008	0.5	0.5	0	0.5	0.375
		2009	0.5	0.5	1	0.5	0.625
		2010	0.5	0	1	0.5	0.5
		2011	0.5	0	1	0.5	0.5
		2012	0.5	0	0	0.5	0.25

续表

股票代码	公司简称	年度	环保方针政策、环境认证	环保投资、环保费用	政府环保补助	排污情况、废物处置与回收利用	EDI
002061	江山化工	2008	0.5	1	1	0.5	0.75
		2009	0.5	1	1	0.5	0.75
		2010	1	1	1	0.5	0.875
		2011	1	1	1	0.5	0.875
		2012	1	1	1	0.5	0.875
000818	方大化工	2008	0.5	1	0	0.5	0.5
		2009	0.5	0.5	0	0.5	0.375
		2010	0.5	1	0	0.5	0.5
		2011	0.5	1	1	0.5	0.75
		2012	0.5	1	1	0.5	0.75
002274	华昌化工	2008	0.5	1	1	0.5	0.75
		2009	0.5	1	1	0.5	0.75
		2010	0.5	1	1	0.5	0.75
		2011	0.5	1	1	0.5	0.75
		2012	0.5	1	1	0.5	0.75
002054	德美化工	2008	0.5	0	0	0.5	0.25
		2009	0.5	0	0	0.5	0.25
		2010	0.5	0	1	0.5	0.5
		2011	0.5	0	1	0.5	0.5
		2012	0.5	0	1	0.5	0.5
002068	黑猫股份	2008	0.5	1	0	0.5	0.5
		2009	0.5	1	1	0.5	0.75
		2010	0.5	1	1	0.5	0.75
		2011	0.5	1	1	0.5	0.75
		2012	0.5	1	1	0.5	0.75

续表

股票代码	公司简称	年度	环保方针政策、环境认证	环保投资、环保费用	政府环保补助	排污情况、废物处置与回收利用	EDI
002109	兴化股份	2008	0.5	1	0	0.5	0.5
		2009	0.5	1	0	0.5	0.5
		2010	0.5	1	0	0.5	0.5
		2011	0.5	1	1	0.5	0.75
		2012	0.5	1	1	0.5	0.75
000737	南风化工	2008	0	0	1	0.5	0.375
		2009	0.5	1	1	0.5	0.75
		2010	0	1	1	0.5	0.625
		2011	0	1	1	0.5	0.625
		2012	0	1	1	0.5	0.625
002092	中泰化学	2008	0.5	1	1	1	0.875
		2009	0.5	1	1	0.5	0.75
		2010	0.5	0.5	1	0.5	0.625
		2011	0.5	1	1	0.5	0.75
		2012	0.5	1	1	0.5	0.75
002226	江南化工	2008	0.5	0.5	0	0.5	0.375
		2009	0.5	0	0	0	0.125
		2010	0.5	0	0	0	0.125
		2011	0.5	0	0	0.5	0.25
		2012	0.5	0.5	1	0.5	0.625
002246	北化股份	2008	0.5	1	1	0.5	0.75
		2009	0.5	1	1	0.5	0.75
		2010	0.5	1	1	0.5	0.75
		2011	0.5	1	1	0.5	0.75
		2012	0.5	1	1	0.5	0.75

续表

股票代码	公司简称	年度	环保方针政策、环境认证	环保投资、环保费用	政府环保补助	排污情况、废物处置与回收利用	EDI
002019	鑫富药业	2008	0.5	1	1	0.5	0.75
		2009	0.5	1	1	0.5	0.75
		2010	0.5	1	1	1	0.875
		2011	0.5	1	0	1	0.625
		2012	0.5	1	0	0.5	0.5
002037	久联发展	2008	0	0	0	0	0
		2009	0.5	0.5	0	0.5	0.375
		2010	0.5	1	0	0.5	0.5
		2011	0.5	1	0	0.5	0.5
		2012	0.5	1	0	0.5	0.5
002136	安纳达	2008	0.5	1	0	0.5	0.5
		2009	0.5	1	1	0.5	0.75
		2010	0.5	1	1	0.5	0.75
		2011	0.5	1	1	0.5	0.75
		2012	0.5	1	1	0.5	0.75
002145	中核钛白	2008	0.5	1	1	0.5	0.75
		2009	0.5	1	1	0.5	0.75
		2010	0.5	1	1	0.5	0.75
		2011	0.5	1	1	0.5	0.75
		2012	0.5	1	1	0.5	0.75
002165	红宝丽	2008	0.5	0.5	1	0	0.5
		2009	0.5	0.5	0	0	0.25
		2010	0.5	1	1	0.5	0.75
		2011	0.5	1	0	0.5	0.5
		2012	0.5	1	1	0.5	0.75

续表

股票代码	公司简称	年度	环保方针政策、环境认证	环保投资、环保费用	政府环保补助	排污情况、废物处置与回收利用	EDI
002192	路翔股份	2008	0	0	0	0	0
		2009	0. 5	0. 5	0	0	0. 25
		2010	0. 5	0. 5	0	0. 5	0. 375
		2011	0. 5	0	0	0. 5	0. 25
		2012	0. 5	0. 5	0	0. 5	0. 375
002211	宏达新材	2008	0	0	1	0. 5	0. 375
		2009	0	0	1	0. 5	0. 375
		2010	0	0	1	0. 5	0. 375
		2011	0. 5	0	1	0. 5	0. 5
		2012	0. 5	0	1	0. 5	0. 5
002217	联合化工	2008	0. 5	0. 5	0	0. 5	0. 375
		2009	0. 5	0. 5	1	0. 5	0. 625
		2010	0. 5	0. 5	1	0. 5	0. 625
		2011	0. 5	0. 5	1	0. 5	0. 625
		2012	0. 5	0. 5	1	0. 5	0. 625
002258	科尔化学	2008	0. 5	1	1	0. 5	0. 75
		2009	0. 5	1	1	0. 5	0. 75
		2010	0. 5	1	1	0. 5	0. 75
		2011	0. 5	1	1	0. 5	0. 75
		2012	0. 5	1	1	0. 5	0. 75
600328	兰太实业	2008	0	1	1	0. 5	0. 625
		2009	0	1	1	0. 5	0. 625
		2010	0. 5	1	1	0. 5	0. 75
		2011	0. 5	1	1	0. 5	0. 75
		2012	0. 5	1	1	0. 5	0. 75

续表

股票代码	公司简称	年度	环保方针政策、环境认证	环保投资、环保费用	政府环保补助	排污情况、废物处置与回收利用	EDI
600319	＊ST 亚星	2008	0.5	0.5	0	0	0.25
		2009	0.5	0.5	0	0	0.25
		2010	0.5	0.5	0	0	0.25
		2011	0.5	1	0	0	0.375
		2012	0.5	1	0	0.5	0.5
600579	＊ST 黄海	2008	0	0	0	0.5	0.125
		2009	0.5	1	1	0.5	0.75
		2010	0.5	0.5	1	0.5	0.625
		2011	0.5	1	1	0.5	0.75
		2012	0.5	1	0	0.5	0.5
600882	华联矿业（大成股份）	2008	0.5	1	0	0.5	0.5
		2009	0.5	1	1	0.5	0.75
		2010	0.5	1	1	0.5	0.75
		2011	0.5	1	1	0.5	0.75
		2012	0.5	0.5	1	0.5	0.625
600688	上海石化	2008	0.5	0.5	0	1	0.5
		2009	0.5	1	0.5	1	0.75
		2010	1	1	0.5	1	0.875
		2011	1	1	0.5	1	0.875
		2012	1	1	0.5	1	0.875
600315	上海家化	2008	0.5	0	0	0.5	0.25
		2009	0.5	0.5	0	0.5	0.375
		2010	0.5	0.5	0	0.5	0.375
		2011	0.5	0.5	0	0.5	0.375
		2012	0	0.5	0	0	0.125

续表

股票代码	公司简称	年度	环保方针政策、环境认证	环保投资、环保费用	政府环保补助	排污情况、废物处置与回收利用	EDI
600636	三爱富	2008	0.5	0	0	0.5	0.25
		2009	0.5	0	0	0.5	0.25
		2010	0.5	0.5	0.5	0.5	0.5
		2011	0.5	0	1	0.5	0.5
		2012	0.5	0.5	1	0.5	0.625

附录二：各样本环境保护局2010—2012年度环境信息依申请公开答复率或受理率

环境信息依申请公开 / 环境保护局	2010年度答复率或受理率	2011年度答复率或受理率	2012年度答复率或受理率
北京市环境保护局	100%	100%	100%
天津市环境保护局	70%	72.7%	100%
重庆市环境保护局	81.8%	100%	100%
广州市环境保护局	100%	100%	100%
南京市环境保护局	100%	100%	100%
武汉市环境保护局	100%	100%	100%
成都市环境保护局	100%	100%	100%
福州市环境保护局	100%	100%	100%
南宁市环境保护局	0%	0%	0%
海口市环境保护局	0%	0%	0%
南昌市环境保护局	0%	100%	100%
西安市环境保护局	100%	100%	100%
昆明市环境保护局	100%	100%	100%
湛江市环境保护局	0%	0%	100%
苏州市环境保护局	100%	100%	100%
青岛市环境保护局	100%	100%	100%
烟台市环境保护局	0%	0%	100%
汕头市环境保护局	100%	100%	100%

续表

环境信息依申请公开 / 环境保护局	2010年度答复率或受理率	2011年度答复率或受理率	2012年度答复率或受理率
宜昌市环境保护局	100%	100%	100%
荆州市环境保护局	0%	0%	100%
大庆市环境保护局	0%	0%	0%
白云市环境保护局	0%	0%	0%
呼伦贝尔市环境保护局	0%	0%	0%
白银市环境保护局	0%	0%	0%
银川市环境保护局	0%	0%	0%
乌海市环境保护局	0%	0%	0%
宝鸡市环境保护局	0%	0%	100%
晋城市环境保护局	0%	0%	0%
临汾市环境保护局	0%	0%	0%
临沂市环境保护局	0%	0%	100%
邢台市环境保护局	0%	0%	0%
南阳市环境保护局	0%	100%	100%
安阳市环境保护局	0%	0%	100%
十堰市环境保护局	0%	0%	100%
金华市环境保护局	100%	100%	100%
舟山市环境保护局	0%	0%	100%
南通市环境保护局	100%	100%	95.2%
扬州市环境保护局	0%	0%	100%
连云港市环境保护局	0%	100%	0%
马鞍山市环境保护局	100%	100%	100%
淮南市环境保护局	0%	100%	100%
安庆市环境保护局	100%	100%	100%
阜阳市环境保护局	0%	0%	0%
六安市环境保护局	0%	100%	100%
莆田市环境保护局	0%	0%	0%
漳州市环境保护局	0%	0%	0%
宁德市环境保护局	0%	100%	100%

续表

环境信息依申请公开 环境保护局	2010 年度答复率或受理率	2011 年度答复率或受理率	2012 年度答复率或受理率
赣州市环境保护局	0%	0%	0%
昭通市环境保护局	0%	0%	0%
泉州市环境保护局	0%	0%	0%
德阳市环境保护局	0%	100%	0%
内江市环境保护局	100%	100%	99.5%
乐山市环境保护局	0%	100%	0%
珠海市环境保护局	100%	100%	100%
佛山市环境保护局	100%	100%	100%
梅州市环境保护局	0%	100%	100%
潮州市环境保护局	0%	100%	0%
揭阳市环境保护局	0%	100%	0%
崇左市环境保护局	0%	0%	0%
防城港市环境保护局	0%	0%	0%

参考文献

一　外文文献

1. Christopher C. Hood, The Tools of Government, London: The Macmillan Press Ltd., 1983.
2. Lester M. Salamon and Odus V. Elliot, Tools of Government: A Guide to the New Governance, Oxford, New York: Oxford University Press, 2002.
3. B. Guy Peters, Frans K. M. van Nispen ed., Public Policy Instruments: Evaluating the Tools of Public Administration. Northampton: Edward Elgar Publishing Inc., 1998.
4. R. Rist, Choosing the Right Policy Instrument at the Right Time: The Contextual Challenges of Selection and Implementation, in Carrots, Sticks & Sermons, Policy Instruments & Their Evaluation, New Brunswick, NJ: Transaction, 1998.
5. Andrew Jordan, Rüdiger Wurzel, Anthony R. Zito, "New" Instruments of Environmental Governance? National Experiences and Prospects. London: Frank Cass Publishers, 2003.
6. W. Phillips Shively, *The Craft of Political Research*: *A Primer*, N. J.: Prentice-Hall, 1974.
7. E. R. House, Evaluating With Validity. Beverly Hills: Sage Publications Inc., 1980.
8. Anne Khademian. Working with Culture: How the Job Gets Done in Public Programs. Washington, D. C.: CQ Press, 2002.
9. Bruce R. Guile, Information Technologies and Social Transformation. Washington D. C.: National Academy Press, 1985.

10. Daniel Patrick Moynihan, The Culture of Secrecy. Public Interest, 1997.

11. D. Waldo, Scope of the Theory of Public Administration. American Academy of Political and Social Science. Theory and Practice of Public Administration: Scope, Objectives and Methods. Phiadelphia, 1968.

12. ElinorOstrom, A Method of Institutional Analysis , in Guidance, Control, and Evaluation in the Public Sector: the Bielefeld Interdisciplinary Project, Franz – Xaver Kaufmann, Giandomenico Majone, Vincent Ostrom ed. , Berlin and New York: Walter de Gruyter, 1986.

13. Elbert, C. Tabor. Results of Five Year Operation of the National Gas Sampling Network. Air Pollution Control Associate, 1965.

14. G. David Garson. Public Information Technology: Policy and Management Issues, Hershey, London: Idea Group Publishing, 2003.

15. GeorgeLakoff, Mark Johnson. Metaphors We Live by. Chicago: Chicago University Press, 1980.

16. Harold D. Lasswell. The Policy Orientation, *in The Policy Sciences: Recent Developments in Scope and Method*, Daniel Lerner and Harold D. Lasswell ed. , Stanford, CA: Stanford University Press, 1951.

17. Herbert N. Foerstel, Freedom of Information and the Right to Know, Greenwood Press, 1999.

18. HerbertA. Simon. Rational Choice and the Structure of the Environment. Psychological Review, 1956, Vol. 63, No. 2.

19. HerbertA. Simon. A Behavioral Model of Rational Choice. Quarterly Journal of Economics, 1955, Vol. 69, No. 1.

20. H. Simon. Administrative Behavior: A Study of Decision – Making Processes in Administrative Organizations (Fourth Edition). New York: The Free Press, 1997.

21. J. Kooiman. Governance and Governability: Using Complexity, Dynamics and Diversity, in Modern Governance. J. Kooiman ed.. London: Sage, 1993.

22. John Morrow. History of Political Thought: A Thematic Introduction. New York: Palgrave, 1998.

23. R. Likert. New Patterns of Management. New York: McGraw – Hill, 1961.

24. John Boye Ejobowah. Constitutional Design and Conflict Management in Nigeria. Journal of Third World Studies, Spring2001. Vol. 18, Iss. 1.
25. John T Scott. The Sovereignty State and Locke' s Language of Obligation. The American Political Science Review, Sep2000. Vol. 94, Iss. 3.
26. Julian H. Frankin. John Locke and the Theory of Sovereignty. Cambridge: Cambridge University Press, 1978.
27. Jon Mandle. Rousseauian Constructivisim. Journal of the History of Philosophy, Oct. 1997. Vol. 35, Iss. 4.
28. James Madison. Notes of Debates in the Federal Convention of 1787 reported by James Madison. New York: W. W. Norton & Company, 1966.
29. Jurgen Harbermas. Communication and the Evolution of Society. Boston: Beacon Press, 1979.
30. John Braithwaite&Peter Drahos. Global Business Regulation. Cambridge &England, New York: Cambridge University Press, 2000.
31. Jay M. Shafritz. International Encyclopedia of Public Policy and Administration, Colorrado: Westview Press, 1998.
32. Leo Strauss and Joseph Cropsey. History of Political Philosophy. Chicago and London: The University of Chicago Press, 1987.
33. L. D. White. The Federalist. New York: Macmillan, 1948.
34. M. P. M. Meuwissen, A. G. J. Velthuis, H. Hogeveen, & R. B. M. Huirne. Technical and Economic Considerations about Traceability and Certification in Livestock Production Chains. In A. G. J. Velthuis, L. J. Unnevehr, H. Hogeveen, & R. B. M. Huirne (Eds.), New Approaches to Food Safety Economics. Wageningen: Kluwer Academic Publishers, 2003.
35. Manfred Berg, Martin H. Geyer, Two Cultures of Rights: the Quest for Inclusion and Participation in Modern American and Germany. Cambridge: Cambridge University Press, 2002.
36. M. Louise, B. Videc. Introduction: Policy InstrumentChoice and Evaluation, in Carrots, Sticks & Sermons , Policy Instruments & Their Evaluation. New Brunswick, NJ: Transaction, 1998.
37. Michael A. Cohen, Blair A. Ruble, Joseph S. Tulchin and Allison M. Garland (eds.). *Preparing for the Urban Future: Global Pressures and Local*

Forces, Washington, D. C.: The Woodrow Wilson Center Press, 1996.
38. Norman S. Marsh. Public Access to Government – held Information: A Comparative Symposium. London: Stevens & Son LTD., 1987.
39. Oran Young. International Governance: Protecting the Environment in a Stateless Society. Ithaca: Cornell University Press, 1994.
40. Robert Leach and Janie Percy – Smith. Local Governance in Britain. New York: Palgrave, 2001.
41. Stephen Breyer. Regulation and Its Reform. Cambridge, Massachusetts: Harvard University Press, 1982.
42. Sally Frahm. The Cross and the Compass: Manifest Destiny, Religion Aspects of the Mexican – American. Journal of Popular Culture, Fall2001. Vol. 35, Iss. 2.
43. Tomas M. Koontz. Collaboration for Sustainability? A Framework for Analyzing Government Impacts in Collaborative – environmental Sustainability. Science, Practice, & Policy. 2006.
44. The Commission on Global Governance. Our Global Neighbourhood: the Report of the Commission on Global Governance. London: Oxford University Press, 1995.
45. Viktor Mayer – Schönberger and David Lazer. From Electronic Government to Information Government. In Governance and Information Technology: From Electronic Government to Information Government. edited by Viktor Mayer – Schönberger and David Lazer. Cambridge, Massachusetts, London, England: The MIT Press, 2007.
46. Gerald M. Pops and Thomas J. Pavlak. The Case for Justice: Strengthening Decision Making and Policy in Public Administration. San Francisco, California: Jossey – Bass Inc., 1991.

二 中文著作

1. [瑞典] 托马斯·思德纳：《环境与自然资源管理的政策工具》，张蔚文、黄祖辉译，上海三联书店、上海人民出版社2005年版。
2. [瑞典] 埃里克·阿姆纳、斯蒂格·蒙丁主编：《趋向地方自治的新理念：比较视角下的新近地方政府立法》，杨立华、张菡等译，北京大学出版社

2005 年版。

3. ［美］保罗·R. 伯特尼、罗伯特·N. 史蒂文斯主编：《环境保护的公共政策》（第 2 版），穆贤清、方志伟译，上海三联书店、上海人民出版社 2004 年版。

4. ［美］B. 盖伊·彼得斯、［荷］弗兰斯·K. M. 冯尼斯潘编：《公共政策工具：对公共管理工具的评价》，顾建光译，中国人民大学出版社 2007 年版。

5. ［美］约翰·W. 金登：《议程、备选方案与公共政策（第二版）》，丁煌、方兴译，中国人民大学出版社 2004 年版。

6. ［美］德博拉·斯通：《政策悖论：政治决策中的艺术》（修订版），顾建光译，中国人民大学出版社 2006 年版。

7. ［美］弗兰克·费希尔：《公共政策评估》，吴爱明、李平等译，中国人民大学出版社 2003 年版。

8. ［美］理查德·瑞吉斯特：《生态城市：重建与自然平衡的城市》（修订版），王如松、于占杰译，社会科学文献出版社 2010 年版。

9. ［美］马修·卡恩：《绿色城市》，孟凡玲译，中信出版社 2008 年版。

10. ［美］爱德华·格莱泽：《城市的胜利：城市如何让我们变得更加富有、智慧、绿色、健康和幸福》，刘润泉译，上海社会科学院出版社 2012 年版。

11. ［美］蕾切尔·卡逊：《寂静的春天》，吕瑞兰、李长生译，吉林人民出版社 1997 年版。

12. ［美］丹尼尔·埃斯蒂、安德鲁·温斯顿：《从绿到金：聪明企业如何利用环保战略构建竞争优势》，张天鸽、梁雪梅译，中信出版社 2009 年版。

13. ［美］丹尼尔·A. 科尔曼：《生态政治：建设一个绿色社会》，梅俊杰译，上海译文出版社 2006 年版。

14. ［美］丹尼尔·H. 科尔：《污染与财产权——环境保护的所有权制度比较研究》，严厚福、王社坤译，北京大学出版社 2004 年版。

15. ［美］伯林特：《环境与艺术》，刘悦笛等译，重庆出版社 2010 年版。

16. ［美］霍尔姆斯·罗尔斯顿：《环境伦理学：大自然的价值以及人对大自然的义务》，杨通进译，中国社会科学出版社 2000 年版。

17. ［美］彼得·S. 温茨：《环境正义论》，朱丹琼、宋玉波译，世纪出版集团、上海人民出版社 2007 年版。

18. ［美］阿瑟·奥肯：《平等与效率：重大的抉择》，王奔洲等译，华夏出版社 1999 年版。

19. ［美］B·盖伊. 彼得斯：《政府未来的治理模式》，吴爱明、夏宏图译，中国人民大学出版社 2001 年版。

20. ［美］伯尔曼：《法律与宗教》，梁治平译，中国政法大学出版社 2003 年版。

21. ［美］查尔斯·J. 福克斯、休·T. 米勒：《后现代公共行政——话语指向》，楚艳红、曹沁颖、吴巧林译，中国人民大学出版社 2002 年版。

22. ［美］戴维·奥斯本、特德·盖布勒：《改革政府：企业家精神如何改革着公共部门》，周敦仁等译，上海译文出版社 2006 年版。

23. ［美］戴维·伊斯顿：《政治生活的系统分析》，王浦劬等译，华夏出版社 1999 年版。

24. ［美］多丽斯·A. 格拉伯：《沟通的力量——公共组织信息管理》，张熹珂译，复旦大学出版社 2007 年版。

25. ［美］戴维·H. 罗森布鲁姆、罗伯特·S. 克拉夫丘克：《公共行政学：管理、政治和法律的途径》（第五版），张成福等译，中国人民大学出版社 2002 年版。

26. ［美］道格拉斯·C. 诺思：《制度、制度变迁与经济绩效》，杭行译，格致出版社、上海三联书店、上海人民出版社 2008 年版。

27. ［美］道格拉斯·C. 诺思：《经济史中的结构与变迁》，陈郁等译，上海三联书店、上海人民出版社 1994 年版。

28. ［美］丹尼斯 C. 缪勒：《公共选择理论》，杨春学等译，中国社会科学出版社 1999 年版。

29. ［美］E. 博登海默：《法理学：法律哲学与法律方法》，邓正来译，中国政法大学出版社 1999 年版。

30. ［美］E. C. 斯坦哈特：《隐喻的逻辑——可能世界中的类比》，黄华新、徐慈华等译，浙江大学出版社 2009 年版。

31. ［美］费耶阿本德：《反对方法——无政府主义知识论纲要》，周昌忠译，上海译文出版社 1992 年版。

32. ［美］格罗弗·斯塔林：《公共部门管理》，陈尧等译，上海译文出版社 2003 年版。

33. ［美］赫伯特·A. 西蒙：《管理行为》（修订版），詹正茂译，机械工业出版社 2007 年版。
34. ［美］赫伯特·西蒙：《管理行为——管理组织决策过程的研究》，杨砾、韩春立、徐立译，北京经济学院出版社 1988 年版。
35. ［美］加布里埃尔·A. 阿尔蒙德、小 G. 宾厄姆·鲍威尔：《比较政治学：体系、过程与政策》，曹沛霖等译，上海译文出版社 1987 年版。
36. ［美］凯斯·R. 桑斯坦：《信息乌托邦——众人如何生产知识》，毕竟悦译，法律出版社 2008 年版。
37. ［美］康芒斯：《制度经济学》（下册），于树生译，商务印书馆 1962 年版。
38. ［美］科恩：《论民主》，聂崇信、朱秀贤译，商务印书馆 1988 年版。
39. ［美］罗伯特·杰克曼：《不需暴力的权力——民族国家的政治能力》，欧阳景根译，天津人民出版社 2005 年版。
40. ［美］罗伯特·D. 帕特南：《使民主运转起来——现代意大利的公民传统》，王列、赖海榕译，江西人民出版社 2001 年版。
41. ［美］罗伯特·A. 达尔：《现代政治分析》，王沪宁译，上海译文出版社 1987 年版。
42. ［美］罗伯特·阿格拉诺夫、迈克尔·麦奎尔：《协作性公共管理：地方政府新战略》，李玲玲、鄞益奋译，北京大学出版社 2007 年版。
43. ［美］马克·波斯特：《信息方式——后结构主义与社会语境》，范静哗译，商务印书馆 2000 年版。
44. ［美］麦克尔·巴泽雷：《突破官僚制：政府管理的新愿景》，孔宪遂、王磊、刘忠慧译，中国人民大学出版社 2002 年版。
45. ［美］迈克尔·D. 贝勒斯：《程序正义——向个人的分配》，邓海平译，高等教育出版社 2005 年版。
46. ［美］潘恩：《潘恩选集》，马清槐等译，商务印书馆 1983 年版。
47. ［美］乔·萨托利：《民主新论》，冯克利、阎克文译，东方出版社 1998 年版。
48. ［美］乔治·霍兰·萨拜因：《政治学说史》，刘山等译，商务印书馆 1986 年版。
49. ［美］全钟燮：《公共行政的社会建构：解释与批判》，孙柏瑛、张钢、黎洁等译，北京大学出版社 2008 年版。

50. ［美］史蒂芬·霍尔姆斯、凯斯·R·桑斯坦：《权利的成本——为什么自由依赖于税》，毕竞悦译，北京大学出版社2004年版。
51. ［美］史蒂文·科恩、威廉·埃米克：《新有效公共管理者》，王巧玲等译，中国人民大学出版社2001年版。
52. ［美］特里·L·库珀：《行政伦理学——实现行政责任的途径》（第四版），张秀琴译，中国人民大学出版社2001年版。
53. ［美］托马斯·杰斐逊：《杰斐逊选集》，朱曾汶译，商务印书馆1999年版。
54. ［美］沃尔特·李普曼：《舆论学》，林珊译，华夏出版社1989年版。
55. ［美］迈克尔·麦金尼斯主编：《多中心治道与发展》，毛寿龙译，上海三联书店2000年版。
56. ［美］约翰·罗尔斯：《政治自由主义》，万俊人译，译林出版社2000年版。
57. ［美］约翰·罗尔斯：《正义论》，何怀宏、何包钢、廖申白译，中国社会科学出版社1988年版。
58. ［美］约翰·克莱顿·托马斯：《公共决策中的公民参与——公共管理者的新技能与新策略》，孙柏瑛等译，中国人民大学出版社2005年版。
59. ［美］约翰·奈斯比特：《大趋势——改变我们生活的十个新方向》，梅艳译，中国社会科学出版社1984年版。
60. ［美］詹姆斯·N. 罗西瑙：《世界政治中的治理、秩序和变革》，载詹姆斯·N·罗西瑙主编《没有政府的治理》，张胜军、刘小林等译，江西人民出版社2001年版。
61. ［美］小威廉·T. 格姆雷、斯蒂芬·J. 巴拉：《官僚机构与民主——责任与绩效》，俞沂暄译，复旦大学出版社2007年版。
62. ［美］凯斯·R. 桑斯坦：《权利革命之后：重塑规制国》，钟瑞华译，中国人民大学出版社2008年版。
63. ［美］列奥·施特劳斯：《自然权利与历史》，彭刚译，生活·读书·新知三联书店2005年版。
64. ［美］莫里斯·博恩斯坦编：《东西方的经济计划》，朱泱等译，商务印书馆1980年版。
65. ［英］约翰·密尔顿：《为英国人民辩护》，何宁译，商务印书馆1958年版。

66. [英] 洛克:《政府论》(下篇),叶启芳、瞿菊农译,商务印书馆 1964 年版。
67. [英] 彼得·拉斯莱特:《洛克〈政府论〉导论》,冯克利译,生活·读书·新知三联书店 2007 年版。
68. [英] 默里、谷义仁:《绿色中国》,姜仁凤译,五洲传媒出版社 2004 年版。
69. [英] 简·汉考克:《环境人权:权力、伦理与法律》,李隼译,重庆出版社 2007 年版。
70. [英] 弗里德利希·冯·哈耶克:《自由秩序原理》(上),邓正来译,生活·读书·新知三联书店 1997 年版。
71. [英] 埃德蒙·柏克:《自由与传统:柏克政治论文选》,蒋庆、王瑞昌、王天成译,商务印书馆 2001 年版。
72. [英] 阿克顿:《自由与权力》,侯健、范亚峰译,商务印书馆 2001 年版。
73. [英] 戴维·米勒:《社会正义原则》,应奇译,江苏人民出版社 2001 年版。
74. [英] 彼得·斯坦、约翰·香德:《西方社会的法律价值》,王献平译,中国法制出版社 2004 年版。
75. [英] 戴维·E. 库珀:《隐喻》,郭贵春、安军译,上海科技教育出版社 2007 年版。
76. [英] 威廉·韦德:《行政法》,楚建、徐炳译,中国大百科全书出版社 1999 年版。
77. [英] 安东尼·吉登斯:《第三条道路及其批评》,孙相东译,中共中央党校出版社 2002 年版。
78. [英] 简·莱恩:《新公共管理》,赵成根等译,中国青年出版社 2004 年版。
79. [英] 马尔科姆·卢瑟福:《经济学中的制度——老制度主义和新制度主义》,陈建波、郁仲莉译,中国社会科学出版社 1999 年版。
80. [英] 安东尼·吉登斯:《民族国家与暴力》,胡宗泽、赵力涛译,生活·读书·新知三联书店 1998 年版。
81. [英] 弗兰西斯·培根:《培根论人生》,龙婧译,哈尔滨出版社 2004 年版。
82. [英] A. J. M. 米尔恩:《人的权利与人的多样性——人权哲学》,夏勇、张志铭译，中国大百科全书出版社 1995 年版。
83. ［法］塞尔日·莫斯科维奇：《还自然之魅：对生态运动的思考》，庄晨燕、邱寅晨译，生活·读书·新知三联书店 2005 年版。
84. ［法］让－皮埃尔·戈丹：《何谓治理》，钟震宇译，社会科学文献出版社 2010 年版。
85. ［法］卢梭：《社会契约论》，何兆武译，商务印书馆 2003 年版。
86. ［法］孟德斯鸠：《论法的精神》（上册），张雁深译，商务印书馆 1961 年版。
87. ［法］霍尔巴赫：《自然政治论》，陈太龙、眭茂译，商务印书馆 1994 年版。
88. ［法］皮埃尔·卡蓝默：《破碎的民主——试论治理的革命》，高凌瀚译，生活·读书·新知三联书店 2005 年版。
89. ［法］夏尔·德巴什：《行政科学》，葛智强、施雪华译，上海译文出版社 2000 年版。
90. ［法］皮埃尔·卡蓝默、安德烈·塔尔芒：《心系国家改革——公共管理建构模式论》，胡洪庆译，上海人民出版社 2004 年版。
91. ［法］皮埃尔·雅克、［印度］拉金德拉·K. 帕乔里、［法］劳伦斯·图比娅娜主编：《城市：发展改变轨迹（看地球 2010）》，潘革平译，社会科学文献出版社 2010 年版。
92. ［法］莫里斯·迪韦尔热：《政治社会学——政治学要素》，杨祖功、王大东译，华夏出版社 1987 年版。
93. ［德］马丁·耶内克、克劳斯·雅各布主编《全球视野下的环境管治：生态与政治现代化的新方法》，李慧明、李昕蕾译，山东大学出版社 2012 年版。
94. ［德］柯武刚、史漫飞：《制度经济学：社会秩序与公共政策》，韩朝华译，商务印书馆 2000 年版。
95. ［德］康德：《法的形而上学原理——权利的科学》，沈叔平译，商务印书馆 1991 年版。
96. ［德］尼克拉斯·卢曼：《信任——一个社会复杂性的简化机制》，瞿铁鹏、李强译，上海世纪出版集团、上海人民出版社 2005 年版。
97. ［德］马克斯·韦伯：《社会科学方法论》，韩水法、莫茜译，中央编译出版社 2002 年版。

98. ［德］黑格尔：《美学（第二卷）》，朱光潜译，商务印书馆 1979 年版。
99. ［德］马克思：《1844 年经济学哲学手稿》，人民出版社 2000 年版。
100. ［德］马克思、恩格斯：《马克思恩格斯选集》（第四卷），人民出版社 1995 年版。
101. ［德］马克思、恩格斯：《马克思恩格斯全集》（第 19 卷），人民出版社 1963 年版。
102. ［日］岩佐茂：《环境的思想——环境保护与马克思主义的结合处》，韩立新、张桂权、刘荣华等译，中央编译出版社 2006 年版。
103. ［日］岩佐茂：《环境的思想与伦理》，冯雷、李欣荣、尤维芬译，中央编译出版社 2011 年版。
104. ［日］加藤节：《政治与人》，唐士其译，北京大学出版社 2003 年版。
105. ［日］久田荣亚、水岛朝穗、岛居喜代和：《宪法·人权论》，法律文化社 1984 年版。
106. ［日］阪本昌成：《宪法理论 III》，成文堂 1995 年版。
107. ［日］奥平康弘、杉原泰雄：《宪法学 I——人权的基本问题 II》，有斐阁 1976 年版。
108. ［日］芦部信喜：《现代人权论——违宪判断与基准》，有斐阁 1983 年版。
109. ［日］馆稔、铃木武夫、音田正己编：《环境的科学》，薛德榕、王岂文、郝水等译，科学出版社 1978 年版。
110. ［日］牧口常三郎：《价值哲学》，马俊峰、江畅译，中国人民大学出版社 1989 年版。
111. ［苏联］斯大林：《斯大林选集》（下卷），中共中央马克思恩格斯列宁斯大林著作编译局编译，人民出版社 1979 年版。
112. ［苏联］格拉日丹尼科夫：《哲学范畴系统化的方法》，曹一建译，中国人民大学出版社 1988 年版。
113. ［苏联］列宁：《哲学笔记》，林利等译，中共中央党校出版社 1990 年版。
114. ［澳］约翰·德赖泽克：《地球政治学：环境话语》，蔺雪春、郭晨星译，山东大学出版社 2004 年版。
115. ［澳］欧文·E. 休斯：《公共管理导论》，彭和平、周明德、金竹青等译，中国人民大学出版社 2001 年版。

116. ［澳］布伦南、［美］布坎南：《宪政经济学》，冯克利、秋风、王代、魏志梅等译，中国社会科学出版社 2004 年版。
117. ［加］迈克尔·豪利特、M. 拉米什：《公共政策研究：政策循环与政策子系统》，庞诗等译，生活·读书·新知三联书店 2006 年版。
118. ［加］Rodney R. White：《生态城市的规划与建设》，沈清基、吴斐琼译，同济大学出版社 2009 年版。
119. ［古希腊］亚理斯多德、［古罗马］贺拉斯《诗学 诗艺》，罗念生、杨周翰译，人民文学出版社 1962 年版。
120. ［古希腊］亚里士多德：《政治学》，吴寿彭译，商务印书馆 1965 年版。
121. ［意］G. 波特岩：《论城市伟大至尊之因由》，刘晨光译，华东师范大学出版社 2006 年版。
122. ［波兰］彼得·什托姆普卡：《信任——一种社会学理论》，程胜利译，中华书局 2005 年版。
123. ［世界银行］库尔苏姆·艾哈迈德、埃内斯托·桑切斯·特里亚纳主编：《政策战略环境评价：达至良好管治的工具》，林健枝等译，中国环境科学出版社 2009 年版。
124. 刘平、［德］鲁道夫·特劳普 - 梅茨主编：《地方决策中的公众参与：中国和德国》，上海社会科学院出版社 2009 年版。
125. 中国大百科全书总编辑委员会《哲学》编辑委员会编：《中国大百科全书·哲学卷》（第一卷），中国大百科全书出版社 1987 年版。
126. 周珂主编：《环境保护行政许可听证实例与解析》，中国环境科学出版社 2005 年。
127. 陈振明主编：《政策科学——公共政策分析导论》（第二版），中国人民大学出版社 2003 年版。
128. 陈振明等：《政府工具导论》，北京大学出版社 2009 年版。
129. 薛晓源、周战超主编：《全球化与风险社会》，社会科学文献出版社 2005 年版。
130. 毛寿龙主编：《公共行政学》，九州出版社 2003 年版。
131. 张成福、党秀云：《公共管理学》，中国人民大学出版社 2001 年版。
132. 陈庆云主编：《公共政策分析》，北京大学出版社 2006 年版。
133. 王英健、杨永红主编：《环境监测》（第二版），化学工业出版社 2011 年版。

134. 王华、曹东、王金南、陆根法等：《环境信息公开：理念与实践》，中国环境科学出版社 2002 年版。
135. 刘淑妍：《公民参与导向的城市治理——利益相关者分析视角》，同济大学出版社 2010 年版。
136. 俞可平：《引论：治理与善治》，载俞可平主编《治理与善治》，社会科学文献出版社 2000 年版。
137. 毛寿龙、李梅、陈幽泓：《西方政府的治道变革》，中国人民大学出版社 1998 年版。
138. 王金南、邹首民、洪亚雄主编：《中国环境政策》（第二卷），中国环境科学出版社 2006 年版。
139. 中国环境监测总站编：《中国环境监测方略》，中国环境科学出版社 2005 年版。
140. 孙德智主编：《城市交通道路环境空气质量监测与评价》，中国环境科学出版社 2010 年版。
141. 李在卿主编：《ISO14001：2004 区域环境管理体系的建立与实施》，中国标准出版社 2005 年版。
142. 李在卿编著：《中国环境标志认证》，中国标准出版社 2008 年版。
143. 中国行政管理学会信访分会编著：《信访学概论》，中国方正出版社 2005 年版。
144. 周亚越：《行政问责制研究》，中国检察出版社 2006 年版。
145. 沈洪涛：《企业环境信息披露：理论与证据》，科学出版社 2011 年版。
146. 王祥荣等：《中国城市生态环境问题报告》，江苏人民出版社 2006 年版。
147. 孙荣、徐红、邹珊珊：《城市治理：中国的理解与实践》，复旦大学出版社 2007 年版。
148. 卢现祥：《西方新制度经济学》，中国发展出版社 1996 年版。
149. 张杰等：《政府信息公开制度论》，吉林大学出版社 2008 年版。
150. 张明杰：《开放的政府：政府信息公开法律制度研究》，中国政法大学出版社 2003 年版。
151. 唐丽萍：《中国地方政府竞争中的地方治理研究》，上海人民出版社 2010 年版。
152. 吕艳滨：《信息法治：政府治理新视角》，社会科学文献出版社 2009

年版。
153. 刘恒等：《政府信息公开制度》，中国社会科学出版社 2004 年版。
154. 江莹：《互动与整合：城市水环境污染与治理的社会学研究》，东南大学出版社 2007 年版。
155. 聂国卿：《我国转型时期环境治理的经济分析》，中国经济出版社 2006 年版。
156. 张燕平：《城市治理脏乱公共管理体系的构建——以贵阳市“整脏治乱”公共管理体系构建为例》，经济科学出版社 2008 年版。
157. 黄文芳等：《城市环境：治理与执法》，复旦大学出版社 2010 年版。
158. 李述一、姚休主编：《当代新观念要览》，杭州大学出版社 1993 年版。
159. 王浦劬、赵成根主编：《政治与行政管理论丛（第三辑）》，天津人民出版社 2002 年版。
160. 杨东平主编：《中国环境发展报告（2010）》，社会科学文献出版社 2010 年版。
161. 杨东平主编：《中国环境发展报告（2011）》，社会科学文献出版社 2011 年版。
162. 杨东平主编：《中国环境发展报告（2012）》，社会科学文献出版社 2012 年版。
163. 孙德智主编：《城市交通道路环境空气质量监测与评价》，中国环境科学出版社 2010 年版。
164. 唐华：《美国城市管理：以凤凰城为例》，中国人民大学出版社 2006 年版。
165. 黄文芳等：《城市环境：治理与执法》，复旦大学出版社 2010 年版。
166. 李挚萍：《环境法的新发展——管制与民主之互动》，人民法院出版社 2006 年版。
167. 颜海：《政府信息公开理论与实践》，武汉大学出版社 2008 年版。
168. 胡静、傅学良主编：《环境信息公开立法的理论与实践》，中国法制出版社 2011 年版。
169. 张建伟：《政府环境责任论》，中国环境科学出版社 2008 年版。
170. 张淑兰：《印度的环境政治》，山东大学出版社 2010 年版。
171. 张璋：《理性与制度——政府治理工具的选择》，国家行政学院出版社 2006 年版。

172. 王潜：《县域生态市治理与建设中的政府行为研究》，东北大学出版社2011年版。
173. 谢芳：《西方社区公民参与：以美国社区听证为例》，中国社会出版社2009年版。
174. 朱春玉：《魅力城市：生态城市理念与城市规划法律制度的变革》，法律出版社2009年版。
175. 杨洪刚：《中国环境政策工具的实施效果及其选择研究》，复旦大学出版社2011年版。
176. 罗海藩主编：《城市社会管理》，社会科学文献出版社2012年版。
177. 宋子义等：《环境会计信息披露研究》，中国社会科学出版社2012年版。
178. 邓集文：《当代中国政府公共信息服务研究》，中国政法大学出版社2010年版。

三　中文论文

1. ［英］格里·斯托克：《作为理论的治理：五个论点》，华夏风译，《国际社会科学杂志（中文版）》1999年第1期。
2. ［英］鲍勃·杰索普：《治理的兴起及其失败的风险：以经济发展为例的论述》，漆芜译，《国际社会科学杂志（中文版）》1999年第1期。
3. ［英］鲍勃·杰索普：《治理与元治理：必要的反思性、必要的多样性和必要的反讽性》，程浩译，《国外理论动态》2014年第5期。
4. ［英］R. A. W. 罗茨：《新的治理》，木易编译，《马克思主义与现实》1999年第5期。
5. ［英］托尼·麦克格鲁：《走向真正的全球治理》，陈家刚编译，《马克思主义与现实》2002年第1期。
6. ［法］玛丽—克劳德·斯莫茨：《治理在国际关系中的正确运用》，肖孝毛译，《国际社会科学杂志（中文版）》1999年第1期。
7. ［法］雅克·舍瓦利埃：《治理：一个新的国家范式》，张春颖、马京鹏摘译，《国家行政学院学报》2010年第1期。
8. 范俊玉：《政治学视阈中的生态环境治理研究——以昆山为个案》，苏州大学2010年博士学位论文。
9. 密佳音：《基于环境正义导向的政府回应——兼论政府回应型环境行政模

式的初步架构》，吉林大学 2010 年博士学位论文。

10. 郝韦霞：《城市环境管理的生态预算模式研究》，大连理工大学 2006 年博士学位论文。
11. 马水华：《有限理性视角下养老保险统筹层次提高问题研究》，首都经济贸易大学 2010 年博士学位论文。
12. 姜立杰：《美国工业城市环境污染及其治理的历史考察（19 世纪 70 年代—20 世纪 40 年代）》，东北师范大学 2002 年博士学位论文。
13. 周英男：《工业企业节能政策工具选择研究》，大连理工大学 2008 年博士学位论文。
14. 陈海秋：《转型期中国城市环境治理模式研究》，南京农业大学 2011 年博士学位论文。
15. 张巍：《论柏克的有限理性政治观》，中国政法大学 2010 年硕士学位论文。
16. 周文腾：《论我国环境非政府组织在生态文明建设中的作用及发展对策》，北京林业大学 2009 年硕士学位论文。
17. 周军：《我国环保非政府组织治理机制研究》，上海交通大学 2010 年硕士学位论文。
18. 邓江波：《我国环境保护视角下的政策工具选择研究》，华中师范大学 2009 年硕士学位论文。
19. 洪亚雄：《环境统计方法及环境统计指标体系研究》，湖南大学 2005 年硕士学位论文。
20. 杨晓丽：《武汉城市圈生态环境保护一体化机制创新研究》，华中师范大学 2009 年硕士学位论文。
21. 黄殷：《论环境信访制度的完善》，中南林业科技大学 2011 年硕士学位论文。
22. 周郴保：《环境知情权法律制度研究》，西安建筑科技大学 2006 年硕士学位论文。
23. 王荫西：《政策工具的价值冲突及其选择》，中国海洋大学 2009 年硕士学位论文。
24. 邓江波：《我国环境保护视角下的政策工具选择研究》，华中师范大学 2009 年硕士学位论文。
25. 匡立余：《城市生态环境治理中的公众参与研究》，武汉大学 2006 年优秀硕士学位论文。
26. 宋艳：《环境保护行政许可听证制度研究》，长春理工大学 2011 年硕士学位论文。
27. 于艳：《我国城市环境的合作治理模式研究》，山东大学 2011 年硕士学位论文。
28. 宋秀丽：《中外环境政策工具比较研究》，山东经济学院 2011 年硕士学位论文。
29. 徐勇：《GOVERNANCE：治理的阐释》，《政治学研究》1997 年第 1 期。
30. 陈江：《政府管理工具视角下的信息工具》，《广东行政学院学报》2007 年第 1 期。
31. 徐媛媛、严强：《公共政策工具的类型、功能、选择与组合——以我国城市房屋拆迁政策为例》，《南京社会科学》2011 年第 2 期。
32. 应飞虎、涂永前：《公共规制中的信息工具》，《中国社会科学》2010 年第 4 期。
33. 姜爱林：《城市环境治理的发展模式与实践措施》，《国家行政学院学报》2008 年第 4 期。
34. 孟庆堂、鞠美庭、李智：《环境信息公开作为有效环境管理模式的探讨》，《上海环境科学》2004 年第 4 期。
35. 常越、许建明、何金海：《广州城市大气环境监测系统建设的探讨》，《气象与环境学报》2006 年第 3 期。
36. 黄金民：《环境监测发展方向展望》，《中国环境管理》2003 年第 3 期。
37. 彭立颖、贾金虎：《中国环境统计历史与展望》，《环境保护》2008 年第 4 期。
38. 朱清：《基于信息的环境政策工具的实现》，《商场现代化》2009 年第 5 期。
39. 刘天雄：《第二讲 GPS 全球定位系统除了定位还能干些什么?》，《卫星与网络》2011 年第 9 期。
40. 张大维 、陈伟东：《分权改革与城市地方治理单元的多元化——以武汉市城市治理和社区建设为例》，《湖北社会科学》2006 年第 2 期。
41. 查芳：《论企业的环境责任及其机制构建——以旅游企业为考察对象》，《求索》2011 年第 6 期。
42. 司林胜：《中国企业环境管理现状与建议》，《企业活力》2002 年第

10 期。
43. 王文哲、陈建宏：《生态补偿中的公众参与研究》，《求索》2011 年第 2 期。
44. 李凤娟：《浅谈环境信息公开与环境管理》，《内蒙古环境保护》2003 年第 1 期。
45. 周晓峰、朱云桥：《增强环境意识 全民认养绿化》，《江苏绿化》2000 年第 3 期。
46. 王华、Linda Greer、蔺梓馨：《环境信息公开的实践及启示》，《世界环境》2008 年第 5 期。
47. 王华、陈栋：《企业环境信息公开：理念、实践和挑战》，《世界环境》2008 年第 5 期。
48. 卢琳：《走出我国政府信息公开的困境》，《行政论坛》2003 年第 4 期。
49. 余小丽：《城市规划环境影响评价中的信息公开与公众参与——南京市现状分析》，《中国商界》2010 年第 4 期。
50. 李子田等：《公众参与环保的有效途径：环境污染举报》，《北方环境》2004 年第 2 期。
51. 邓刚宏：《论我国行政诉讼功能模式及其理论价值》，《中国法学》2009 年 5 期。
52. 竺效：《论环境行政许可听证利害关系人代表的选择机制》，《法商研究》2005 年第 5 期。
53. 王炳华、赵明《环境监测管理与技术》2000 年第 6 期、2001 年第 1、2、3、4、5 期。
54. 王炳华、赵明：《美国环境监测一百年历史回顾及其借鉴（续一）》，《环境监测管理与技术》2001 年第 1 期。
55. 麻宝斌：《公共利益与政府职能》，《公共管理学报》2004 年第 1 期。
56. 褚松燕：《我国政府信息公开的现状分析与思考》，《新视野》2003 年第 3 期。
57. 曹永胜：《公共政策责任问题探略》，《山西大学学报（哲学社会科学版）》2008 年第 4 期。
58. 王乐夫、蒲蕊：《教育体制改革的公共利益取向》，《中山大学学报（社会科学版）》2007 年第 6 期。
59. 崔希福：《社会制度变迁规律新论——唯物史观的视野》，《江西社会科学》2006年第2期。
60. 倪秉书:《欧洲智能交通系统成功案例(二)——法国》,《中国交通信息产业》2004年第6期。
61. 倪秉书:《欧洲智能交通系统成功案例(四)——德国》,《中国交通信息产业》2004年第9期。
62. 倪秉书:《欧洲智能交通系统成功案例(五)——意大利》,《中国交通信息产业》2004年第11期。
63. 倪秉书:《欧洲智能交通系统成功案例(六)——英国》,《中国交通信息产业》2004年第12期。
64. 彭永清:《世界瞩目的日本智能交通系统》,《汽车维修》2012年第8期。
65. 陈桂香:《国外智能交通系统的发展情况》,《中国安防》2012年第6期。
66. 马军:《三大缺陷阻碍环境信息公开》,《环境保护》2011年第11期。
67. 范炜烽:《公共管理还是市场操作——当代政府管理改革的价值问题研究》,《南京社会科学》2008年第11期。
68. 李晚金、匡小兰、龚光明:《环境信息披露的影响因素研究——基于沪市201家上市公司的实证检验》,《财经理论与实践》2008年第3期。
69. 周农建、余跃进:《价值理论的演变与价值逻辑的提出》,《求索》1995年第5期。
70. 朱怡:《思想道德教育价值及其价值逻辑》,《南通师范学院学报(哲学社会科学版)》2004年第4期。
71. 杨飞:《浅析我国智能交通系统的发展对策》,《才智》2010年第21期。
72. 李伟、邱从乾、高惠君等:《街头食品的现状分析和监管对策研究》,《上海食品药品监管情报研究》2010年第1期。
73. 郝韦霞:《英国刘易斯市实施生态预算的经验借鉴》,《理论与改革》2010年第2期。
74. 刘云:《“垃圾警察”与垃圾分类监督员的比较与选择》,《资源与人居环境》2008年第17期。
75. 刘爱萍:《关于构建宜春生态宜居城市相应的环境监测体系的思考》,《江西化工》2012年第1期。
76. 李志坚、王凯武:《浅论当前我国环境管理工作中的环境统计》,《绿色科技》2012 年第 8 期。
77. 钟丹:《现行体制下环境统计工作存在的问题及建议》,《九江学院学报(自然科学版)》2012 年第 1 期。
78. 陈书全:《论我国环境信息公开制度的完善》,《东岳论丛》2011 年第 12 期。
79. 张惠、张健、刘超:《全球定位系统(GPS)技术的发展现状及未来发展趋势》,《中国计量》2012 年第 1 期。
80. 蔡素丽、陈晓燕:《环境监测制度存在的问题与对策思考》,《汕头科技》2011 年第 3 期。
81. 刘晔、侯善勇、刘杨:《镇江市环境质量自动监测监控共享平台的研究及其应用》,《环境研究与监测》2012 年第 2 期。
82. 马菊花、常玉军、马穆德:《呼和浩特市环境空气 24 小时连续监测(湿法)与自动监测(干法)的对比分析》,《内蒙古环境保护》2006 年第 4 期。
83. 吴建南、白波、Richard Walkerd:《中国地方政府绩效评估中的绩效维度:现状与未来——基于德尔菲法的研究》,《情报杂志》2009 年第 10 期。
84. 韩志明、谭银:《从科学与艺术到社会设计——公共行政隐喻的后现代转向》,《行政论坛》2012 年第 2 期。
85. 李万新、李多多:《中国环境信息的主动发布与被动公开——两个环境信息公开试点项目的比较研究》,《公共行政评论》2011 年第 6 期。
86. 刘铮、孟颖华:《我国环境行政听证制度存在的问题及完善对策》,《水利发展研究》2012 年第 2 期。
87. 赵志凌:《新形势下如何提高环境信访满意率》,《环境保护》2012 年第 13 期。
88. 郑春美、向淳:《我国上市公司环境信息披露影响因素研究——基于沪市 170 家上市公司的实证研究》,《科技进步与对策》2013 年第 12 期。
89. 邓集文:《政府服务的理论基础——社会契约论之维》,中国人民大学复印报刊资料《公共行政》2005 年第 12 期。
90. 邓集文:《网络技术的行政价值探微——基于生产力的视角》,中国人民大学复印报刊资料《公共行政》2009 年第 6 期。
91. 邓集文:《试论中国政府公共信息服务问责制改革的价值逻辑》,《学术论坛》2011 年第 9 期。

92. 邓集文、施雪华:《中国城市环境治理信息型政策工具设计的模式——公共行政隐喻的视角》,《南京社会科学》2012 年第 3 期。

93. 邓集文:《试论中国城市环境治理的兴起》,《东南学术》2012 年第 3 期。

94. 邓集文:《中国城市环境治理信息型政策工具选择的机理——基于政治学的视角》,《湘潭大学学报(哲学社会科学版)》2012 年第 3 期。

95. 邓集文:《中国城市环境治理信息型政策工具选择的政治逻辑——政府环境治理能力向度的考察》,《中国行政管理》2012 年第 7 期。

96. 邓集文:《城市环境信息公开的国际经验及借鉴》,《文史博览(理论)》2012 年第 12 期。

97. 邓集文:《信息型政策工具:中国城市环境治理的重要手段》,《中南林业科技大学学报(社会科学版)》2013 年第 6 期。

98. 邓集文、文斌:《长株潭城市群环境治理信息型政策工具的优化探讨》,《文史博览(理论)》2014 年第 2 期。

后　记

本专著是我的国家社会科学基金项目的最终研究成果。

博士研究生毕业后，我在对博士学位论文进行润色的同时，开始思考与我校特色学科相关的论域。2009 年 9 月，我来到北京师范大学从事博士后研究工作。受到我的博士生导师、博士后合作导师施雪华教授的点拨，我逐步对城市治理与公共政策展开了研究。经过再三思索，我把具体研究方向定位在城市环境治理和政策工具上。在城市治理的众多论题中，城市环境治理是一个前沿的研究领域。21 世纪以来，每年都在上海召开“城市管理世界论坛”，环境保护是主题之一。2010 年上海世博会以“城市，让生活更美好”为主题，印证城市环境治理的确是一个前沿的研究领域，因为上海世博会主题的要旨蕴涵“让城市的环境更加清洁”。政策工具是近些年来公共政策研究中的新研究领域。政策工具研究兴起于 20 世纪 80 年代，发展于 20 世纪 90 年代和 21 世纪初，近些年来已成为当代西方公共管理学和公共政策学的研究焦点。我将城市环境治理和政策工具结合起来而进行交叉研究。在城市环境治理方面，我以探讨现实问题为旨趣研究中国城市环境治理。在政策工具方面，我以我的博士论文为基础研究信息型政策工具。合二为一，中国城市环境治理的信息型政策工具便是我的研究课题。2010 年 3 月，我以“中国城市环境治理的信息型政策工具研究”为课题名称申报国家社会科学基金青年项目。庆幸的是，我申报的项目获得立项资助，并由青年项目升为一般项目。接下来我有步骤地对课题的各部分进行较为深入的探究，至 2013 年底如期完成课题。3 年多的精神跋涉使本专著得以呈现。

“感谢命运，感谢人民，感谢思想，感谢一切我要感谢的人。”鲁迅先生的这句话道出了我的心声。感谢生逢生态文明新时代，生态文明建设、“两型社会”建设的提出和推进使我申报的项目具有现实意义，生态文明建设、“两型社会”建设、美丽中国建设的提出和推进使我从事的研究具有实践价值。感谢我的博士生导师、博士后合作导师施雪华教授，在国家社会科学基金项目申报的论证过程中，他给我提出了许多富有见地的建议；他与我合作取得的研究成果为我的项目研究提供了有益的素材。感谢国家社会科学基金项目的评审专家，他们的肯定使我的项目申报获得成功，他们的认可为我的后续研究铺平道路。感谢研究城市环境治理和政策工具的学者，他们的思想为我的精神远足提供了食粮。感谢中南林业科技大学廖小平副校长、中南林业科技大学社会科学处孙风英处长、王劲松副处长，领导们的支持和督促使我的项目得以如期完成。感谢中南林业科技大学行政管理专业的伊凡、邓金石，两人在进行调查研究、收集实证研究数据中付出了辛勤劳动。感谢中国社会科学出版社的许琳编辑，其富有成效的工作使本书得以顺利出版。感谢一切我要感谢的人。

2015 年 1 月